省级示范性高等职业院校建设项目成果
高等职业教育畜牧兽医专业“十三五”规划教材

饲料生产与应用

主　编　吕远蓉

副主编　颜邦斌　翟钦辉

主　审　黎明虎

西南交通大学出版社

·成　都·

图书在版编目（CIP）数据

饲料生产与应用／吕远蓉主编．—成都：西南交通大学出版社，2015.10（2021.7 重印）
高等职业教育畜牧兽医专业“十三五”规划教材
ISBN 978-7-5643-4285-2

Ⅰ．①饲… Ⅱ．①吕… Ⅲ．①饲料生产－高等职业教育－教材 Ⅳ．①S816.34

中国版本图书馆 CIP 数据核字（2015）第 212400 号

省级示范性高等职业院校建设项目成果
高等职业教育畜牧兽医专业“十三五”规划教材

饲料生产与应用
主编 吕远蓉

责任编辑	张宝华
封面设计	何东琳设计工作室
出版发行	西南交通大学出版社 （四川省成都市金牛区交大路 146 号）
发行部电话	028-87600564　028-87600533
邮政编码	610031
网址	http://www.xnjdcbs.com
印刷	成都勤德印务有限公司
成品尺寸	185 mm × 260 mm
印张	15.5
字数	386 千
版次	2015 年 10 月第 1 版
印次	2021 年 7 月第 2 次
书号	ISBN 978-7-5643-4285-2
定价	37.50 元

课件咨询电话：028-81435775

图书如有印装质量问题　本社负责退换

《饲料生产与应用》

编委会

主　　编　吕远蓉（南充职业技术学院）

副 主 编　颜邦斌（南充职业技术学院）

　　　　　　翟钦辉（大北农集团重庆区）

主　　审　黎明虎（大北农集团重庆区）

编　　者　何　文（南充职业技术学院）

　　　　　　兰天明（南充职业技术学院）

　　　　　　彭镜霖（大北农集团重庆区）

　　　　　　毛　川（大北农集团重庆区）

前　言

随着我国经济、科技和社会的发展，我国饲料工业的发展也非常迅速。目前，我国饲料产量稳居世界第二位，是饲料生产大国。但我国饲料工业正处于由产量、规模膨胀期，向以安全、营养、高效、低耗、绿色、生态为标志的内在质量提高期转型，这就必然导致对从事配合饲料生产与应用岗位技能人才素质要求的提高。同时，我国高职高专教育也有了长足的发展，高职高专的饲料与动物营养专业的毕业生正成为这些关键技术岗位的生力军。

本教材吸取了现代高等职业教育的思想和理念，把目标定位在培养学生具备应职岗位所必需的饲料生产与应用方面的基本技能，具备饲料企业创办与运行、饲料产品设计、饲料原料采购、饲料原料品质判断、配合饲料加工与管理、饲料产品应用等方面的能力，达到初步具备独立开展岗位工作、解决实际问题的高等技术应用型人才。

本教材分为饲料企业创办与运行、饲料产品设计、饲料原料采购、饲料原料品质判断、配合饲料加工与管理、饲料产品应用六个项目。实用性、科学性、实践性是本教材的编写宗旨。为增强教材的实用性、科学性与实践性，本次由具有一线丰富实践经验的配合饲料公司的管理人员与具有多年教学经验的教师合作编写，具有工学结合的性质。

本教材不仅可以作为饲料与动物营养、畜牧、畜牧兽医、水产养殖等专业饲料生产与应用技术专业学生的教材，同时也可作为饲料原料采购、产品设计、品质控制、加工、产品推广应用等岗位人员的参考书。

由于作者编写水平有限，时间仓促，书中疏漏与不足之处在所难免，敬请同行专家和读者批评指正。

编　者

2015 年 6 月

目　录

绪　论

一、饲料生产与应用在动物生产中的作用与地位

现代动物生产是将低质量的自然资源、农副产品等植物性饲料转变成优质动物性食品（肉、蛋、奶、皮、毛等）的理想途径，是人类社会物质资料生产的重要组成部分，它对提高人们生活质量、促进经济发展乃至社会稳定都起着非常重要的作用。

饲料是动物赖以生存和生产的物质基础，饲料占养殖业总投入的 3/4 左右。饲料生产企业已成为关系国计民生的重要产业。饲料生产企业的发展推动了畜牧业和整个国民经济的发展。饲料生产企业是畜牧业的重要环节和支柱。

二、国外饲料工业的发展概况及趋势

19 世纪 70 年代以前，是国外饲料工业发展的萌芽阶段。1875 年，美国伊利诺伊州沃基根市创建了全球第一个动物初级饲料加工厂，这标志着饲料工业的开始。

20 世纪 40 年代，美国提出了理想蛋白质概念并建立了饲料中氨基酸的微生物分析法；专业化的畜牧业，尤其是养鸡业的产生，促进了美国饲料工业的发展。

20 世纪 50 年代，美国又提出了化学分析法，为以后的定量评定饲料的蛋白质营养价值提供了技术手段。第二次世界大战以后，世界养殖业开始向集约化、专业化方向发展。

20 世纪 60 年代初，美国饲料工业进入全国最大的 20 个工业部门之列。

20 世纪 70 年代以来，由于动物科学和饲料加工技术的进步，在美国、德国、英国等经济发达的国家，饲料工业已发展成为一个完整的工业体系，饲料工业的电子计算机化也于 1975 年实现。

20 世纪 80 年代，美国的饲料工业基本上是一门成熟的工业，饲料加工企业生产规模日益扩大，一体化企业成为主流。2001 年，全球饲料总产量 6 亿吨，但其中 80%是由不到 3 500 家的饲料加工厂生产的。

开发各种饲料资源，绿色饲料添加剂得到了广泛应用。牧草和粗饲料的生产利用也成为世界饲料业的重要内容。信息技术在饲料工业中得到了广泛应用。

三、我国饲料工业的发展概况及趋势

1. 我国饲料工业的发展状况、成就

我国饲料工业起步于 20 世纪 70 年代中后期。80 年代初，开始应用于动物营养学知识生产混合饲料，出现了工业化的饲料加工厂。国家“六五”期间提出了我国第一代畜禽饲养标准。

20 世纪 90 年代是饲料工业全面发展的时期，由生产混合饲料变为营养价值平衡的配合饲料，计算机技术也被广泛应用。

国家在“七五”“八五”期间加大了对饲料研究的投入，对饲料营养价值的评定技术、饲料检测技术、饲料资源的开发技术和加工工艺技术进行了深入研究，建立了全国饲料基础数据库。

国家在“九五”期间加强了对动物精确营养与代谢调控技术的研究，提出了我国第二代畜禽饲养标准，大大提高了饲料转化效率。

我国于 2004 年 8 月 25 日发布，并于 2004 年 9 月实施了我国鸡、猪、奶牛、肉牛和肉羊的饲养标准，即中华人民共和国农业行业标准。

目前，我国已经建成了一体化的完整的饲料加工工业体系，饲料工业已成为我国国民经济的重要支柱产业。

由于大量饲料科技成果的应用，大大提高了饲料转化效率，节约了大量的饲料用粮食，促进了畜牧业的发展，使得动物全程饲养平均饲料转化率总体上提高了 25%左右，饲养周期大幅度缩短。

2014 年，全国饲料总产量 1.97 亿吨，猪料产量 8 616 万吨，蛋禽料产量 2 902 万吨，肉禽料产量 5 033 万吨，水产料产量 1 903 万吨，反刍动物料产量 876 万吨。

2014 年，全国肉类总产量 8 707 万吨，猪肉产量 5 671 万吨，牛肉产量 689 万吨，羊肉产量 428 万吨，禽肉产量 1 751 万吨，禽蛋产量 2 894 万吨，牛奶产量 3 725 万吨，水产品产量 6 450 万吨。

随着科学技术的突飞猛进，我国饲料添加剂产品一改十多年前几乎全部依赖进口的局面，目前已经批准使用的添加剂品种有 220 多个，其中，国产并制定标准的近 70 多种，允许使用的药物添加剂品种 57 种，所有的维生素产品都已国产化，其中氯化胆碱和维生素 A 可以大量出口。

2. 我国饲料工业发展的趋势

我国饲料工业发展呈现三大趋势：一是畜牧业的快速发展将带动饲料行业的快速发展，我国饲料总量将继续保持稳定增长；二是居民消费结构的优化将加大对水产品和牛羊肉的需求比重，从而推动水产和反刍动物饲料的快速增长；三是未来我国饲料行业将越来越集中，优势企业将得到发展壮大，一些饲料加工企业与饲养场、饲养户等紧密结合起来，形成产供销“一条龙”企业。饲料企业向规模化、产业化、现代化发展，饲料产品向多样化发展，更加注重安全问题。环保型饲料得到重视，功能性饲料开发促进功能性食品生产，非常规饲料资源开发将缓解饲料工业原料紧张和价格上涨的矛盾。

四、本教材内容

本教材内容包含：（1）饲料企业创办与运行。（2）饲料产品设计。（3）饲料原料采购。（4）饲料原料品质判断。（5）配合饲料加工与管理。（6）饲料产品应用。

项目一　饲料企业创办与运行

【知识目标】

了解饲料企业设立的基本程序。

熟悉《饲料企业登记证》、《添加剂预混合饲料产品生产许可证》办理流程及需要准备的材料。

了解饲料企业质量检测室的建设要求及分析室的注意事项。

熟悉饲料企业标准的制定与产品标签的设计原则。

【技能目标】

能够设计出企业申请书的格式、内容填写规范及企业审核项目、审核方法。

能够设计饲料质量检验室的建设方案及各种危险的应对措施、各种危险品的处理方法。

能够制定饲料企业产品标准和设计饲料标签。

任务一　设立饲料生产企业的程序与办法

一、饲料生产企业设立基本程序

饲料生产企业的设立依据是《饲料和饲料添加剂管理条例》(国务院令第327号)、《饲料生产企业审查办法》(农业部令第73号)、单一饲料产品目录(2008)(农业部公告第977号)，这些条例或办法适用于生产浓缩饲料、配合饲料和精料补充料以及饼粕类、麸皮、次粉、米糠、碎米、全麦粉的企业。企业设立必须先认真如实完整地填写《饲料生产企业设立申请书》各类项目，提交各项与企业自身和产品相关的资料。设立浓缩料、配合饲料、单一饲料和精料补充料生产企业需获得省级饲料行政管理部门颁发的《饲料生产企业登记证》，设立添加剂预混合饲料生产企业需获得国务院农业行政主管部门颁发的《添加剂预混合饲料生产许可证》后，持《饲料生产企业登记证》、《添加剂预混合饲料生产许可证》向工商行政管理部门申请登记，办理营业执照。

二、饲料生产企业登记证办理

（一）申　请

饲料生产企业需向所在市级饲料行政管理部门领取《饲料生产企业登记证申请表》，并认真如实完整地填写，在提交的同时，要附上以下六项申报材料：《企业情况介绍》、《产品目录》、《主要生产设备》、《检验仪器设备清单》、《企业主要管理技术人员和特有工种人员名单及相关证书》、《产品质量标准》。研制的新饲料、新饲料添加剂投入生产前，研制者或者生产企业应当向国务院农业行政主管部门提出审定申请，并提供该新饲料、新饲料添加剂的样品及相关资料。

1. 申请书填写

申请书包括封面、企业声明以及五个表格（企业基本情况，产品基本情况，企业主要管理、技术人员及特有工种持证人员情况，主要生产设备明细，主要检验仪器设备明细）。

（1）封面。封面由七部分构成，按从上到下的顺序如图 1-1 所示。

① 编号。按省级饲料管理部门规定编写原则，受理部门具体填写。

② 产品类别。分别为配合饲料、浓缩饲料、精料补充料和单一饲料四个类别，根据企业生产情况进行选择，可多选亦可单选。

③ 申请企业名称。填写生产企业营业执照上的注册名称，并加盖公章。未取得工商注册的企业应预先核准名称，确保企业名称正确无误。

④ 联系电话。填写有效的企业联系电话，以企业公共电话或法人联系电话为准。

⑤ 联系人。企业负责办理《饲料生产企业审查合格证》的工作人员姓名。

⑥ 申请类别。根据企业情况分别在发证、迁址、增项、其他后面进行选择。

⑦ 申请日期。填写企业实际申请时间，用大写数字填写，如“二〇一四年十二月十八日”。

饲料生产企业设立
申　请　书

产品类别：配合饲料□　　浓缩饲料□
精料补充料□　单一饲料□
申请企业名称：＿＿＿＿＿＿＿（公章）
联系电话：＿＿＿＿＿＿＿＿
联　系　人：＿＿＿＿＿＿＿＿
申请类别：设立□　迁址□　增项□　其他□
申请日期：　　年　　月　　日

中华人民共和国农业部　制

图 1-1　封面

（2）企业声明。企业声明主要有三条，分别为“本企业对《饲料生产企业审查办法》已充分理解”、“本企业已按照《饲料生产企业设立现场审核表》自查合格，可随时接受生产条件现场审核”、“本申请书所填信息及附送资料均真实可靠，若有虚假愿承担一切后果及有关法律责任”。右下角为法定代表人签字、加盖公章以及签字日期(必须由法定代表人亲自填写)，如图 1-2 所示。

企业声明

1. 本企业对《饲料生产企业审查办法》已充分理解。
2. 本企业已按照《饲料生产企业设立现场审核表》自查合格，可随时接受生产条件现场审核。
3. 本申请书所填信息及附送资料均真实可靠，若有虚假愿承担一切后果及有关法律责任。

法定代表人（负责人）签名 ________

（公章）

年　月　日

图 1-2　企业声明

企业名称				
生产地址	____省____市（地）____区（县）____ ____乡（镇）____路（街道）____号			
通讯地址及邮编				
联系人			传　真	
联系电话			电子邮箱	
法定代表人（负责人）			法定代表人（负责人）联系电话	
营业执照注册号				
注册地址（营业场所）				
成立时间			登记机关	
企业类型			组织机构代码	
注册资本（万元）			固定资产（万元）	
所属法人机构	名称			
	住所			
	营业执照注册号		法定代表人	
	登记机关		组织机构代码	
	联系人		传　真	
	联系电话		电子邮箱	
主要机构设置及人员组成	机构名称			
	人数			
	人员总数		其中专业技术人员	

图 1-3　企业基本情况

（3）企业基本情况，如图 1-3 所示。

① 企业名称。必须与封面名称保持一致，可以为非法人单位。

② 生产地址。填写申请企业的实际生产场地的详细地址，填写格式为______省(直辖市、自治区)_______市（地）______区（县）_______路（街道、社区、乡镇）______号（村）。

③ 通讯地址及邮编。通讯地址可以与生产地址不一致，但必须保证能有效地联系到相关负责人，邮编与通讯地址相对应。

④ 联系人、联系电话、传真、电子邮箱、法定代表人（负责人）、法定代表人（负责人）联系方式。联系人为法定代表人或负责人，负责人不一定是法定代表人，两者可由两个人来承担，如实填写各种联系方式，便于及时沟通。

⑤ 营业执照注册号、登记机关、企业类型、组织机构代码、注册资本。按企业营业执照和组织机构代码证书填写，非法人单位填写企业负责人和营业场所。尚未进行工商登记的企业，按《企业名称预先核准通知书》填写，《企业名称预先核准通知书》没有的事项可以不填写。

⑥ 固定资产。主要指生产用的厂房、设备和设施。

⑦ 所属法人机构的相关信息。适用于非法人机构按所属法人机构的营业执照和组织机构代码证书填写。

⑧ 主要机构设置及人员组织。包括企业中设立的管理（人事、行政）、采购部、生产部、技术部、品管品控（质检）等部门的相关人员，按企业现设的实际情况进行填写（人员总数，

技术人员数量），人员数量主要指与企业已经签订劳动合同的全部人员总数，专业技术人员仅指管理、采购、生产、技术、品管品控（质检）等部门取得中专以上学历的人员或取得技术职称的人员。

（4）产品基本情况，如图 1-4 所示。

① 生产线数量和生产能力。按产品实际生产线的数量以及年生产量（即生产能力）进行填写。

② 产品类别、产品系列和品种数量。产品类别按实际生产产品为准，产品系列按饲喂对象进行划分，产品品种数量指同一产品系列中包含的产品品种合计总数，包含对于同种动物的不同阶段的饲料以及同种阶段的不同型号。如企业的产品数量过多，表格不够时，可增加附页（须注明“申请产品基本情况附页”）。

③ 执行标准名称和编号。按企业执行标准的名称及其相关内容填写，标准编号包括标准代号、顺序号和年代号。

<table>
<tr><td>生产线数量（条）</td><td colspan="3"></td></tr>
<tr><td>生产能力合计
（吨/小时）</td><td colspan="3"></td></tr>
<tr><td>产品类别</td><td>产品系列</td><td>品种数量</td><td>执行标准名称及代号</td></tr>
<tr><td></td><td></td><td></td><td></td></tr>
<tr><td></td><td></td><td></td><td></td></tr>
<tr><td></td><td></td><td></td><td></td></tr>
<tr><td></td><td></td><td></td><td></td></tr>
<tr><td></td><td></td><td></td><td></td></tr>
<tr><td></td><td></td><td></td><td></td></tr>
</table>

图 1-4 产品基本情况

（5）企业主要管理、技术人员及特有工种持证人员情况。填写时标明序号，相关信息包括姓名、工作岗位、职务/职称、学历、所学专业、获证书时间、种类及编号、发证机关及身份证号码，如图 1-5 所示。主要填写与本企业有劳动合同关系的在岗管理（总经理、生产经理、品管经理）、技术（技术经理）、检验（检化验员）和生产人员（中控人员、电工、锅炉工、维修工）等，不包括企业聘请的顾问或不从事日常生产的专家学者。检化验员和中央控制室操作工等应持农业部发放的国家职业资格证书或省级饲料职业鉴定机构出具的鉴定合格证明或其他相关资格证明。

序号	姓 名	工作岗位	职务/职称	学历	所学专业	获证书时间、种类及编号	发证机关	身份证号码

注：“证书”指与企业有合同关系的在岗管理、技术人员的职称证书和最高学历证书，特有工种人员的职业资格证书。

图 1-5 企业主要管理人员、技术人员及特有工种人员情况

（6）主要生产设备明细。根据企业采用的生产工艺填写关键或必要的生产设备，如粉碎机、提升机、混合机、制粒机、微量称、打包机、脉冲除尘机、中央控制系统设备等，设备清单应与工艺流程图相匹配。生产线类型是指配合饲料生产线、浓缩饲料生产线、精料补充料生产线或单一饲料生产线，填写时选择其中的一种或几种如实填写，但在填写单一饲料生产线时，应注明所生产产品的具体名称。设备名称、规格型号、生产厂家、出厂日期等分别按照设备说明书或者设备上的铭牌进行填写，使用日期为该设备首次使用的日期，以便推算保养时间，关键技术性能指标包括该设备主要特征的技术性能参数，如图 1-6 所示。

主要生产设备明细

生产线类型及其序号	设备序号	设备名称	规格型号	关键技术性能指标	数量	生产厂家	出厂日期	使用日期

图 1-6 主要生产设备明细

（7）主要检验仪器设备明细。申请企业要配有国家要求的常规项目检测仪器或设备，如配合饲料、浓缩饲料及精料补充料应有样品粉碎机、万分之一分析天平、分光光度计、恒温干燥箱、高温炉、样品消化装置、定氮装置、脂肪提取装置、粗纤维测定装置、抽滤装置、真空泵、水浴锅、通风橱、快速水分测定仪器、显微镜等。设备名称、规格型号、生产厂家、出厂日期等分别按照设备说明书或者设备上的铭牌进行填写，使用日期为该设备首次使用的日期，以便推算保养时间，关键技术性能指标包括该设备主要特征的技术性能参数，如图 1-7 所示。

序号	仪器设备名称	规格型号	数量	关键技术性能指标	生产厂家	出厂日期	使用日期

图 1-7 主要检验仪器设备明细

2. 需提交文件资料的相关说明

提交申请时需提交的文件资料目录如表 1-1 所示。

表 1-1 需提交的文件资料目录

序号	文件资料名称	适用范围
1	申请情况说明	全部
2	企业营业执照复印件	未注册的新设立企业除外
3	组织机构代码证复印件	未注册的新设立企业除外
4	企业名称预先核准通知书	未注册的新设立企业适用
5	厂区平面布局图	全部
6	生产工艺流程图及工艺说明	全部
7	企业管理制度文本	全部
8	法定代表人和主要负责人（或拟任）身份证明及简历	全部
9	生产经营场所使用证明	全部
10	企业标准复印件	全部
11	委托检验协议书复印件	全部
12	有代表性的产品标签样张	全部
13	审查合格证复印件	迁址、增项
14	人员资格证书复印件	全部

（1）申请情况说明。包括企业概况、生产线及生产能力、技术水平、工艺设备、质量保证体系、建厂时间或变迁来源、隶属关系或所有权性质等，兼产的企业应简要说明其他产品的名称和生产规模等，要求在 500 字以上。

（2）企业营业执照复印件、组织结构代码证复印件、企业名称预先核准通知书。除未注册的新设立企业外，其他法人机构提供本企业的资料，非法人机构除提供本单位的资料外，还要提供所属法人机构的资料复印件以及企业名称预先核准通知书。

（3）厂区平面布局图。布局图是按比例绘制的平面图，应标注生产区、生活区、办公区，其中生产区要标注生产、原料仓储、小料仓储和成品仓储的位置。

（4）生产工艺流程图及工艺说明。按行业标准《饲料加工设备图形符号》（LS/T 3614）规定的图形符号进行绘制。工艺说明应详细叙述加工过程和关键步骤的控制参数。

（5）企业管理制度。提供岗位责任制（各个岗位的职责要求与规范）、生产管理制度（生产车间各个岗位的规范化）、检验化验制度（检测规范化）、质量管理制度、安全卫生制度、产品留样观察制度和计量管理制度。

（6）法定代表人和主要负责人（或拟任）身份证明及简历。如实提供法定代表人和主要负责人身份证明，以及生平简历，反映法人和主要负责人的自身真实情况。

（7）企业标准复印件、审查合格证复印件、人员资格复印件。具有生产企业执行标准的企业，提供企业备案标准全文复印件；未进行工商注册的企业应提供标准草案。提供人员资格证书复印件（包括技术人员和专业技术人员）。对于迁址或增项企业，需提供有效的审查合格证复印件。

（8）委托检验协议复印件。对于某些指标不能检测的企业，应提供与相应检验机构签订的委托检验协议复印件。

（9）产品标签样张。按《饲料标签》（GB 10648—2013）标准进行编制，并按产品系列提供代表性产品的标签样式，以备检查。

（二）审核及发放管理

相关政府部门按照企业登记应具备的条件对企业申报材料逐一审核，同时进行实地考核，评审小组由省饲料行政管理部门委托市级饲料行政管理部门组织饲料质量检验机构和市、县级饲料行政部门人员组成。待考核合格后，由市级饲料行政管理部门向省级部门提交企业申报材料，省级饲料行政管理部门审查通过后，将《饲料生产企业登记证》发放给饲料企业。《饲料生产企业登记证》有固定的样式，其通用格式为（以四川省为例）：川（×）饲生字（××××）×××，其中（×）为该企业所在地市的简称，（××××）为年号，×××为登记号，一般为三位。饲料生产企业登记证号应加贴在包装物的显著位置或印制在标签上，即为合格。

《饲料生产企业登记证》有效期为3年，若在有效期满后仍继续生产的企业，应在有效期满前3个月时，申请重新换发《饲料生产企业登记证》。相同产品需要异地生产，则需要重新办理登记手续。企业应当在每年12月底时，按规定要求填写年检表，报市级饲料行政管理部门，以备年检。市级饲料行政管理部门对《饲料生产企业登记证》进行年检。

三、添加剂预混合饲料生产许可证办理

（一）申　请

饲料生产企业，先向所在地市（地）饲料行政管理部门领取《饲料添加剂及添加剂预混合饲料生产许可证申请书》，再向生产所在地省级人民政府饲料管理部门提交申请书和符合相关规定条件的相关证明材料。企业名称应当经工商行政管理机关预先核准。相关材料包括企业情况介绍，生产设备清单，产品目录及产品配方，检验仪器设备清单，企业主要管理技术人员和特殊工种人员名单，厂区布局图，生产工艺流程图，委托检验协议书（某些需要使用大型精密仪器的检验项目，可以委托具有计量认证资格的质检机构代检）。

（1）申请书由封面和六个表格构成，分别是企业基本情况，生产设备清单，产品目录及产品配方，检验仪器设备清单，企业主要管理技术人员和特有工种持证人员名单，管理制度目录。其中企业基本情况包括企业概况、生产能力、工艺设备、技术水平、质量保证体系等情况，若有获奖或通过质量体系认证，则需要提供相应证明材料。对于产品品种栏按“畜、禽、水产及其他”进行分列。年产量栏按申报前一年的产品产量填写年产能力，新建企业可不填写。

（2）需要提交的文件资料参照《饲料生产企业登记证》申请的相关资料填写。

（二）审核与发放管理

省级饲料行政管理部门登记受理后，在20个工作日内，由具备中级以上技术职称或相应行政职务，具有较丰富的有关被审查企业生产产品的专业知识人员组成评审组（3～5人），对企业的申报材料和预审报告进行审核并实地考核。实地考核内容包括人员要求、生产场地要求、生产设备要求、质量检验要求、管理制度要求、生产环境要求六大项，又进一步细分为68个小项，其中关键项（A）5项，重要项（B）25项和一般项（C）38项。合格企业判定标准：关键项（A）必须全部符合，重要项（B）合格率达到80%以上，一般项（C）要求合格率达到50%以上。每个考核内容分别占有关键项、重要项、一般项的数量如表1-2所示。审核和实地考核合格后，由省级饲料行政管理部门上报国务院农业行政主管部门审批，待审批通过后，由国务院发放《添加剂预混合饲料生产许可证》。《添加剂预混合饲料生产许可证》格式：饲预（××××）××××，其中（××××）表示年份，××××表示企业固定编号，一般为四位。获得《添加剂预混合饲料生产许可证》的企业，应将其有效的生产许可证号准确标示在其饲料包装物或标签上。许可证的有效期为5年，有效期满需继续生产的，企业应当在有效期满前6个月内持原证重新申请换发。省饲料行政管理部门对生产许可证进行年检并公告。企业应当在每年2月底前，按规定要求填写年检表，报省级饲料行政部门审查。

表1-2 考核指标分类及考核方法

大项	小项	关键项（A）	重要项（B）	一般项（C）
人员要求	1.机构设置			1.有机构设置文件 2.有企业及部门负责人的人员任命书 考核方式：查阅文件
	2.企业负责人		熟悉饲料法规及相关法规 考核方式：考核	1.了解饲料、养殖或所生产产品的相关专业知识 2.具有生产经验和组织能力 考核方式：交谈
	3.质量负责人		专职从事该工作三年以上，熟悉饲料法规及相关法规 考核方式：考核	1.具有相关专业大专以上文化程度 2.检验负责人取得中级以上检验职业资格证书 考核方式：查验证书
	4.技术负责人		1.专职从事该工作三年以上，熟悉饲料法规及相关法规 2.熟悉动物营养、饲料配方技术或所生产产品的生产工艺 考核方式：考核	具有相关专业大专以上文化程度或中级以上技术职称 考核方式：查验证书
	5.生产负责人			1.专职从事该工作两年以上，熟悉饲料法规及相关法规 2.具有相关专业大专以上文化程度或中级以上技术职称 3.熟悉生产工艺和生产管理 考核方式：考核、查验证书、交谈

续表

大　项	小　项	关键项（A）	重要项（B）	一般项（C）
人员要求	6.管理人员			1.质量、生产、仓库管理部门应有专职管理人员 2.管理人员具有相应的专业知识、生产经验及组织能力 3.技术服务人员应具备相应的知识 考核方式：查阅文件、交谈
	7.特有工种持证上岗及技能考核	检化验人员至少两人持证上岗且掌握本岗位的基本知识和技能 考核方式：查验证书及实际操作	其他特有工种持证上岗 考核方式：查验证书	生产操作工掌握本岗位的基本知识和技能 考核方式：实际操作
生产场地要求	1.厂房建筑布局		厂房建筑布局合理，生产区、办公区、仓储区、生活区分开 考核方式：现场查看及查阅文件	厂区内道路平整 考核方式：现场查看
	2.车间和场地		1.具有独立的生产车间，布局合理 2.生产、仓储面积应与设计能力相匹配 考核方式：现场查看	1.现场生产秩序良好，工序衔接合理 2.生产过程中半成品堆放整齐，实施标志管理 考核方式：现场查看
	3.生产现场环境		1.添加剂预混合饲料生产噪声、粉尘等应符合环保要求 2.配备消防设施或设备 考核方式：现场查看、查阅文件	1.具有良好的通风、照明 2.环境清洁、无垃圾、无积水 考核方式：现场查看
	4.仓储区	添加剂预混合饲料产品应设有独立的仓储库存放药物饲料添加剂和危险品 考核方式：现场查看	与生产能力相适应，仓库地面平整，符合要求 考核方式：现场查看	原料、成品、包装、标签分开存放，物料分类堆放，整齐，实施标志管理 考核方式：现场查看

续表

大 项	小 项	关键项（A）	重要项（B）	一般项（C）
生产设备要求	1.生产设备	生产设备齐全、完好，能满足生产需要 考核方法：对照说明进行现场查看并生产检验	1.添加剂预混合饲料应配置除尘系统，且投料口、打包口除尘系统分开 2.原料接收、配料、打包等计量器具符合要求 考核方式：现场查看或查验证书	
	2.生产工艺		1.工艺流程布局合理，不会导致交叉污染 2.生产设备安装符合工艺流程要求 考核方式：现场查看	1.完整的工艺流程文件 2.应对生产中的重要工序或产品关键环节进行控制，并在生产工艺流程图上标出关键控制点 考核方式：查阅文件
	3.设备管理		对设备、器具中残留定期清理 考核方式：查阅文件	1.建立仪器、设备档案 2.有仪器、设备维护、保养计划和记录 3.设备有安全防护措施且便于维护和保养 4.主要设备配件管理有序 考核方式：查阅文件或记录
质量检验要求	1. 质检部门	配有常规项目的检测仪器，无法检测项目应有法定代检协议书，项目明确 考核方式：现场查看、查阅文件	1.设立质检部门，且直属企业负责人领导 2.设有仪器室、检验操作室，场地能满足检验要求 3.设有留样观察室，留样柜能满足各种成品、原料的存放，样品存放时间应超过保质期至少两个月 考核方式：查阅文件、现场查看	
	2. 质检仪器设备		质检仪器应有有效的检定证书 考核方式：查验证书	检测仪器（如天平、分光光度计等）有使用记录 考核方式：查阅记录
	3. 标准质量检验操作规程		原料、产品质量标准（含方法）齐全 考核方式：查阅标准	1.企业标准发布符合要求 2.有规范的操作规程 考核方式：查标准，查阅文件
	4. 检验记录和检验报告		有完整的原料、成品检验记录和样本检验报告，并应保存两年以上 考核方式：查阅记录	1.留样观察记录齐全完整（保存两年以上） 2.检验报告齐全、完整，应有质检人员和质检负责人签字 考核方式：查阅文件、报告

续表

大项	小　项	关键项（A）	重要项（B）	一般项（C）
管理制度要求		涉及菌种的饲料添加剂产品，应有齐全的生产过程管理记录；添加剂预混合饲料应有药物饲料添加剂的接收和使用记录 考核方法：查阅文件	1.建立规范的岗位责任制度、生产管理制度、检验化验制度、标准及质量保证制度、安全卫生制度、产品留样观察制度、计量管理制度等管理制度，且执行良好 2.原料接收和生产过程程序和记录 考核方式：查阅文件	1.各类文件（含饲料法规）应建立档案，能迅速查阅 2.产品管理记录(含销售记录)样本 3.有处理客户投诉规定，产品售后服务记录齐全 考核方法：查阅文件
生产环境要求	1.选址		符合周边无污染源、饲养场不扰民的要求 考核方式：现场查看	
	2.厂区卫生环境			1.厂区环境整洁，无恶性异味，饲料添加剂生产企业“三废”排放符合规定要求 2.废弃物存放合理，定期清理 考核方式：现场查看
	3.劳动保护			1.生产区内无不安全的隐患 2.有劳动保护规定 考核方式：现场查看、查阅文件

四、添加剂预混合饲料产品批准文号办理

2012年农业部第6次常务会议审议通过《饲料添加剂和添加剂预混合饲料产品批准文号管理办法》，自2012年7月1日开始施行。《办法》指出，饲料添加剂、添加剂预混合饲料生产企业应当向省级人民政府饲料管理部门（以下简称省级饲料管理部门）提出产品批准文号申请，并提交以下资料：产品批准文号申请表；生产许可证复印件；产品配方、产品质量标准和检测方法；产品标签样式和使用说明；涵盖产品主成分指标的产品自检报告；申请饲料添加剂产品批准文号的，还应当提供省级饲料管理部门指定的饲料检验机构出具的产品主成分指标检测方法验证结论，但产品有国家或行业标准的除外；申请新饲料添加剂产品批准文号的，还应当提供农业部核发的新饲料添加剂证书复印件。企业同时申请多个产品批准文号的，提交复核检测的样品应当符合下列要求：

（1）申请饲料添加剂产品批准文号的，每个产品均应当提交样品；

（2）申请添加剂预混合饲料产品批准文号的，同一产品类别中，相同适用动物品种和添加比例的不同产品，只需提交一个产品的样品。

省级饲料管理部门应当自受理申请之日起10个工作日内对申请资料进行审查，必要时可以进行现场核查。审查合格的，通知企业将产品样品送交指定的饲料质量检验机构进行复核检测，并根据复核检测结果在10个工作日内决定是否核发产品批准文号。产品复核检测应当涵

盖产品质量标准规定的产品主成分指标和卫生指标。省级饲料管理部门和饲料质量检验机构的工作人员应当对申请者提供的需要保密的技术资料保密。

待相关部门审核通过后，由省饲料行政管理部门颁发添加剂或添加剂预混合饲料产品批准文号。饲料添加剂产品批准文号格式为：×饲添字（××××）××××××；添加剂预混合饲料产品批准文号格式为：×饲预字（××××）××××××。其中×指核发产品批准文号省、自治区、直辖市的简称，（××××）表示年份，××××××前三位表示本辖区企业的固定编号，后三位表示该产品获得的产品批准文号序号。产品批准文号有效期为5年，期满需要继续生产的，企业应当在有效期满前6个月内重新申请换发。

任务二　饲料质量检验室建设

一、检验室选址与布局

1. 检验室的位置

检验室的位置应远离生产车间、锅炉房、交通要道，以防烟雾、粉尘、振动、噪声和电磁辐射等对分析检验工作的影响和干扰。生产控制检验室，可设在生产车间附近，以便取样和报送分析结果。

2. 检验室房屋结构

检验室的建筑结构、面积和照明应满足检验工作的要求，并有相应的辅助设施，如通风设施、供水和排水、保温和降温设施、能源系统等，保证检验工作的正常进行。检验室应合理布局、方便操作、确保安全。

3. 专用工作室

根据工作的性质、仪器的用途、相互间的影响，分门别类地安放仪器设备，以便于管理，检验室总体使用面积应不小于100 m^2；根据检验工作的特点，应将检验室分设为理化分析室、仪器分析室、高温室、天平室、标准溶液制备室、样品室。另外，还应有办公室和更衣室。除具有一般的工作环境外，还应做到以下几点：

（1）天平室。天平室应避光、清洁、安静、防振、防潮、防腐蚀。天平室窗户应朝北，墙及地板应有隔热措施，窗户应双层，门应双门，通风系统应均匀、稳定。天平室温度最好在20～24 °C，要防止因温度变化引起天平臂长的变化。湿度要保持在65%～75%，湿度太大会使天平动摆迟钝，也易腐蚀金属部分，过于干燥对称量也有影响。

（2）精密仪器室。要求具有防振、防潮、防腐蚀、防尘、防有害气体等特点。温度应保持在15～30 °C，湿度应保持在65%～75%。仪器台应稳固。

（3）标准溶液制备室。防尘、采光好、温湿度符合要求。

（4）化学分析室。采光良好、排风好、上下水通畅、洁净。

（5）高温室。供电完善、消防设施齐全、有良好的通风条件。

（6）样品室。防火、防热、通风良好。

为了满足需要，检验室的地面应为水泥或水磨石平面，也可用耐酸瓷砖铺地或用过氧乙烯涂料地面。墙面可刷油漆，减少毒物及灰尘的吸附。工作台设计为水泥砖构架，台高通常为 80 cm，宽 60 cm，长可根据房间大小而定，工作台下方可做成储物柜（双门柜或抽屉）分类放置各种备用药品和其他仪器以及各种仪器备用件，台面用塑料板铺垫，以防滑、防腐、防振、绝缘。高温室和分析室地面应设地漏、地线，以避免跑水及大功率设备造成的漏电等影响。如果条件允许，选用实验室家具材料进行装修布局，规划为可移动操作台等。

二、检验室仪器设备和检定

样品检验主要是通过样品与药品、试剂的物理、化学反应来测定样品中各种技术指标的含量，检验过程中要使用大量的仪器来完成检验，大体可分为：大型、精密仪器；玻璃仪器；其他仪器。

1. 高温室

放置电热恒温干燥箱、水浴恒温振荡器、电炉、水浴锅、电泵抽滤装置、纯水设备、清洗台等，用于加热、消煮、蒸馏等物理、化学反应等。

要求：需沿墙边砌筑工作台，依次放置电热恒温干燥箱、水浴恒温振荡器、联式电炉、水浴锅、电泵抽滤装置、纯水设备、水槽清洗台等，各种仪器最好安装独立插座，并设有地线。水槽最好设置在墙角，避免清洗仪器时水外溅，弄湿地面，并分装尖嘴水龙头和普通水龙头，尖嘴水龙头用于接冷凝水及冲洗小口玻璃器皿，普通水龙头用于一般清洗。凯氏定氮设备应放置在水槽旁边，因为该设备需流动水冷凝蒸汽。联式电炉上方墙体上应安装一定功率的排风罩，排风罩长应大于联式电炉长，宽应与工作台齐宽，安装高度应高于工作台面 1.5 m，用于抽排加热反应释放的有害气体及烟雾（条件允许的可建玻璃通风柜，一般的通风柜长 1.5 ~ 1.8 m，深 0.8 m，空间高度大于 1.5 m。前门及侧壁安装玻璃，前门开关可灵活，柜内有抽风装置，可装置加热与冷却水、下水道等设施，下水道可用耐酸及耐有机溶剂的材料做成）。房间中间可放置木质实验台，实验台上装置药品架放置常用试剂。

2. 化学分析室

放置凯氏定氮装置、玻璃仪器架、常规物理操作检测工具及文件柜和书桌，可进行分样、样品制备、显色反应、样品浸提、溶液稀释等操作及文案工作（条件允许可另设一间办公室放置文件柜、书桌、计算机、打印机等）。

要求：操作室靠墙边沿分别摆置玻璃仪器架、药品柜、文件柜、资料柜和写字台（写字台最好设在窗台下）。中间建筑水泥砖工作台，放置托盘天平、酸碱滴定管、铁架台、移液管架，用于实验操作。显色反应区域另设照明光源以更好地观察溶液颜色变化（也可根据实际操作习惯将药品架设置在工作台面中间位置）。

3. 天平室

应配置空调，放置各量程电子天平、干燥器，用于样品及药品的称量。

要求：天平室的一侧建筑工作台，依次放置各量程电子天平、干燥器等（各天平要独立插座），另外一侧放置样品架（房内可配置空调，保持仪器的最佳工作状态及便于样品储存）。

4. 精密仪器室

应配置空调，放置原子吸收分光光度计、火焰光度计、紫外-可见分光光度计、酸度计等仪器及分析操作使用。

要求：分析室工作台需为水泥、砖砌筑，避免外界因素引起的振动影响仪器准确运行。窗帘需设遮阳布，避免阳光紫外线照射仪器外壳。配置空调，保持仪器处于最佳工作状态。

5. 玻璃器皿

定量分析中常用的玻璃仪器按性能分为可加热的（烧杯、烧瓶、试管等）和不宜加热的（量筒、容量瓶、试剂瓶等）；按用途分为容器类（烧杯、锥形瓶、试剂瓶）、量器类（滴定管、移液管、洗量管、容量瓶）和特殊用途类（漏斗、干燥器、瓷坩埚），根据实验室需求自选规格。

要求：绝大部分大型仪器、玻璃器皿需经过检定部门检定（当地质量监督局计量所）方可使用，并且每年付费检定一次，以确保其准确度及安全性。在使用过程中必须严格按照其操作规程进行，并注意及时清洁、按时保养和检定。部分玻璃器皿可自行检定（其方法为：以当地质量监督局计量所检定合格的标准玻璃器皿，化验员通过培训 2 人一组进行相互核定）。

三、检验过程的各项记录

制定严格的检验室管理制度是为了保证检验室能正常地运行，完全符合安全操作；保证分析数据准确可靠；能更好地指导生产。检验室的管理一般分为仪器管理、药品管理、人员管理、资料管理、检验制度、质量管理、保密制度、安全卫生制度等。

在检测过程中涉及的相关检测方法均执行国家标准（GB）、部分执行行业标准；为了确保检测数据的真实性，定期对检化验进行密码样品考核。

检测记录涉及：样品取样记录、留样观察记录、样品批处理记录、检测原始记录、仪器使用记录、药品购买及领用记录。

四、检验实验室安全

（一）检验室危险性的种类

1. 火灾爆炸危险性

检验室发生火灾的危险带有普遍性，这是因为分析化学实验室中经常使用易燃易炸物品。高压气体钢瓶，低温液化气体，减压系统（真空干燥、蒸馏等），如果处理不当，操作失灵，再遇上高温、明火、撞击、容器破裂或没有遵守安全要求，往往酿成火灾爆炸事故，轻则造成人身伤害、仪器设备破损，重则造成多人伤亡，房屋破坏。

2. 有毒气体危险性

在分析实验中经常要用到煤气、各种有机溶剂，不仅易燃易爆而且有毒。在有些实验中由于化学反应也产生有毒气体。如不注意都有引起中毒的可能。

3. 触电危险性

分析实验离不开电气设备，不仅常用 220 V 的低电压，而且还要用到几千乃至上万伏的高电压，分析人员应懂得如何防止触电事故或由于使用非防爆电器产生电火花引起的爆炸事故。

4. 机械伤害危险性

分析经常用到玻璃器皿，还要割断玻璃管胶塞打孔，用玻璃管连接胶管等操作，操作者疏忽大意或思想不集中均易造成皮肤与手指创伤、割伤等伤害。

5. 放射性危险

从事放射性物质分析及 X 光衍射分析的人员很可能受到放射性物质及 X 射线的伤害，必须认真防护，避免放射性物质侵入和污染人体。

（二）防火、防爆、灭火常识与安全法规等制度

物质起火的三个条件是物质本身的可燃性、氧的供给和燃烧的起始温度。一切可燃物的温度处于着火点以下时，即使供给氧也不会燃烧，因而控制可燃物的温度是防止起火的关键。

1. 实验室常见的易燃易爆物

（1）易燃液体：如苯、甲苯、甲醇、乙醇、石油醚、丙酮等；应存放在阴凉通风处。

（2）燃烧爆炸性固体：钾、钠等轻金属等；应干燥保存，存放时室温不超过 30 °C，最好在 20 °C 以下，同时要与可燃和易发生火花的设备隔离放置。

（3）强氧化剂：硝酸铵、硝酸钾、高氯酸、过氧化钠、过氧化氢、过氧化二苯甲酰等；应存放在阴凉通风处。

（4）压缩及液化气体：H_2、O_2、C_2H_2、N_2、液化石油气等；应避免日晒，不能放在热源附近。

（5）可燃气体：一些可燃气体与空气和氧气混合，在一定条件下会发生爆炸；应密闭，避免日晒，远离热源。

2. 起火和起爆的预防措施

根据检验室着火和爆炸的起因，可采取下列针对性预防措施：

（1）预防加热起火。

① 在火焰、电加热器或其他热源附近严禁放置易燃物。

② 加热用的酒精灯、喷灯、电炉等加热器使用完毕时，应立即关闭。

③ 灼热的物品不能直接放在实验台上，各种电加热器及其他温度较高的加热器都应放置在石棉板上。

④ 倾注或使用易燃物时，附近不得有明火。

⑤ 蒸发、蒸馏和回流易燃物时，不能用明火直接加热或用明火加热水浴，应根据沸点高低分别用水浴、砂浴或油浴等加热。

⑥ 在蒸发、蒸馏或加热回流易燃液体过程中，分析人员绝不能擅自离开。

⑦ 实验室内不宜存放过多的易燃品。

⑧ 不应用具磨口塞的玻璃瓶贮存爆炸性物质，以免关闭或开启玻璃塞时因摩擦引起爆炸。必须配用软木塞或橡皮塞，并应保持清洁。

⑨ 不慎将易燃物倾倒在实验台或地面上时，必须：

a. 迅速断开附近的电炉、喷灯等加热源。

b. 立即用毛巾、抹布将流出的液体吸干。

c. 室内立即通风、换气。

d. 身上或手上沾有易燃物时，应立即清洗干净，不得靠近火源。

（2）预防化学反应热起火或起爆。

① 分析人员对于要进行的实验，须了解其反应和所用化学试剂的特性，对有危险的实验，要准备应有的防护措施及发生事故的处理方法。

② 易燃易爆物的实验操作应在通风橱内进行，操作人员应戴橡皮手套、防护眼镜。

③ 在未了解实验反应之前，试剂用量要从最小开始。

④ 及时销毁残存的易燃易爆物。

（3）预防容器内外压力差引起爆炸。

① 预防减压装置爆炸，减压容器的内外压力差不得超过一个大气压。

② 预防容器内压力增大引起爆炸的措施：

a. 低沸点和易分解的物质可保存在厚壁瓶中，放置在阴凉处。

b. 所有操作应按操作规程进行。反应太猛烈时，一定采取适当措施以减缓反应速度。

c. 不能将仪器装错，使加热过程中形成密闭系统。

d. 对有可能发生爆炸的实验一定要小心谨慎、严加管理，严格遵守操作规程，绝对不允许不了解实验的人员进行操作，并严禁一人单独在实验室工作。

3. 实验室灭火

灭火原则是：移去可隔绝燃料的来源，隔绝空气（氧），降低温度，对不同物质引起的火灾，采取不同的扑救方法。

（1）实验室灭火的紧急措施。

① 防止火势蔓延，首先切断电源，熄灭所有加热设备；快速移去附近的可燃物；关闭通风装置，减少空气流通。

② 立即扑灭火焰，设法隔断空气，使温度下降到可燃物的着火点以下。

③ 火势较大时，可用灭火器扑救。

（2）实验室灭火注意事项。

① 用水灭火注意事项：能与水发生猛烈作用的物质失火时，不能用水灭火。如金属钠、

电石、浓硫酸、五氧化二磷、过氧化物等。对于一些小面积范围的火灾可用防火砂覆盖；

比水轻、不溶于水的易燃物与可燃液体，如石油烃类化合物和苯类等芳香族化合物失火燃烧时，禁止用水扑灭；

溶于水或稍溶于水的易燃物与可燃液体，如醇类、醚类、酯类、酮类等失烧时，如数量不多可用雾状水、化学泡沫、皂化泡沫等；

不溶于水、比重大于水的易燃物与可燃液体，如二硫化碳等引起的燃烧，可用水扑灭，因为水能浮在液面上将空气隔绝。禁止使用四氯化碳灭火器。

② 电气设备及电线着火时，首先用四氯化碳灭火剂灭火，电源切断后才能用水扑救，严禁在未切断电源前用水或泡沫灭火剂扑救。

③ 回流加热时，如因冷凝效果不好，易燃蒸气在冷凝器顶端着火，应先切断加热器，再行扑救。绝对不可用塞子或其他物品堵住冷凝管口。

④ 若敞口的器皿中发生燃烧，应尽快先切断加热源，设法盖住器皿口、隔绝空气，使火熄灭。

⑤ 扑灭产生有毒蒸气的火情时，要特别注意防毒。

（3）灭火器的维护。

① 灭火器要定期检查，并按规定更换药液。使用后应彻底清洗，并更换损坏的零件。

② 使用前须检查喷嘴是否通畅，如有阻塞，应用铁丝疏通后再使用，以免造成爆炸。

③ 灭火器一定要固定放在明显的地方，不得任意移动。

（三）预防中毒与急救措施

实验室中引起的中毒现象有两种情况：急性中毒和慢性中毒。

1. 有毒气体

（1）CO（一氧化碳）：CO 是无色无臭的气体，对空气的相对密度为 0.967，毒性很大。CO 进入血液后，与血色素的结合力比 O_2 大 200 ~ 300 倍，很快形成碳氧血色素，使血色素丧失输送氧的能力，导致全身组织，尤其是中枢神经系统严重缺氧造成中毒。CO 中毒时，表现为头痛、耳鸣，有时恶心呕吐、全身疲乏无力。中度中毒者，除上述症状加剧外，迅速发生意识障碍、嗜睡、全身虚弱无力、不能主动脱离现场；重度中毒时，迅速陷入昏迷状态，因呼吸停止死亡。

急救措施：① 立即将中毒者抬到空气新鲜处，注意保温，勿使受冻；

② 呼吸衰竭者立即进行人工呼吸，并给以氧气，立即送医院。

（2）Cl_2（氯气）：Cl_2 为草绿色气体，比空气重 2.49 倍，一旦泄漏将沿地面流动。Cl_2 是强氧化剂、溶于水、有窒息臭味。一般工作场所空气中含氯不得超过 0.002 mg/L。含量达 3 mg/L 时，导致呼吸中枢突然麻痹、肺内引起化学灼伤而迅速死亡。

（3）H_2S（硫化氢）：H_2S 为无色气体，具有腐蛋氨酸臭味，对空气相对密度为 1.19。H_2S 使中枢神经系统中毒，使延髓中枢麻痹、与呼吸酶中的铁结合（生成 FeS 沉淀）使酶活动性减弱。H_2S 浓度低时，表现为头晕、恶心、呕吐等，浓度高或吸入大量时，可使意识突然丧失、昏迷窒息而死亡。

因 H_2S 有恶臭，一旦发现其气味应立即离开现场，对中毒严重者及时进行人工呼吸、吸氧、送医院。

（4）氮氧化物：氮氧化物主要成分是 NO 和 NO_2。氮氧化物中毒表现为对深部呼吸道的刺激作用，能引起肺炎、支气管炎和肺水肿等。严重者导致肺坏疽，吸入高浓度氮氧化物时，可迅速出现窒息、痉挛而死亡。一旦发生中毒，要立即离开现场，呼吸新鲜空气或吸氧，并送医院急救。

2. 酸　类

H_2SO_4、HNO_3、HCl 这三种酸是检验室最常用的强酸。受到这三种酸蒸气刺激可以引起急性炎症。受到这三种酸伤害时，立即用大量水冲洗，然后用 2%小苏打水冲洗患部。

3. 碱　类

NaOH、KOH，它们的水溶液有强烈的腐蚀性。皮肤受到伤害时，迅速用大量水冲洗，再用 2%稀醋酸或 2%硼酸充分洗涤伤处。

4. 氰化物、砷化物、汞和汞盐

氰化物：KCN 和 NaCN 属于剧毒剂，吸入很少量就会造成严重中毒。发现中毒者应立即抬离现场，施以人工呼吸或给以氧气，立即送往医院。

砷化物：分析室常用的有 As_2O_3、Na_2AsO_3、AsH_3（砷化氢，又称为胂，这些都属于剧毒物）。发现中毒时立即送往医院。

汞和汞盐常用的有 Hg、HgCl、$HgCl_2$，其中 Hg、$HgCl_2$ 毒性最大。

5. 有机化合物

有机化合物种类很多，几乎都有毒性，只是毒性大小不同。因此，在使用时必须对其性质进行详细了解，根据不同情况采取不同的安全防护措施。

（1）脂肪族卤代烃。短期内吸入大量这类蒸气有麻醉作用，主要抑制神经系统。它们还刺激黏膜、皮肤以至全身出现中毒症状，这类物质对肝、肾、心脏有较强的毒害作用。

（2）芳香烃。有刺激作用，接触皮肤和黏膜能引起皮炎，高浓度蒸气对中枢神经有麻醉作用。大多数芳香烃对神经系统有毒害作用，有的还会损伤造血系统。急性中毒应立即进行人工呼吸、吸氧、送医院治疗。

6. 致癌物质

某些物质在一定的条件下会诱发癌症，被称为致癌物质。根据物质的动物诱癌实验和临床观察统计，以下物质有较明显的致癌作用：多环芳烃、3, 4-苯并芘、1, 2-苯并蒽（以上三种物质多存在于焦油、沥青中）、亚硝酸胺类、α-萘胺、联苯胺、砷、镉、铍、石棉等。所以在使用这些物质时必须穿工作服、戴手套和口罩，避免这些致癌物质进入人体。

7. 预防中毒的措施

为避免中毒，最根本的一条是：一切实验室工作都应遵守规章制度。操作中注意以下事项。

（1）进行有毒物质实验时，要在通风橱内进行，并保持室内通风良好。

（2）用嗅觉检察样品时，只能拂气入鼻、轻轻嗅闻，绝不能向瓶口猛吸。

（3）室内有大量毒气存在时，分析人员应立即离开房间，只许佩戴防毒面具的人员进入室内，打开门窗通风换气。

（4）装有煤气管道的实验室，应经常注意检查管道和开关的严密性，避免漏气。有机溶剂的蒸气多属有毒物质。只要实验允许，应选用毒性较小的溶剂，如石油醚、丙酮、乙醚等。

（5）实验过程中如发现头晕、无力、呼吸困难等症状，即表示可能有中毒现象，应立即离开实验室，必要时到医院检查。

（6）尽量避免手与有毒试剂直接接触。实验后、进餐前，必须用肥皂充分洗手。不要用热水洗涤。严禁在实验室内饮食。

（四）预防化学烧伤、玻璃割伤、腐蚀和烫伤

检验室中的烧伤，主要是由于接触到高温物质和腐蚀性化学物质以及由火焰、爆炸、电及放射性物质所引起的。

1. 化学烧伤

化学烧伤是由于操作者的皮肤触及到腐蚀性化学试剂所致。这些试剂包括：强酸类、特别是氢氟酸及其盐。强碱类，如碱金属的氢化物、浓氨水、氢氧化物等。氧化剂，如浓的过氧化氢、过硫酸盐等。某些单质，如溴、钾、钠等。

化学烧伤的预防措施：取用危险药品及强酸、强碱和氨水时，必须戴橡皮手套和防护眼镜；酸类滴到身上，不管在哪一部分，都应立即用水冲洗；稀释硫酸时必须在烧杯等耐热容器中进行。在不断搅拌下将浓硫酸加入水中，绝不能把水加入浓硫酸中。在溶解 NaOH、KOH 等能产生大量热的物质时，也必须在耐热容器中进行。如需将浓硫酸与碱液中和，则必须先稀释后再中和。

2. 烫伤和烧伤

烫伤是操作者身体直接接触火焰和高温、过冷物品（低温引起的冻伤，其性质与烫伤类似）所造成。

3. 割伤的防护与处理

（1）安装能发生破裂的玻璃仪器时，要用布片包裹。

（2）往玻璃管上套橡皮管时，最好用水或甘油浸湿橡皮管的内口，一手戴线手套慢慢转动玻璃管，不能用力过猛。

（3）容器内装有 0.5 L 以上溶液时，应托住瓶底移取。

检验室临时急救措施见表 1-3。

表 1-3 检验室临时急救措施

种类			急救处理方法
烫伤	一度烫伤（发红）		把消毒棉用酒精（无水或 95%）浸湿，盖于伤处，或涂獾油，或用麻油浸过的纱布盖敷
	二度烫伤（起泡）		用上述方法处理，或用 3% $KMnO_4$ 或 5%现配制的丹宁溶液如上法处理
	三度烫伤		用消毒棉包扎，送医院诊治
化学烧伤	酸类	H_2SO_4、HNO_3、HCl、H_3PO_4、甲酸、乙酸	先用大量水冲洗，然后用 5% $NaHCO_3$ 溶液冲洗，若眼睛被酸灼伤，先用水冲洗，再用 3% $NaHCO_3$ 溶液冲洗
		HF	立即用大量水冲洗至伤口显苍白，再用 5% $NaHCO_3$ 溶液冲洗，然后涂以新配 2%氯化镁-甘油悬浮液，消毒纱布包扎
	碱类	KOH、NaOH、CaO、K_2CO_3 等	立即用水冲洗，再用 2%硼酸或 2%醋酸溶液冲洗，如为眼睛灼伤，则先用水冲洗，再用 2%硼酸溶液冲洗
	其他	Br_2	用 25%氨水+松节油+95%乙醇（体积比 1∶1∶10）混合溶液处理
		P	先用 1% $CuSO_4$ 溶液洗净残余的磷，再用 0.1%的 $KMnO_4$ 溶液湿敷，外涂保护剂，包扎，切记不可将创伤面暴露于空气中，也不可涂油质类药剂
创伤	伤口不大、出血不多		用 3%双氧水将伤口周围擦净，涂上红汞或碘酒，必要时撒上一些磺胺消炎粉
	严重情况		先涂紫药水，然后敷上消炎粉，用纱布按压伤口，立即就医缝治

（五）常用高压气瓶的安全知识

1. 气体钢瓶使用规则

气体钢瓶的安全使用，必须遵守以下规则：

（1）高压钢瓶必须分类保管，远离明火、热源，距离不小于 10 m。避免曝晒及强烈振动。必须与爆炸物品、氧化剂、易燃物、自燃物及腐蚀性物品隔离。

（2）搬运钢瓶应用专用小车，严禁滚、撞、扔、摔。为了保护开关阀，避免偶然转动，要旋紧钢瓶上的安全帽，移动钢瓶时不能用手执着开关阀。

（3）钢瓶使用的减压器要专用，氧气钢瓶使用的减压器可用在氮气或空气钢瓶上，用于氮气钢瓶的减压器如要用在氧气钢瓶上，必须将油脂充分洗净。

（4）装减压器前要清除减压阀接口处的污垢，安装时螺扣要上紧。使用时先打开钢瓶阀，观察减压阀高压端压力表指针动作，待到适当压力后再缓缓开启减压阀，至低压端压力表指针到需要压力时为止，并用检漏剂检查是否漏气。

（5）钢瓶要直立固定，开启钢瓶时，人必须站于侧面，以免高速气流或阀件射伤人体。开阀要缓慢。使用后先关闭瓶阀，放尽减压器进出口气体，再松开减压器螺杆。

（6）钢瓶内气体不能用尽，以防其他气体倒灌。其剩余残压不应小于 9.8×10^5 Pa。

（7）钢瓶必须专瓶专用，不得擅自改装，以免性质相抵触的气体相混发生化学反应而产生爆炸。

（8）钢瓶是专用的压力容器，必须定期进行技术检验。一般气体钢瓶每三年检验一次。腐蚀性气体钢瓶每两年检验一次。

（9）气瓶失火时，应根据不同气体采取不同的灭火措施。水流灭火器、二氧化碳灭火器、1211 灭火器等备用。

2. 氧气钢瓶

氧气是强烈的助燃气体，纯氧在高温下活泼。温度不变而压力增加时，氧气可与油类发生强烈反应而引起爆炸。因此氧气钢瓶严禁同油脂接触。氧气钢瓶中绝对不能混入其他可燃气体。

3. 氢气钢瓶

氢气单独存在时比较稳定，但易与其他气体混合。氢气与空气混合气的爆炸极限是：爆炸下限为 4.1%，爆炸上限为 74.2%。要经常检查氢气导管是否漏气。氢气钢瓶不得与氧、压缩空气等助燃气体混合贮存，也不能与剧毒气体及其他化学危险品混合贮存。

4. 乙炔钢瓶

乙炔钢瓶内填充有颗粒状的活性炭、石棉或硅藻土等多孔性物质，再掺入丙酮，使通入的乙炔溶解于丙酮中，15 °C 时压力达 1.5×10^6 Pa。所以乙炔钢瓶不得卧放，用气速度也不能过快，以防带出丙酮。乙炔为高度不饱和易燃气体，含有乙炔 7%～13%的乙炔空气混合气体和含有乙炔 30%左右乙炔-氧气混合气最易爆炸。乙炔和铜、银、汞等金属及其盐类长期接触，会形成乙炔铜、乙炔银等易燃物质。因此，乙炔用的器材不能使用含铜或含银量 70%以上的合金。乙炔和氯、次氯酸盐等化合会发生爆炸燃烧。充装后的乙炔钢瓶要静止 24 h 后使用。钢瓶内乙炔压力降至 $2.9\times10^5\sim4.9\times10^5$ Pa 时停止使用。一旦燃烧发生火灾，严禁用水或泡沫灭火器，要使用干粉、二氧化碳灭火器或干沙扑灭。

（六）安全用电常识

在实验室中随时都要使用用电设备，如果对电器设备的性能不了解，使用不当就会引起电气事故。因此，化工分析人员必须掌握一定的用电常识。

1. 电对人的危害

电对人的伤害可分内伤和外伤两种，可以单独发生，也可以同时发生。

（1）电外伤，包括电灼伤、电烙伤和皮肤金属化（熔化金属渗入皮肤）三种。这些都是由于电流热效应和机械效应所造成的，通常是局部的，一般危害性不大。

（2）电内伤。电内伤就是电击，是电流通过人体内部组织而引起的。通常所说的触电事故，基本上都是指电击而言，它能使心脏和神经系统等重要机体受损。

2. 安全电流和安全电压

（1）安全电流。通过人体电流的大小，对电击的后果起决定作用，一般交流电比直流电危险，工频交流电最危险。通常把 100 mA 的工频电流或 50 mA 以下的直流电看作是安全电流。

（2）安全电压。触电后果的关键在电压，因此根据不同环境采用相应的“安全电压”使触电时能自主地摆脱电源。安全电压的数值在国际上尚未统一规定。国内（GB 390-83）中规定有 6 V、12 V、24 V、36 V、42 V 五个等级。电气设备的安全电压如超过 24 V 时，必须采取其他防止直接接触带电体的保护措施。

3. 保护接地

预防触电的可靠方法之一，就是采用保护性接地。其目的就是在电气设备漏电时，使其对地电压降到安全电压（40 V 以下）范围内。实验室所用的在 1 kV 以上的仪器必须采取保护性接地。

4. 使用电气设备的安全规定

（1）使用电气动力时，必须先检查设备的电源开关、马达和机械设备各部分是否安置妥当，是否为使用的电源电压；

（2）打开电源之前，必须认真思考 30 s，确认无误时方可送电；

（3）认真阅读电气设备的使用说明书及操作注意事项，并严格遵守；

（4）实验室内不得有裸露的电线头，不要用电线直接插入电源接通电灯、仪器等，以免产生电火花引起爆炸和火灾等事故；

（5）临时停电时，要关闭一切电气设备的电源开关，待恢复供电时再重新启动。仪器用完时要及时关闭电源，方可离去；

（6）电气动力设备发生过热（超过最高允许温度）现象，应立即停止运转，进行检修；

（7）实验室所有电气设备不得私自拆动及随便进行修理；

（8）下班前认真检查所有电气设备的电源开关，确认完全关闭后方可离开。

5. 触电的急救

遇到人身触电事故时，必须保持冷静，立即拉下电闸断电，或用木棍将电源线剥离触电者。千万不要徒手和脚底无绝缘体情况下去拉触电者，如人在高处要防止切断电源后把人摔伤。

脱离电源后，检查伤员呼吸和心跳情况。若呼吸停止，立即进行人工呼吸。应该注意，对触电严重者，必须在急救后再送医院做全面检查，以免耽误抢救时间。

（七）有害化学物质的处理

1. 废　气

检验室进行可能产生有害废气的操作都应在有通风装置的条件下进行，如加热酸、碱溶液和有机物的消化、分解等应在通风橱中进行，原子光谱分析仪的原子化器部分产生金属的原子蒸气，必须有专用的通风罩把原子蒸气抽出室外，在排放废气之前，采用吸附、吸收、氧化、分解等方法进行预处理。

2. 废　水

（1）无机酸类：废无机酸先收集于陶瓷缸或塑料桶中，然后以过量的碳酸钠或碳酸氢钠的水溶液进行中和，或用废碱中和，中和后用大量水冲稀排放。

（2）氢氧化钠、氨水：用稀废酸中和后，用大量水冲稀排放。

（3）其他有毒有害废液：

① 含汞、砷、锑、铋等离子的废液。控制溶液酸度为 0.3 mol/L 的$[H^+]$，再以硫化物形式沉淀，以废渣的形式处理。

② 含氰废液。瞬时可使人丧命。含氰废液应先加入 NaOH 使 pH 值为 10 以上，再加入过量的 3% $KMnO_4$溶液，使 CN^-被氧化分解，若 CN^-含量过高，可以加入过量的次氯酸钙和氢氧化钠溶液进行破坏。另外，氰化物在碱性介质中与亚铁盐作用可生成亚铁氰酸而被破坏。

③ 含氟废液。加入石灰使之生成氟化钙沉淀以废渣的形式来处理。

④ 有机溶剂。若废液量较多，有回收价值的溶剂应蒸馏回收使用，无回收价值的少量废液可以用水稀释排放，若废液量大，则统一集中后送污水处理部门处理。

3. 有机溶剂的回收

分析中用过的有机溶剂可以回收利用。

（1）废乙醚溶液。置于分液漏斗中，用水洗一次，中和，用 0.5%高锰酸钾洗至紫色不褪，再用水洗，用 0.5%～1% 硫酸亚铁铵溶液洗涤，除去过氧化物，再用水洗，用氯化钙干燥、过滤、分馏、收集 33.5～34.5 °C 的馏分。

（2）乙酸乙酯废液。先用水洗几次，再用硫代硫酸钠稀溶液洗几次，使之褪色，再用水洗几次，蒸馏，用无水碳酸钾脱水，放置几天，过滤后蒸馏，收集 76～77 °C 的馏分。氯仿废溶剂、乙醇废溶液、四氯化碳废溶液等都可以通过水洗废液再用试剂处理，最后通过蒸馏收集沸点左右的馏分，最终得到被回收的溶剂。经过回收的溶剂可以再使用，这样既经济又减少了污染。

4. 废料销毁

在分析过程中出现的固体废弃物不能随便乱放，以免发生事故。如能放出有毒气体或能自燃的危险废料不能丢进废品箱内和排进废水管道中。不溶于水的废弃化学药品禁止丢进废水管道中，必须将其在适当的地方烧掉或用化学方法处理成无害物。碎玻璃和其他有棱角的锐利废料，不能丢进废纸篓内，要收集于特殊废品箱内处理。

任务三　企业产品标准制定与标签设计

一、企业产品标准制定及备案程序

企业产品标准反映了企业对产品制备的规范，是生产和经营的依据，是企业必备的专业核心技术文件，为产品质量监督检验提供重要的判定依据。产品标准的水平限制着产品质量，产品标准的高低决定了企业核心竞争力的大小，企业标准对企业具有相当重要的意义。产品标准的制定主要分为标准制定与备案程序。

（一）标准制定程序

产品标准制定的程序为：编制计划→调查研究→起草标准→编写标准编制说明→征求意见→标准验证→标准审查→批准、编号、发布。

1. 编制计划

在产品申请前，先对产品进行一系列的计划，讨论其必要性。

2. 调查研究

通过研究类似产品的标准，从而制定本企业产品的标准。

3. 起草标准

标准可由企业起草，也可以委托标准化技术机构起草，按 GB/T 1.1—2000 和 GB/T 1.2—2002 规定的格式进行，但技术内容不得与有关法规或强制标准有冲突，与产品相关的质量特性、安全、卫生、环保、标志等技术内容应当齐全。安全卫生标准要符合 GB/T 16764—2006 规定。

4. 标准编制说明

参考《企业产品标准编制说明编写指引》完成《产品标准编制说明》，其主要包括“标准名称及编号”、“产品介绍”、“标准制定的背景和必要性”、“确定主要技术指标的目的和依据”、“试验方法和和检验规则说明”、“标志包装运输贮存的简单说明”、“主要参考资料”、“其他需要说明的事项”和“标准主要起草人”等九个部分的内容。

5. 征求意见

将起草好的标准文本和《企业产品标准编制说明》提交企业内部相关部门和人员审阅，征求其修改意见，必要时征求企业外部单位或专家的意见，保证标准文本的合法性。收集相关的修改意见，最后形成标准文本的送审稿和《标准征求意见汇总处理表》，一起送审。

6. 标准验证

标准验证也就是产品质量性能的测试。如果企业具备检验能力，可以自行开展，若不具备，必须由具备检验能力的检测机构依据标准送审稿对产品的性能指标进行检测，之后给出《试验验证报告》。标准的验证工作可参照《企业产品标准验证工作指引》开展。

7. 标准审查

标准审查可由企业负责组织，也可委托标准化技术机构或行业协会负责组织。参照《企业产品标准审查工作指引》，由专家组对标准的合法性、合理性、科学性以及经济可行性进行审查，并提出意见和形成《企业产品标准审查单》，主要包括审查情况和审查结论两部分。专家组原则上不少于 5 人，由来自研发、生产、检验、销售等方面的人员组成，直接参与企业产品标准起草的人员不得作为专家组成员参加审查。

8. 批准、编号、发布

依据标准审查意见对标准进行修订、完善和编号，形成正式的标准文本，由企业法人或其授权人签发《声明》和《标准批准发布通知》予以发布、实施。

（二）审查原则

1. 审查内容

企业在批准、发布企业产品标准前应当组织专家进行审查。审查内容包括：

（1）企业产品标准与国家法律法规和强制性标准规定的符合性。

（2）技术内容的先进性、合理性和完整性。

（3）试验方法的科学性。

（4）检验规则的可操作性。

（5）标准编写与《标准化工作导则》GB/T 1 系列国家标准的符合性。

2. 审查提交材料

标准起草单位提交专家组的审查材料不得少于下列几项内容：

（1）标准文本（送审稿），标准编制说明。

（2）规范性引用文件和参考资料。

（3）标准征求意见汇总处理表。

（4）试验验证报告。

（5）企业实施该标准在设备、检验、管理等方面能力的说明。

3. 审查通过条件

标准审查必须经专家组全体队员 2/3 以上同意方可通过，专家组应当根据审查意见填写审查单（会议纪要）。审查情况应当包括：审查日期、地点、起草单位、组织审查机构、参加审查人员名单。审查结论主要涉及：评价意见、主要修改意见和采纳情况；所审查的企业产品标准送审稿是否符合法律、法规和强制性标准的规定；低于推荐性国家标准、行业标准和地方标准的，应当具有相应的理由和相关影响的说明；是否予以通过审查等内容。审查结论可以作为企业批准发布企业产品标准的技术依据。

（三）标准备案程序

（1）企业在产品标准批准发布后 30 天内，报当地质量技术监督局备案。到当地质量技术监督局备案，应提交以下材料（一式三份）：

① 企业产品标准备案/复审申请表；

② 企业产品标准及电子文本；

③ 标准编制说明（主要包括：技术指标、性能要求、试验方法、检验规则等目的和依据，试验方法的可行性、准确性等）；

④ 试验验证报告；

⑤ 企业产品标准审查报告书或函审结论表；

⑥ 采用国际标准或国外先进标准制定的企业产品标准，应附标准原文及译文；

⑦ 组织机构代码证或工商营业执照原件及复印件；

⑧ 企业声明；

⑨ 其他有关材料：试验验证报告、标准征求意见汇总处理表。

（2）质量技术监督局对材料齐全的、符合规定的单位在5～7个工作日内予以办理备案，否则不予备案并书面告知企业。

二、企业产品标准制定原则

1. 符合国家有关法律、法规和规章的规定

要贯彻国家和地方有关的方针、政策、法律、法规，严格执行强制性国家标准、行业标准和地方标准。尤其要贯彻《中华人民共和国标准化法》《中华人民共和国标准化法实施条例》等法律、法规。饲料企业标准通过企业产品或服务广泛影响着人民生活的诸多方面，具有广泛的社会性。必须贯彻执行标准化法等法律、法规及强制性标准来调整有关各个方面之间的关系。企业标准原则上不得低于上级标准，若情况特殊，而且国家、行业标准为推荐性的，低于的指标必须有科学试验依据，并经相关专家论证。

2. 保护消费者合法权益，保护环境，合理利用资源和节约能源

编写标准要充分考虑使用要求，保护消费者利益，保护环境，尽可能地满足用户需要。这是制定饲料产品标准的出发点和归宿，也是衡量标准质量高低的重要原则。

3. 促进企业和社会进步

制定标准就是为了有利于企业技术进步，保证和提高产品质量，改善经营管理和增加社会经济效益，建立最佳秩序。标准的社会功能，在于将社会科学技术和生产实践经验予以规范化，并以此为进一步发展生产提供目标、准则和依据。

4. 积极采用国际标准和国外先进标准

在当前形势下，积极采用国际标准和国外先进标准对企业适应社会主义市场经济体制，推进现代企业制度建设，加快与国际惯例接轨，显得尤为重要与迫切。因而企业应从自身的生存与发展出发，以新产品开发、组织规模生产和加强质量管理等方面来积极采用国际标准和国外先进标准推动工作。

5. 有利于合理利用资源，推广科技成果

制定标准的基本目的是使社会以尽可能少的资源、能源消耗，谋求尽可能大的社会效益和最佳秩序。标准的制定和修订，有助于科学技术成果转化为生产力。随着科学技术和社会经济的发展，标准内容需要不断地更新，适时地制定新标准。将现代科学技术成果和先进的生产实践经验纳入标准中，有利于提高标准的适用性，有利于饲料产品的更新换代，并符合使用要求。技术先进，经济合理，使其始终保持标准的先进性及合理性。

6. 为经济贸易提供依据以及协调一致性

有利于对外经济技术合作和对外贸易。饲料产品外销时，饲料产品企业标准可作为对外贸易衡量产品质量的重要依据。企业内的各项企业标准之间应协调一致，不应互相抵触。

7. 完整地反映产品的质量特征和功能特性

三、标准文本起草

标准文本包含了许多具体内容，分别是封面、目次、前言、正文、标语结束语，正文中又包含了标准名称、范围、规范性引用文件、定义、术语、要求、试验方法、检验规则、饲料标签、运输、贮存等。

（一）封面的编排

第一行：企业标准代号 Q/×××（专用美术字）。其中，×××表示企业代号，可用大写拼音字母或阿拉伯数字或两者兼用组成，但企业字母代码不得多于 5 个字符。

第二行：××××××企业标准（专用字）。其中，××××××表示企业名称，要与营业执照一致。

第三行：产品标准编号 Q/××××××－××××（四号黑体）。其中，×××代表企业代号，接下来的×××代表顺序号，最后四个表示年号。如果是修订标准，在标准编号下另起一行，与标准编号右对齐，写明“代替 Q/××××××－××××”（五号宋体）。

第四行：标准名称（一号黑体），要求措辞力求简练，明确地突出标准的主题，符合饲料工业通用术语，参考 GB/T 10647—2008 的要求，反映产品的真实质量状况，尤其是预混料企业标准名称尽量不出现商品名。

第五行：企业标准发布和实施日期（四号黑体）。格式为：年－月－日发布，年－月－日实施，日期采用 ISO 推荐写法，月和日均用两位数字，9 以下用 0 占位，如 2014 年 11 月 2 日，写为 2014－11－02。

第六行：××××××（二号扁小标宋体）发布（四号黑体）。其中，××××××表示企业名称。

（二）目　次

目次可有可无，当标准的内容较多，篇幅过长，结构复杂时，编写目次是为了方便查阅，通常只列出章和附录，列出的章和附录均要求引用完整的标题及目次编号和所在页码。

（三）前　言

前言由两部分构成，第一部分是专用部分，用于指明该标准编制依据的起草规则、该标准废除和代替其他文件的全部或其中一部分的说明，同时指出对所制定标准前版的重要技术改变情况的说明，与其他标准或其他文件的关系，实施标准过渡的要求；第二部分为基本部分，包括标准提出、归口、起草单位、主要起草人及标准首次发布、历次修订和复审确定年月及解释权等情况。

（四）正　文

正文的第一页第一行是标准名称（三号黑体），要求与封面标准名称一致。

1. 范　围

即标准使用的范围，放在每个饲料标准正文的开始，以明确规定标准的主题内容，本标准的适用范围或应用领域，如有特殊情况，还应明确写出不适用的范围或领域。“范围”一章的措辞为陈述句。如：本标准规定了××饲料的质量指标、试验方法、检验规则、判定规则以及标签、包装、运输和贮存的要求。本标准仅适用于××饲料，不适用于××饲料。

2. 规范性引用文件

主要说明饲料标准中直接引用和必须配合使用的标准。标准引用的一般原则是涉及什么指标就引用现行有效的标准。引用顺序按编号由小到大排列；排列顺序是国家标准、行业标准、国家有关文件、地方有关文件。说明引用标准时应包括它们的标准编号（标准代号、顺序号和年号）和名称。其中，标准年代号可引可不引。引用标准应排列在标准中的第二章，并由规定的一段导语开头：“下列文件中的条款通过本标准的引用而成为本标准的条款。凡是注日期的引用文件，其随后的修改单（不包括勘误的内容）或修订均不适用于本标准，然而，鼓励根据本标准达成协议的各方研究是否可使用这些文件的最新版本。凡是不注日期的引用文件，其最新版本适用于本标准。”

3. 术语和定义

本项在标准中可酌情取舍，若标准中的有关术语和定义在饲料工业通用语和相关国家、行业、地方标准有规定的可以忽略此项，否则应添加，以“本标准采用下列定义”的语句开头。

4. 要　求

包括产品特性、对可定量的特性所要求的极限值，是技术要素中非常重要的要素。产品特性的核心是质量要求，这些质量要求一般应是可以测定或鉴定的。反映饲料质量使用特性的有以下几个方面：感官、水分、加工质量（粒度和混合均匀度）、营养成分指标、卫生指标、饲料中药物和药物饲料添加剂的使用、营养性饲料添加剂和一般饲料添加剂的使用。

（1）感官。以肉眼、味觉、嗅觉感受到的情况作评判。一般描述为“无霉变、结块及异味、异臭”。

（2）水分。对饲料水分作出限定，不能高于国家标准和地方标准。如：不高于 14.0%。针对不同的产品，水分含量不同时，要分项列出。

（3）加工质量。包括饲料粒度和混合均匀度，要明确提出对这两项指标的要求。如“粉料 99% 通过 2.80 mm 编织筛，但不得有整粒谷物；1.40 mm 编织筛筛上物不得大于 15%，颗粒饲料应符合 GB/T 16765 的要求；配合饲料应混合均匀，其变异系数应小于等于 10%”。

（4）营养成分指标。给出本饲料的主要营养参数及其要求，不同产品应列出指标存在的差异。如配合饲料至少应列出粗蛋白、粗纤维、粗灰分、钙、总磷、食盐、赖氨酸和水分；

饲料添加剂、添加预混料至少应列出产品中添加的各种成分及含量；浓缩料、精料补充料至少应列出粗蛋白、粗纤维、粗灰分、钙、磷、食盐、氨基酸、主要维生素和微量元素的名称及含量；复合预混料至少应列出产品中添加的各种维生素、矿物质、氨基酸的名称及含量。多采用表格形式表示，表格中各栏参数的计量单位相同时，应将单位写在表的右上角。不同时，写在各栏参数名称的下方。表格需要分两页显示者，在第二页的续表前必须标明“表×（续）”。如有需要特别表明的，要在表格下方备注。如表 1-4 为一配合饲料主要营养成分含量。

表 1-4　仔猪、生长育肥猪配合饲料主要营养成分含量（%）

产品名称		粗蛋白质 ≥	粗脂肪 ≥	粗纤维 ≤	粗灰分 ≤	钙	总磷 ≥	食盐	赖氨酸 ≥	蛋氨酸 ≥	苏氨酸 ≥
仔猪饲料	前期(3 ~ 10 kg)	18	2.5	4.0	7.0	0.70 ~ 1.00	0.65	0.30 ~ 0.80	1.35	0.40	0.86
	后期(10 ~ 20 kg)	17	2.5	5.0	7.0	0.60 ~ 0.90	0.60	0.30 ~ 0.80	1.15	0.30	0.75
生长肥育猪饲料	前期(20 ~ 40 kg)	15	1.5	7.0	8.0	0.60 ~ 0.90	0.50	0.30 ~ 0.80	0.90	0.24	0.58
	中期(20 ~ 40 kg)	14	1.5	7.0	8.0	0.55 ~ 0.80	0.40	0.30 ~ 0.80	0.75	0.22	0.50
	后期(70 kg 至出栏)	13	1.5	8.0	9.0	0.50 ~ 0.80	0.35	0.30 ~ 0.80	0.60	0.19	0.45

注：① 添加植酸酶的仔猪、生长肥育猪配合饲料，总磷含量可以降低 0.1%，但生产厂家应制定企业标准，在饲料标签上注明添加酸酶，并标明其添加量。

② 添加蛋氨酸羟基类似物的仔猪、生长肥育猪配合饲料，蛋氨酸含量可以降低，但生产厂家应制定企业标准，在饲料标签上注明添加蛋氨酸羟基类似物，并标明基添加量。

（5）卫生指标。按“饲料的卫生指标应符合 GB/T 13078 的要求”的语句进行描述。

（6）饲料中药物和药物饲料添加剂的使用、营养性饲料添加剂和一般饲料添加剂的使用。这两项的基本描述为：“饲料中添加药物饲料添加剂时，应符合《饲料药物添加剂使用规范》的规定，不得使用《禁止在饲料和动物饮用水中使用的药物品种目录》和《食品动物禁用的兽药及其他化合物清单》中的药品及化合物”“××饲料配制中添加营养性饲料添加剂、一般饲料添加剂时，应依据《饲料添加剂目录》规定，使用国家许可生产和经营的饲料添加剂和添加剂预混合饲料产品”。

5. 试验方法

给出各种指标的测定方法及执行标准。如“感官指标：采用目测及嗅觉检验”“水分：按 GB/T 6435 执行”等。没有标准检测方法的要将检验方法内容全部写明，且要有科学依据。

6. 检验规则

包括采样方法、出厂检验（批、出厂检验项目、判定方法）、型式检验。采样方法要指明采样的条件、依据、标准以及样品的保存方法。描述为：“按 GB/T 14699.1 执行”。出厂检验要求“以同班、同原料的产品为一批，每批产品进行出厂检验”，出厂检验项目包括“感官性状、水分、细度、粗蛋白、粗灰分、净重和标签”，判定方法为“以本标准的有关试验方法和要求为依据，对抽取样品按出厂检验项目进行检验。检验结果中如有一项指标不符合本标准要求时，应重新加倍抽样进行复检，复检结果如仍有一项指标不符合本标准要求，则该批样品不合格。各项成分指标判定合格或验收的界限根据 GB/T 18823 执行”。型式检验的描述一般为“型式检验项目为本标准要求一章的全部内容和净重及标签”“有下列情况之一，应进行型式检验：①改变配方或生产工艺；②正常生产每半年或停产半年后恢复生产；③国家技术监督部门提出要求时”“判定方法：以本标准的有关试验方法和要求为依据。检验结果中如有一项指标不符合本标准要求时，应重新加倍抽样进行复检，复检结果如仍有一项指标不符合本标准要求，则该周期产品不合格。各项成分指标判定合格或验收的界限根据 GB/T 18823 执行。微生物指标不得复检。如型式检验不合格，应停止生产至查明原因”。

7. 标签、包装、运输和贮存

指明标签、包装符合的要求以及运输和贮存的条件。一般描述为“标签应符合 GB 10648 的要求”“包装、贮存和运输符合 GB/T 16764 中的要求”。

（五）标准结束标志

标准结束标志为划占文字幅面宽度 1/4 的、居中短粗线作为终止线。

四、标准编制说明书编写

《企业产品标准编制说明》是企业标准备案时的必备资料，对于了解标准制定的背景、依据、保证标准质量起着重要的作用。一般来说有两种，即新起草的标准和修订标准。

（一）新起草的标准编制说明

标准编制说明书的内容主要有：标准制定的背景和必要性、现行国家标准、行业标准的执行情况、确定主要技术指标、试验方法和检验规则的目的和依据、主要参考标准和文献、其他需要说明的项目（含标准水平对比）等。

1. 标准制定的背景和必要性

所申请企业标准的产品是否已存在相关的国家标准、行业标准或地方标准，如已存在相关的可参照的国家标准、行业标准或地方标准，应写明参考哪个标准，该企业标准与所参考的国家标准、行业标准的不同点及理由；如没有相关的国家标准、行业标准或地方标准可参照，可陈述其意义。

2. 现行国家标准、行业标准的执行情况

依据某现行的国家标准、行业标准或地方标准而制定的，应写出参照哪个标准，该企业标准的哪些内容严于或等同于国家、行业标准。如：本企业标准参照 GB×××《×××》，

其中×××指标严于该国家标准，其他指标与该国家标准持平。如没有相对应的国家标准、行业标准，应写明相关领域的国家或行业标准对该产品的限量指标的要求。

3. 确定主要技术指标、试验方法和检验规则的目的和依据

标准中各项指标要求，应一一列举出其制定的依据，特别是直接参照执行某标准条款内容，在引用标准中看不到具体标准号的要特别指出。对检验规则中的出厂检验项目与型式检验项目的确定依据应着重说明，其他作简要说明。

4. 主要参考标准和文献

把编写企业标准所参考的标准和文献列举出来并说明其现行有效版本情况，包括 QS 审查细则、法律、法规等。

5. 其他需要说明的项目（标准水平对比）

应对本标准的水平（如是否达到国际或国际先进、国内先进、行业先进水平）进行评价，如无参照依据的也应进行说明。如有其他需要说明的事项，也在此处说明（如为满足生产许可证审查细则要求，所增加的技术要求等）。

（二）修订标准编制说明

修订标准编制说明要说明修订原因、代替原来的标准及标准编号，并说明修订的具体内容，列出新旧标准对比。如：本标准的编写和起草参照 GB/T 1.1—2009 和 GB/T 20000.2—2009 起草的；本标准自发布之日代替××××标准；本次修订的具体内容为：规范性引用文件、增加了《饲料检测结果判定的允许误差》等。

企业标准的复审周期一般为 3 年，当有相当的国家标准、行业标准和地方标准发布实施后，应及时复审，并确定继续有效、修订或废止，并及时向备案部门报告复审结果。修订的企业产品标准，必须重新备案（包括临时修订）。

五、饲料标签设计

饲料标签是饲料内容说明的缩小体现，它以文字、图形、符号表明饲料中的成分、适用范围、生产日期、保质期等基本情况。饲料标签的设计必须参考 GB 10648—2013《饲料标签》来设计（GB 10648—1999 已废除）。《饲料标签》中规定了饲料标签设计制作的基本原则、要求以及标签的基本内容和方法，但合同定制饲料、自用饲料、可饲用原粮及其加工产品和药物饲料添加剂除外。

（一）标签设计的基本原则

（1）标示的内容应符合国家相关法律法规和标准的规定。
（2）标示的内容应真实、科学、准确。

（3）标示内容的表述应通俗易懂，不得使用虚假、夸大或容易引起误解的表述，不得以欺骗性表述误导消费者。

（4）不得标示具有预防或治疗动物疾病作用的内容，但饲料中添加药物饲料添加剂的，可以对所添加的药物饲料添加剂的作用加以说明。

（二）基本要求

（1）印制材料应结实耐用；文字、符号、数字、图形清晰醒目，易于辨认。

（2）不得与包装物分离或被遮掩；应在不打开包装的情况下，能看到完整的标签内容。

（3）散装产品的标签随发货单一起传送。

（4）应使用规范的汉字，可以同时使用有对应关系的汉语拼音及其他文字。

（5）应采用国家法定计量单位，产品成分分析保证值常用计量单位。

（6）一个标签只能标示一个产品。

（三）标示的基本内容

1. 卫生要求

饲料和饲料原料应标有“本产品符合饲料卫生标准”字样，以明示产品符合 GB 13078 的规定。

2. 产品名称

（1）产品名称应采用通用名称，按 GB/T 10647 中的有关定义进行命名。

（2）饲料添加剂应标注“饲料添加剂”字样，饲料原料应标注“饲料原料”字样，其通用名称应与《饲料添加剂品种目录》中的通用名称一致。新饲料、新饲料添加剂和进口饲料、饲料添加剂的通用名称应与农业部相关公告的名称一致。

（3）混合型饲料添加剂的通用名称表述为“混合型饲料添加剂+《饲料添加剂品种目录》中规定的产品名称类别”，如“混合型饲料添加剂　乙氧基喹啉”，如果产品涉及多个类别，应逐一标明；如果产品类别为“其他”，应直接标明产品的通用名称。

（4）饲料（单一饲料除外）的通用名称应以配合饲料、浓缩饲料、精料补充料、复合预混合饲料、微量元素预混合饲料或维生素预混合饲料中的一种表示，并标明饲喂对象。可在通用名称前（或后）标示膨化、颗粒、粉状、块状、液体、浮性等物理状态或加工方法。

（5）在标明通用名称的同时，可标明商品名称，但应放在通用名称之后，字号不得大于通用名称。

3. 产品成分分析保证值

（1）产品成分分析保证值应符合产品所执行的标准要求。

（2）饲料和饲料原料产品成分分析保证值项目的标示要求，见表 1-5。

表 1-5　饲料和饲料原料产品成分分析保证值项目的标示要求

序　号	产品类别	分析保证值项目	备　注
1	配合饲料	粗蛋白、粗纤维、粗灰分、钙、总磷、氯化钠、水分、氨基酸	水产配合饲料还应标明粗脂肪，可以不标明氯化钠和钙
2	浓缩饲料	粗蛋白、粗纤维、粗灰分、钙、总磷、氯化钠、水分、氨基酸	
3	精料补充料	粗蛋白、粗纤维、粗灰分、钙、总磷、氯化钠、水分、氨基酸	
4	复合预混合饲料	微量元素、维生素和（或）氨基酸及其他有效成分、水分	
5	微量元素预混合饲料	微量元素、水分	
6	维生素预混合饲料	维生素、水分	
7	饲料原料	《饲料原料目录》规定的强制性标识项目	

注：序号 1，2，3，4，5，6 产品成分分析保证值项目中氨基酸、维生素及微量元素的具体种类应与产品所执行的质量标准一致；液态添加剂预混合饲料不需标示水分。

（3）饲料添加剂产品成分分析保证值项目的标示要求，见表 1-6。

表 1-6　饲料添加剂产品成分分析保证值项目的标示要求

序　号	产品类别	分析保证值项目	备　注
1	矿物质微量元素饲料添加剂	有效成分、水分、粒（细）度	若无粒(细)度要求时，可以不标
2	酶制剂饲料添加剂	有效成分、水分	
3	微生物饲料添加剂	有效成分、水分	
4	混合型饲料添加剂	有效成分、水分	
5	其他饲料添加剂	有效成分、水分	

执行企业标准的饲料添加剂产品和进口饲料添加剂产品，其产品成分分析保证值项目还应标示卫生指标，液态饲料添加剂不需标示水分。

4. 原料组成

（1）配合饲料、浓缩饲料、精料补充料应标明主要饲料原料名称（或）类别、饲料添加剂名称和（或）类别；添加剂预混合饲料、混合型饲料添加剂应标明饲料添加剂名称、载体和（或）稀释剂名称；饲料添加剂若使用了载体和（或）稀释剂的，应标明载体和（或）稀释剂的名称。

（2）饲料原料名称和类别应与《饲料原料目录》一致；饲料添加剂名称和类别应与《饲料添加剂品种目录》一致。

（3）动物源性蛋白质饲料、植物性油脂、动物性油脂若添加了抗氧化剂，还应标明抗氧化剂的名称。

5. 产品标准编号

饲料和饲料添加剂产品应标明产品所执行的产品标准编号；实行进口登记管理的产品，应标明进口产品复核检验报告的编号；不实行进口登记管理的产品可不标示此项。

6. 使用说明

配合饲料、精料补充料应标明饲喂阶段。浓缩饲料、复合预混合饲料应标明添加比例或推荐配方及注意事项。饲料添加剂、微量元素预混合饲料和维生素预混合饲料应标明推荐用量及注意事项。

7. 净含量

包装类产品应标明产品包装单位的净含量；罐装车运输的产品应标明运输单位的净含量；固态产品应使用质量标示；液态产品、半固态或黏性产品可用体积或质量标示；以质量标示时，净含量不足 1 kg 的，以克（g）作为计量单位；净含量超过 1 kg（含 1 kg）的，以千克（kg）作为计量单位；以体积标示时，净含量不足 1L 的，以毫升（mL）作为计量单位；净含量超过 1 L（含 1 L）的，以升（L）作为计量单位。

8. 生产日期

应标明完整的年、月、日；进口产品中文标签标明的生产日期应与原产地标签标明的生产日期一致。

9. 保质期

用“保质期为______天（日）或______月或______年”或“保质期至：_____年_____月_____日”表示；进口产品中文标签标明的保质期应与原产地标签上标明的保质期一致。

10. 贮存条件及方法

应明确标明贮存条件及贮存方法。

11. 行政许可证明文件编号

实行行政许可管理的饲料和饲料添加剂产品应标明行政许可证明文件编号。

12. 生产者、经营者的名称和地址

实行行政许可管理的饲料和饲料添加剂产品，应标明与行政许可证明文件一致的生产者名称、注册地址、生产地址及其邮政编码、联系方式；不实行行政许可管理的，应标明与营业执照一致的生产者名称、注册地址、生产地址及其邮政编码、联系方式；集团公司的分公司或生产基地，除标明上述相关信息外，还应标明集团公司的名称、地址和联系方式；进口产品应标明与进口产品登记证一致的生产厂家名称，以及与营业执照一致的在中国境内依法登记注册的销售机构或代理机构名称、地址、邮政编码和联系方式等。

13. 其　他

可以标注必要的其他内容，如有效期内的质量认证标志等。

复习思考题

1. 饲料企业申请创办程序分为哪几个步骤？
2. 饲料企业申请书分为哪几个部分？
3. 饲料企业申请需要哪些材料？
4. 配合料、浓缩料与预混料生产企业申请需要准备的材料有哪些不同？
5. 饲料企业考核指标主要分为哪几大项？考核方法有哪些？
6. 饲料检测实验室建设需要注意哪些问题？
7. 检测实验室主要的常规仪器有哪些？
8. 使用实验室仪器药品时需要注意哪些问题？
9. 简述化验室临时急救措施。
10. 企业产品标准制定程序包括哪几个步骤？
11. 标准备案程序需要准备哪些材料？
12. 企业产品标准制定的原则是什么？
13. 产品标签设计的依据是什么？

项目二　饲料产品设计

【知识目标】

掌握与饲料产品设计有关的营养与标准的制定。
掌握饲料产品设计的一般方法。

【技能目标】

能初步定位产品和设计饲料产品营养水平。
会针对特定的饲料产品，选用合适的饲料原料。
能熟练计算饲料配方。
能设计常见的饲料产品。

任务一　饲料产品设计

一、市场调查与产品定位

市场调查是产品设计的起点，是搜集市场信息，确定产品档次。设计饲料配方前一般应收集如下信息：

（1）市场情况，市场需求量；对手的产品结构、产品质量、销量、售价、特点、经营策略和用户反映、所处市场位置和发展潜力、产品的优缺点。

（2）销售区域的养殖业结构、饲养方式、水平、畜产品价格、饲养对象的遗传性能。

（3）各层次用户的情况，用户的心理和偏爱，最关心产品的哪些特征；哪些特点最受欢迎；市场销售产品的哪些特点不能使用户满意；用户的饲养管理水平。

（4）产品的营养功能，生产全价料还是浓缩饲料、预混料，用户喜欢什么料。

（5）产品的物理形态，市场需要颗粒料还是粉状料；用户喜欢什么包装。

（6）生产过程，加工工艺对饲料营养的影响；产品贮存期多长。

（7）国家法律，饲养标准，产品标准；是强制执行标准还是推荐执行标准。

（8）饲料原料的供应，质量和价格的稳定性。

在充分获得上述信息之后进行分析，寻找市场的突破口，从而制定企业自己的产品和价格策略。推出的每一种产品都必须有准确定位，是高档料、中档料或是低档料，这是在设计配方之前必须要认真思考和对待的问题。

二、产品设计标准制定

设计饲料配方时，必须选择与畜禽的种类、品种、性别、年龄、体重、生产目的及生产水平等相适应的饲养标准，以确定出营养需要指标。每种营养指标值确定的依据：一是参照NRC或者国家颁布的标准，或者一些企业的公司标准；二是本地本场长期生产的经验数据。国内的一些饲料生产企业从市场角度和经济角度出发，在参考NRC标准和我国营养标准基础上，都制定了自己企业的营养标准。各企业的营养标准有一定的差异，一般有以下几类：一是发挥动物最佳生产性能的营养标准，建立在动物试验的基础上；二是经济效益最佳的营养标准，因营养水平较低，配方中可以使用一些营养价值相对较低的非常规性原料；三是市场导向的营养标准，为满足市场某些客户的特殊需求，在满足某一特定生产性能的条件下，为生产价格低廉的产品而设立的标准；四是最佳的生态效益的营养标准。因此，营养标准要根据公司的市场定位、经营策略，以及不同的目标客户，设计出不同档次的产品，并且要根据市场需求不断调整。

三、饲料原料的选用

饲料原料是产品的基础，是产品的保障。饲料原料选用主要是根据来源、价格、适口性、消化性、营养特点、毒性、动物种类、生理阶段、生产目的和生产水平等来选择的。选择和使用原料时，要注意原料的用量限制、原料的易采购性和耐存放原则。如果做全价料，应充分利用本地资源及加工副产品，进行合理搭配，以降低饲料成本。而原料质量的好坏直接关系到产品的质量，因此要控制好原料质量。产品的最佳表现就是市场投诉减少，产品性能稳定。含有抗营养因子或毒素高的原料，一定要严格控制用量，如美国生产的DDGS，在妊娠母猪日粮中建议添加20%左右，甚至更高；但国产的DDGS含有高剂量的毒素，不适合在母猪饲料中使用，在生长育肥猪饲料中也不能添加太多，只有充分考虑每种原料的特性才能发挥全部饲料的最佳经济效果。

配方技术高低的一个重要评价指标是对非常规饲料原料的合理利用。与常规饲料原料相比，大多数非常规饲料原料的营养成分变异很大，质量不稳定，没有统一的可靠的营养参数，含有抗营养因子或毒素等多方面因素的影响，饲料配方设计的难度增加了。但在配方中若能合理地使用非常规饲料原料，可带来明显的经济价值。选择非常规原料时，一定要注意原料的用量限制，不能一味地为降低成本而大量使用非常规原料，同时要考虑养殖户的感官感受问题，一些养殖户对产品的色香味有一定要求，当原料使用不当的时候就会丢失市场，所以新原料的使用一定要慎重。

四、饲料配方设计方法

设计饲料配方时采用的计算方法有两大类：

（1）手工计算法：交叉法、代数法、试差法，可以借助计算器或计算机处理软件（如Excel等）计算；

（2）计算机规划法，主要是根据有关数学模型编制专门程序软件进行饲料配方的优化设计，涉及的数学模型主要包括线性规划、多目标规划、模糊规划、概率模型、灵敏度分析、多配方技术等，应用的配方软件有 Brill 饲料配方软件、“资源配方师”系列软件、MAFIC 饲料配方软件、NRC 饲料配方软件、农博士饲料配方软件等。但如果不对一些原料限制上限的话，系统第一次线性规划优化计算，会得到一个很不切实际的方案，配方师需要根据原料使用经验，进行多次优化计算，到最后出现一个可以达到全部营养需求的符合各种原料限量的最低成本方案。

五、产品的检验与定型

产品设计结束后，小批量试生产一部分产品，先在本企业养殖场作饲养试验。如果达到预期效果可以小部分投入市场，根据市场反应，作 3 ~ 5 次调整，让产品适合主要客户群的需求并保持产品的稳定，这时才算产品的设计完成。产品能满足市场上 80%用户的需求就是一个好的产品。作为企业配方师，不能随意根据客户的投诉来调整配方，但可以根据不同季节或者原料价格波动较大，适当调整配方。

任务二　猪饲料产品设计

一、仔猪饲料产品设计

1. 产品定位

（1）适用对象和产品种类。现在主要养殖三元杂交猪，以瘦肉型为主，因此适用于瘦肉型猪品种。针对瘦肉型仔猪现阶段饲养特点，可将仔猪饲料产品设计为两种，一种是仔猪前期饲料（教槽料），一种是仔猪后期饲料（保育料）。仔猪前期饲料适用于体重 3 ~ 10 kg 或开食至断乳后 10 d 左右的仔猪；仔猪后期饲料适用于体重 10 ~ 20 kg 或断乳后 10 d 至 65 d 的仔猪。

（2）产品形式。仔猪前期饲料原料构成复杂，品质要求高，用量少，用户采购难度大，宜设计成全价配合饲料，最好制成经膨化处理的颗粒饲料。仔猪后期饲料相对前期对原料要求有所下降，可设计成全价配合饲料或者 40%浓缩饲料。

（3）品质要求。教槽料应适合仔猪前期消化生理特点，营养浓度和消化利用率高，适口性好，能够控制营养性腹泻。正常饲料条件下，21 ~ 35 d 断乳，断乳 21 d 体重达 6.0 kg，28 d 达 8.0 kg，日采食量 200 ~ 300 g。断乳后 3 d 不出现体重负增长，采食保持在 100 g 以上。3 d 后采食量及生长速度应恢复到断乳前的水平。

保育料要与教槽料有良好的衔接，由教槽料换为保育料后，采食量和生长速度继续增加，腹泻率不增加；保育期平均日体重 500 g，8 ~ 10 周龄的平均体重应达到 20 ~ 30 kg。

2. 仔猪饲料营养水平设计

以仔猪产品定位为依据，参照猪饲养标准（NY/T 65—2004）、仔猪营养需要和仔猪配合饲料标准（GB/T 5915—2008）及仔猪维生素预混合饲料标准（NY/T 1029—2006）、农业部（2008）1224 公告《饲料添加剂使用规范》，确立仔猪饲料营养参考设计水平。教槽料的常规指标标准分别为：消化能 14.02～14.64 MJ/kg，粗蛋白 18%～21%，粗脂肪（≥）2.5%，粗纤维（≤）4.0%，粗灰分（≤）7.0%，钙 0.7%～1.0%，总磷（≥）0.65%，食盐 0.3%～0.8%，赖氨酸（≥）1.35%，蛋氨酸（≥）0.4%；保育料：消化能 13.6～14.2 MJ/kg，粗蛋白 17%～19%，粗脂肪（≥）2.5%，粗纤维（≤）5.0%，粗灰分（≤）7.0%，钙 0.6%～0.9%，总磷（≥）0.60%，食盐 0.3%～0.8%，赖氨酸（≥）1.15%，蛋氨酸（≥）0.3%。维生素和微量元素水平见表 2-1。

表 2-1　仔猪配合饲料维生素和微量元素添加量参考设计水平

指　标	教槽料	保育料	指　标	教槽料	保育料
维生素 A/（IU/kg）	9 000～16 000	8 000～16 000	泛酸/（mg/kg）	12～15	10～15
维生素 D_3/（IU/kg）	900～5 000	800～5 000	叶酸/（mg/kg）	≥0.70	≥0.50
维生素 E/（mg/kg）	64～100	40～100	生物素/（mg/kg）	0.30～0.5	0.20～0.5
维生素 K_3/（mg/kg）	2.5～10	2.2～10	铜/（mg/kg）	6～200	6～200
维生素 B_1/（mg/kg）	2.3～5	2.0～5	铁/（mg/kg）	105～750	105～750
维生素 B_2/（mg/kg）	4.5～8	3.0～8	锌/（mg/kg）	110～200	110～200
维生素 B_6/（mg/kg）	3.3	2.0	锰/（mg/kg）	4～20	4～20
维生素 B_{12}/（mg/kg）	0.022～0.033	0.020～0.033	碘/（mg/kg）	0.14～0.20	0.14～0.20
烟酸/（mg/kg）	22～40	15～40	硒/（mg/kg）	0.30～0.40	0.30～0.40

仔猪配合饲料中添加植酸酶，标准中总磷含量可以降低 0.1%；添加液体蛋氨酸和羟基蛋氨酸钙时，蛋氨酸可以降低；使用有机微量元素添加剂时，表 2-1 中微量元素值可以相应降低；仔猪浓缩饲料营养设计水平可参照配合饲料设计水平按照相应比例折算。

3. 原料的选用

（1）能量饲料的选用。谷物类能量饲料首选大米或碎大米，次选玉米和小麦。大米、碎大米非常适合配制仔猪饲粮，大米非淀粉多糖（NSP）含量低，是最易被仔猪消化的谷物能量饲料。用大米代替仔猪饲粮中一半玉米，采食量提高 10%，日增重提高 15%。玉米品质要求容重在 720 g/L 以上，无发霉现象，破碎粒要少，最好选用东北玉米或者内蒙古玉米，容重大，霉菌毒素含量低。也可以使用 15%左右的膨化玉米，但不能使用太多，否则做粉料时容易粘嘴，做颗粒料太硬。玉米粉碎时最好使用 1.0 mm 的筛片。

乳清粉、乳糖和蔗糖是乳猪料的优质能源。乳清粉有 65%～75%乳糖和大约 12%粗蛋白质，也有含 75%～80%乳糖和约 3%粗蛋白质的低蛋白乳清粉或者中蛋白乳清粉，在乳猪料中最高可用到 15%～20%。使用这些原料时要注意焦化问题，焦化后影响猪的适口性。

油脂类饲料中植物油脂是首选，尤其是中短链脂肪酸油脂，可以选用大豆油、玉米油、椰子油、棕榈油、菜籽油、棉籽油等，其中大豆油和椰子油配合使用效果好。使用油脂时一定要关注品质，杂质、水分、碘价、酸价、过氧化值和丙二醛是必须测定的指标。

（2）蛋白质饲料的选用。由于仔猪特殊的消化生理特点，消化能力较弱，免疫力下降，因此，蛋白质原料的选择是以高氨基酸、高消化率、高适口性、高质量、低 NSP、低抗营养因子为主，常用的原料有血浆蛋白粉、肠膜蛋白、蒸汽鱼粉、乳清浓缩蛋白、发酵豆粕、高蛋白豆粕、大豆浓缩蛋白、全脂膨化大豆等。

血浆蛋白粉适口性好、蛋白质含量高，氨基酸平衡且利用率高（消化率高达 93%），含有功能性免疫球蛋白和活性成分，能有效防止仔猪的肠道感染，降低免疫刺激，是防止仔猪断乳后生长停滞最有效的蛋白质。另外，还具有良好的诱食性。由于血浆蛋白粉的价格较高，血浆蛋白粉主要使用在教槽料阶段，添加量以 5% ~ 6%为宜，添加量太少效果不明显。

肠绒蛋白（DPS）是仔猪蛋白质的优质来源，与血浆蛋白粉合用效果很好。DPS 不仅提供优质蛋白，还可以防止断乳应激伤害仔猪肠道黏膜。由于生产工艺及质量问题，建议选用美国进口的肠绒蛋白，使用时要注意含盐量问题。另外，使用动物源性蛋白质原料，一定要注意生物安全，选择没有病源污染的原料，否则会带来疫病威胁。

豆制品是目前最丰富的蛋白质来源。仔猪饲料的可选择性有很大差异。常见的豆粕，主要是其消化率达不到仔猪要求，另外它含有很高的抗营养因子，因此，在实际生产中尽可能选择高蛋白豆粕（大于 46%），并降低豆粕的使用量，一般推荐断乳仔猪日粮中大豆产品的用量以不超过 20%为宜。大豆浓缩蛋白是豆粕经过热酒精浸溶，去掉了其中部分多糖类，相当于把蛋白质浓缩，因而价值高于普通豆粕，但其消化率还是有限，添加量不宜太大。膨化大豆不仅是豆油的来源，也是优质的豆类蛋白的来源，但膨化大豆用量不可过多，一般不宜超过 15%。发酵豆粕是豆粕经过了发酵，消化率大大提高，蛋白质含量也有所提高，而抗营养因子遭到了破坏，因此发酵豆粕有可能是未来仔猪饲料的首选原料。不过因为厂家不同，发酵菌种和工艺也不同，使用时要谨慎。

花生粕、棉籽粕、菜籽粕以及其他加工副产品，由于氨基酸的不平衡性、适口性较差、所含有毒有害物质的不确定性，作为仔猪饲料尽可能不选择这些蛋白质原料。

（3）添加剂的选用。

①营养性饲料添加剂和一般饲料添加剂的选用。依据农业部（2008）1126 公告《饲料添加剂品种目录》和农业部（2008）1224 号公告《饲料添加剂的使用规范》，选择和使用营养性饲料添加剂和一般饲料添加剂。

高剂量铜对仔猪具有较好的促生长效果。综合考虑成本等因素，可选用五水硫酸铜或碱式氯化铜作为铜源，有效成分用量控制在 200 mg/kg 以内。高剂量铜能影响锌和铁的吸收和利用，因此，使用高剂量铜应适当提高锌、铁的供给量，但仔猪（断乳前）铁摄入量不应超过 250 mg/（头·日），以硫酸锌形式添加的锌含量不应超过 150 mg/kg。仔猪断乳后前两周配合饲料中添加高剂量氧化锌对控制腹泻有良好效果，但是，锌含量不应超过 2 250 mg/kg。维生素 A 和维生素 D_3 较高剂量的添加对增强仔猪免疫力有益，配合饲料用量宜分别控制在 16 000 IU/kg 和 5 000 IU/kg 以下。

仔猪 6 周龄以前，胃酸分泌不足，胃中的 pH 值偏高，对胃蛋白酶原的激活效果差，影响对养分的消化。选用柠檬酸等有机酸可降低胃内 pH 值，有利于胃蛋白酶活性增强及抑制病原微生物尤其是大肠杆菌的生长与繁殖，提高仔猪对蛋白质的消化率，降低仔猪的腹泻率。

仔猪阶段各种酶的分泌还不完全成熟，选用淀粉酶、蛋白酶等一些外源酶可弥补内源消化酶分泌不足，促进各种营养物质的消化与吸收，提高饲料利用率，消除消化不良，减少腹泻的发生。

② 药物和药物饲料添加剂的选用。仔猪易腹泻，可选择一些抗腹泻药物和药物饲料添加剂添加于仔猪配合饲料中。添加时，应符合《饲料药物添加剂使用规范》的规定，不得使用《禁止在饲料和动物饮水中使用的药物品种目录》和《使用动物禁用的兽药及其他化合物清单》中的药物及化合物。

部分特殊原料在仔猪配合饲料中的建议用量见表 2-2。

表 2-2　部分特殊原料在仔猪配合饲料中的建议用量

原　料	规格要求			
	蛋白质/%	赖氨酸/%	开食料/%	断乳料/%
高蛋白乳清粉	13.0	0.90	0 ~ 20	0 ~ 15
乳清浓缩蛋白	35.0	3.25	0 ~ 30	0 ~ 20
全脂乳粉	32.0	2.70	0 ~ 30	0 ~ 25
血浆蛋白粉	75.0	6.10	0 ~ 6	0 ~ 3
喷雾干燥血粉	88.0	8.50	0 ~ 7.5	0 ~ 7.5
鱼粉	68.0	5.20	0 ~ 10	0 ~ 10
全蛋粉	45.0 ~ 80.0	3.0 ~ 7.0	0 ~ 15	0 ~ 15
全脂膨化大豆	35.0	2.35	0 ~ 15	0 ~ 20
大豆浓缩蛋白	65.0	6.20	0 ~ 7	0 ~ 7
豆粕	44.0 ~ 48.0	2.60 ~ 2.90	0 ~ 10	0 ~ 10

4. 配方计算

仔猪配合饲料可采用试差法手工计算或者借助 Excel 表格进行运算，有条件的话，可用配方软件设计计算至达到标准。

浓缩饲料配方计算的不同点：首先固定建议能量饲料种类和比例，选择适宜的原料并确定用量满足营养需要后，将固定的能量饲料除去后的原料组成按 100%比例折算即可。

5. 配方实例及说明

表 2-3 所示产品的配方定位为高档仔猪配合饲料。教槽料适用早期断乳，采食量大，生长速度快，断乳后不减重，建议使用至 35 日龄；保育料适用于断乳后的仔猪至体重 20 kg 的仔猪，具有良好适口性和抗应激能力，生产性能较好，具有良好的抗腹泻能力。有条件的话，最好制成颗粒饲料，这样效果会更好。方法是：原料粉碎过 1.0 mm 筛，将混合好的粉料送入调质器中，同时通入蒸汽进行调质处理，调质温度为 60 ~ 70 °C，将调质后的粉料送入制粒机，环模压缩比为 6 ~ 8，孔径为 2.5 mm 即可，孔径过小，影响生产效率，而且并不能改善乳猪的生产性能，再将颗粒饲料送入冷却器冷却，冷却后水分降到 12.0%以下，温度降至

室温，然后进行分级包装。因用量少，可采用规格 75 cm × 50 cm 的 20 kg 包装袋包装。

表 2-3 仔猪配合饲料组成与营养成分

原料名称	组成/%	
	教槽料	保育料
优质玉米	48.70	57.81
国产膨化大豆	10.00	10.00
去皮豆粕（CP≥48%）	9.00	14.50
进口鱼粉（CP≥64.5%）	5.00	3.00
血浆蛋白粉（CP≥70%）	4.00	—
发酵大豆（CP≥50%）	5.00	3.00
蔗糖	3.00	3.00
乳清粉（CP≥3%）	10.00	5.00
L-赖氨酸硫酸盐	0.25	0.30
DL-蛋氨酸	0.05	—
L-苏氨酸	0.27	0.24
石粉（60 目）	0.78	0.68
磷酸氢钙	1.20	1.17
食盐	0.25	0.30
大豆油	1.50	—
预混料	1.00	1.00
合计	100.0	100.0

原料名称	营养成分	
	教槽料	保育料
消化能（MJ/kg）	14.60	14.19
粗蛋白质/%	21.0	19.0
赖氨酸/%	1.42	1.21
蛋氨酸/%	0.40	0.31
苏氨酸/%	0.97	0.70
钙/%	0.90	0.75
非植酸磷/%	0.54	0.45

二、生长育肥猪饲料产品设计

1. 产品定位

（1）产品种类和适用对象。生长育肥猪是指保育期结束后体重在 30 kg 左右仔猪。我国现阶段饲养的品种主要为三元杂交猪，可将生长育肥猪饲料设计成三个阶段产品：生长肥育前期猪饲料、生长肥育中期猪饲料、生长肥育后期猪饲料，分别适用于体重为 20 ~ 40 kg、40 ~ 70 kg 和 70 kg 至出栏。

（2）产品形式。我国饲养商品猪多为三元杂交猪，规模上大小不一，有规模化的大型养猪场，也有相当数量的小型猪场，由于各地资源特点不一样，对能量、蛋白质资源不易采购的区域，可设计成配合饲料；能量饲料充足，蛋白质饲料不易采购且品质不易控制，可设计成浓缩饲料；能量饲料、蛋白质均易采购，可设计成添加剂预混料产品。

（3）产品质量要求。三元杂交猪 20 ~ 40 kg 阶段日增重≥650 g，40 ~ 70 kg 阶段日增重应为 600 ~ 700 g，70 kg 至出栏应为 800 ~ 900 g；饲料转化率≤2.7∶1；饲养时间≤119 d，全期饲养时间≤168 d；成活率≥99%。

2. 生长育肥猪配合饲料营养设计水平确定

根据生长育肥猪饲料产品定位，参照猪饲养标准（NY/T 65—2004）、生长育肥猪营养需要和生长育肥猪配合饲料标准（GB/T 5915—2008）、维生素预混合饲料质量标准（NY/T 1029—2006）及农业部（2008）1224 公告《饲料添加剂使用规范》的规定，确立生长育肥猪饲料产品营养参考设计水平。生长育肥猪前期配合料常规指标标准分别为：消化能 12.97 ~ 13.39 MJ/kg，粗蛋白 15% ~ 17%，粗脂肪（≥）1.5%，粗纤维（≤）7.0%，粗灰分（≤）8.0%，钙 0.6% ~ 0.9%，总磷（≥）0.5%，食盐 0.3% ~ 0.8%，赖氨酸（≥）0.90%，蛋氨酸

（≥）0.24%；中期料：消化能 12.97～13.39 MJ/kg，粗蛋白 14%～16%，粗脂肪（≥）1.5%，粗纤维（≤）7.0%，粗灰分（≤）8.0%，钙 0.55%～0.80%，总磷（≥）0.4%，食盐 0.3%～0.8%，赖氨酸（≥）0.75%，蛋氨酸（≥）0.22%；后期料：消化能 12.97～13.39 MJ/kg，粗蛋白 13.0%～14.5%，粗脂肪（≥）1.5%，粗纤维（≤）8.0%，粗灰分（≤）9.0%，钙 0.5%～0.8%，总磷（≥）0.35%，食盐 0.3%～0.8%，赖氨酸（≥）0.60%，蛋氨酸（≥）0.19%。维生素和微量元素水平见表 2-4。

表 2-4　生长育肥猪配合饲料维生素和微量元素添加量参考设计水平

指　标	前期配合饲料	中期配合饲料	后期配合饲料
维生素 A/（IU/kg）	4 000～6 500	4 000～6 500	4 000～6 500
维生素 D_3/（IU/kg）	500～5 000	500～5000	500～5 000
维生素 E/（mg/kg）	20～100	20～100	20～100
维生素 K_3/（mg/kg）	2.2～10.0	2.2～10.0	2.2～10.0
维生素 B_1/（mg/kg）	1.8～5.0	1.8～5.0	1.2～5.0
维生素 B_2/（mg/kg）	2.5～8.0	2.2～8.0	2.0～8.0
维生素 B_6/（mg/kg）	1.5～3.0	1.5～3.0	1.2～3.0
维生素 B_{12}/（mg/kg）	0.012～0.033	0.012～0.033	0.010～0.033
烟酸/（mg/kg）	10～30	10～30	10～30
泛酸/（mg/kg）	8～15	8～15	7～15
叶酸/（mg/kg）	0.30～0.60	0.30～0.60	0.30～0.60
生物素/（mg/kg）	0.05～0.50	0.05～0.50	0.05～0.50
铜/（mg/kg）	4.5～150	4.5～150	3.5～35
铁/（mg/kg）	70～100	60～100	50～100
锌/（mg/kg）	70～110	60～110	60～110
锰/（mg/kg）	3～20	2～20	3～20
碘/（mg/kg）	0.14～0.20	0.14～0.20	0.14～0.20
硒/（mg/kg）	0.3～0.40	0.25～0.40	0.25～0.40

生长育肥猪配合饲料添加植酸酶时，标准中总磷可以降低 0.1%；添加液体蛋氨酸和羟基蛋氨酸钙时，蛋氨酸值可以降低。当使用有机微量元素添加剂时，表 2-4 中微量元素值可以相应降低。生长育肥猪浓缩饲料和添加剂预混合饲料中添加植酸酶时的总磷减少量、维生素和微量元素添加量可参照配合饲料设计水平按照相应比例折算。

3. 原料选用

（1）能量饲料与蛋白饲料的选择。随着猪的消化系统的发育，生长育肥猪的消化系统已经完善，对多种不易消化的物质有了较强的消化能力，对毒素的耐受力也有所增加，因此可选用的原料范围大大增加，此时可以选择相对饲养价值高，成本较低的原料。生长肥育猪配方中常用原料包括玉米、麦麸、小麦、次粉、DDGS、米糠粕、豆粕、棉籽粕、花生粕、大米蛋白粉、肉骨粉。在选择相对饲养价值比较高的原料时，还要注意原料采购的便利性与运输费用，尽量充分利用当地丰富的资源，但也不能一味地降低饲料成本而大量使用营养价值低、价格低的原料。单一原料往往营养不全面，且不能满足猪生长发育的需要，如果使用这样的原料，将会延长生猪的出栏时间，虽然降低了饲料成本，但往往得不偿失。

（2）注意原料的搭配。一般来讲生长育肥猪饲料原料组成比较少，但某个单一原料使用量不宜过高，尽量选择多种原料搭配，可以在更大程度上发挥原料营养物质间的互补效应。同时还要控制原料中的毒素含量，虽然生长育肥猪对某些毒素有较强的抵抗力，若含量超标，将会导致猪生长抑制。如棉粕中游离棉酚含量应不超过 1 200 mg/kg，用量少于 5%，控制配合料中游离棉酚含量小于等于 60 mg/kg。选用的小麦麸、米糠的霉菌总数应小于 50 × 103 个/g，鱼粉、肉骨粉的霉菌总数应小于 20 × 103 个/g，玉米、花生粕、棉籽粕黄曲霉毒素 B_1 应小于 50 μg/kg，豆粕黄曲霉毒素 B_1 应小于等于 30 μg/kg，以控制生长育肥猪配合饲料及浓缩饲料中的霉菌总数小于 45 × 103 个/g，黄曲霉毒素 B_1 小于等于 20 μg/kg。

（3）某些非常规原料使用时也注意质量，如 DDGS 由于生产厂家不同，发酵工艺的差异，质量也存在着很大的差异，而且一般国产 DDGS 毒素含量较高。而且猪的嗅觉和味觉发达，要注意原料的适口性，菜籽粕因其苦味，一般不被用于猪饲料中。

（4）除考虑各种饲料的养分含量对生长的作用效应以外，还应注意对肉质品质的影响。例如玉米、米糠、大豆、花生饼，由于含有较多的不饱和脂肪酸，过量使用会使脂肪变软，并呈淡黄色，不易保存。相反，大量使用大麦、小麦、马铃薯等喂猪，会使脂肪硬实洁白。饲粮中配合过多的鱼渣、色油、蚕蛹粉等，会使猪肉有膻味，脂肪变黄，严重降低猪肉品质。部分原料的相对饲养价值见表 2-5 和 2-6。

表 2-5 常见能量饲料原料的相对饲养价值

原　料	玉米	小麦	次粉	麦麸
相对饲养价值	100	105 ~ 107	90 ~ 95	80 ~ 90

表 2-6 常见蛋白质饲料原料的相对饲养价值

原　料	豆粕（CP44/%）	豆粕（CP46.5/%）	玉米蛋白粉	DDGS	全脂大豆	鱼粉	肉骨粉
相对饲养价值	100	105 ~ 110	40 ~ 50	45 ~ 55	85 ~ 95	160 ~ 170	105 ~ 115

4. 配方计算

生长育肥猪配方的计算方法与仔猪饲料的计算方式相同，只是营养参数和原料选择有所差异，采用配方软件时，注意某些毒素含量较高的原料用量，以及单个原料的用量不易过高。

5. 配方实例及说明

生长育肥猪配合饲料和浓缩饲料配方实例见表 2-7。其中，生长育肥猪浓缩饲料按照前期：玉米 65%、麸皮 12%、浓缩饲料 23%；中期：玉米 65%、麸皮 15%、浓缩饲料 20%；后期：玉米 65%、麸皮 20%、浓缩饲料 15%的使用比例设计。

为减少饲料浪费，生长育肥猪配合饲料可制成颗粒饲料。方法是：原料粉碎过孔径 2.0 mm 的筛，采用调质温度为 75 ~ 85 °C，环模的压缩比为 10 左右，孔径为 3.5 ~ 4.5 mm 的条件制粒，冷却后水分降到 12.0%以下，温度降至室温，然后进行分级包装。

表 2-7　生长育肥猪饲料实例

原　料	前期配合饲料（20～40 kg）	中期配合饲料（40～70 kg）	后期配合饲料（70 kg 至出栏）	浓缩饲料（20 kg 至出栏）
	组成			
玉米（GB/T2 级）/%	59.70	58.40	58.50	—
小麦（NY/T2 级）/%	10.00	15.00	15.00	—
麸皮（NY/T2 级）/%	5.00	8.00	8.00	—
豆油/%	—	—	—	2.50
大豆粕（NY/T2 级）/%	20.00	13.50	13.50	76.00
棉籽粕（NY/T2 级）/%	—	2.00	2.00	—
DDGS/%	2.00	—	—	2.10
花生粕（NY/T2 级）/%	—	—	—	4.00
进口鱼粉/%	—	—	—	3.00
石粉/%	0.80	1.00	1.00	4.50
磷酸氢钙/%	1.00	0.60	0.60	2.60
食盐/%	0.30	0.30	0.30	1.50
L-赖氨酸盐酸盐/%	0.20	0.20	0.10	1.80
预混料/%	1.00	1.00	1.00	2.00
合计/%	100.00	100.00	100.00	100.00
营养水平				
消化能（MJ/kg）	13.39	13.22	13.23	12.57
粗蛋白质/%	16.00	14.50	14.40	39.3
赖氨酸/%	0.92	0.80	0.72	3.65
钙/%	0.61	0.56	0.56	2.60
非植酸磷%	0.30	0.21	0.20	0.65

三、种猪饲料产品的设计

1. 产品定位

（1）使用对象和产品种类。近年来受国外养殖、大规模疫病、原料价格波动、猪价下降等因素的影响，大量农村散养户退出养猪业，专业化、规模化养猪将是今后市场的主体，因此种猪饲料产品应定位为规模猪场。种猪饲料产品可设计为后备母猪前期饲料（20～60 kg）、后备母猪后期饲料（60～90 kg）、妊娠猪饲料、哺乳母猪饲料和公猪饲料五种。

（2）产品形式。依据区域原料资源和养殖场的加工条件不同，产品形式可为配合饲料、浓缩饲料和预混合饲料，但随着专业化程度越来越高，配合饲料产品将是主导产品形式。

（3）质量要求。体重 75 kg 左右、约 4 月龄的后备母猪，在人为控制饲料摄入的条件下，5～6 月龄体重达到 90～100 kg，配种时体重达到 125～135 kg，背膘厚度 16～18 mm，7～8 月龄能适时配种。

妊娠母猪饲料一是保证胎儿在母体内顺利着床并得到正常发育，流产率≤2%，分娩率≥85%；二是确保每窝都能生产尽可能多的、健壮的、生命力强的、初生体重大的仔猪，年断乳健壮活仔数 20～24 头；三是保持母猪中上等状况，为哺乳期泌乳储备所需的营养物质。

泌乳母猪饲料能最大限度地提高母猪的泌乳量和乳品质以使仔猪窝增重最大，使母猪泌乳期失重最小，尽可能地缩短断乳—发情间隔，并提高下一繁殖周期的排卵数。

种公猪保持适宜体况，精液品质良好。

2. 种猪配合饲料营养水平设计

参照猪饲养标准（NY/T 65—2004）、美国 NRC（1998）猪营养需要中种猪营养需要和后备母猪、妊娠猪、哺乳母猪、种公猪配合饲料标准（LS/T 3401—92）及农业部（2008）1224公告《饲料添加剂使用规范》的规定，确立种猪饲料产品营养参考设计水平，见表 2-8 和表 2-9。

表 2-8 种猪配合饲料营养参考设计水平

指 标	后备母猪前期配合饲料	后备母猪后期配合饲料	妊娠猪配合饲料	哺乳母猪配合饲料	种公猪配合饲料
消化能/（MJ/kg）	12.15～13.18	12.15～13.18	12.15～12.75	12.97～13.80	12.55～12.95
粗蛋白质/%	15.0～16.0	13.0～15.0	12.0～14.0	16.5～18.5	13.0～14.0
粗纤维/%	≤7.0	≤8.0	≤10.0	≤8.0	≤8.0
粗灰分/%	≤5.0	≤6.0	≤6.0	≤6.0	≤5.0
食盐/%	0.3～0.8	0.3～0.8	0.3～0.8	0.35～0.90	0.35～0.90
钙/%	0.8～0.9	0.8～0.9	0.8～0.9	0.8～1.0	0.7～0.8
总磷/%	≥0.6	≥0.5	≥0.55	≥0.6	≥0.55
赖氨酸/%	0.75～0.90	0.60～0.75	0.55～0.65	0.81～1.00	0.60～0.70
蛋氨酸/%	0.22～0.24	0.19～0.22	0.12～0.16	0.22～0.24	0.15～0.18
苏氨酸/%	0.50～0.58	0.45～0.50	0.37～0.40	0.56～0.59	0.46～0.50

表 2-9 种猪配合饲料维生素与微量元素参考添加水平

指 标	后备母猪前期	后备母猪后期	妊娠母猪	哺乳母猪	种公猪
维生素 A/（IU/kg）	4 000～6 500	4 000～6 500	6 500～12 000	5 500～7 000	5 500～12 000
维生素 D_3/（IU/kg）	500～5 000	500～5 000	1 000～5 000	1 000～5 000	500～5 000
维生素 E/（mg/kg）	20～100	20～100	40～100	45～100	45～100
维生素 K_3/（mg/kg）	0.5～10	0.5～10	6.5～10	0.5～10	0.5～10
维生素 B_1/（mg/kg）	1.8～5.0	1.2～5.0	1.0～5.0	1.0～5.0	1.0～5.0
维生素 B_2/（mg/kg）	2.2～8.0	2.0～8.0	3.4～8.0	4.0～8.0	3.5～8.0
维生素 B_6/（mg/kg）	1.5～3.0	1.2～3.0	1.0～3.0	1.0～3.0	1.0～3.0
维生素 B_{12}/（mg/kg）	0.012～0.033	0.010～0.033	0.014～0.033	0.005～0.033	0.005～0.033
烟酸/（mg/kg）	10～30	10～30	10～30	12～30	20～30
泛酸/（mg/kg）	8～15	7～15	11～15	12～15	12～15
叶酸/（mg/kg）	0.3～0.60	0.3～0.6	1.2～0.6	1.4～0.6	1.3～0.6
生物素/（mg/kg）	0.05～0.5	0.05～0.5	0.2～0.5	0.21～0.5	0.2～0.5
铜/（mg/kg）	4.5～150	3.5～35	5～35	5～35	5～35
铁/（mg/kg）	70～100	50～100	75～100	80～100	80～100
锌/（mg/kg）	70～110	50～110	45～110	51～110	40～110
锰/（mg/kg）	3～20	2～20	18～20	20～25	20～25
碘/（mg/kg）	0.14～0.20	0.14～0.20	0.13～0.20	0.14～0.20	0.15～0.20
硒/（mg/kg）	0.3～0.4	0.25～0.4	0.15～0.40	0.15～0.40	0.15～0.40

种猪配合饲料添加植酸酶时，表 2-8 中总磷可以降低 0.1%；添加液体蛋氨酸和羟基蛋氨酸钙时，蛋氨酸可以降低。当使用有机微量元素添加剂时，表 2-9 中微量元素值可以相应降低。种猪浓缩饲料和添加剂预混合饲料中添加植酸酶时的总磷减少量、维生素和微量元素添加量可参照配合饲料设计水平按照相应比例折算。

3. 原料选择

种猪用原料相对比较简单，主要有玉米、小麦、大麦、麸皮、豆粕、花生粕、米糠、鱼粉、脂肪粉或大豆油等原料。玉米要求水分必须控制在 14%以内，其他指标要达到国标二等以上，同时要严格控制玉米中的霉菌素含量；豆粕粗蛋白含量大于等于 43%；米糠和油脂要注意氧化问题；花生粕要注意黄曲霉毒素的含量。

种猪饲料不建议使用杂粕，尤其是棉籽粕，因为棉籽粕中所含的有毒成分游离棉酚进入动物体内会与许多功能蛋白质和一些重要的酶结合使它们失去活性，并可与铁离子结合导致动物发生缺铁性贫血，造成呼吸困难、生产力下降、繁殖性能减弱甚至不孕，因此棉籽饼粕不宜用于妊娠和哺乳母猪。

霉菌问题一定要十分注意。霉菌毒素对胎儿的健康及母猪的繁殖性能影响极大，所以应尽可能地选择霉菌毒素含量最低的玉米，也可以使用一部分小麦来代替玉米，或者使用脱霉剂，有一定的效果。

4. 配方计算

应用试差法手工或者借助 Excel 表格进行运算，有条件的话，可用配方软件设计达到标准，因种猪的特殊营养需要，配方计算过程中需要考虑的事项如下：

（1）为提高种猪的生产性能，可适当提高复合维生素中维生素 E、叶酸、生物素的含量。维生素 E 可增强机体免疫力和抗氧化功能，减少母猪乳房炎、子宫炎的发生；生物素广泛参与碳水化合物、脂肪和蛋白质的代谢，生物素缺乏可导致动物皮炎或蹄裂。

（2）通常我们在日粮中添加麸皮来解决母猪的便秘问题，但较小的添加量无法解决便秘问题，添加量大影响营养浓度，建议添加离子型电解质平衡剂，预防生理性便秘。

（3）微量元素对母猪的繁殖性能尤其重要，需要使用生物利用率更高的有机矿物元素。

（4）哺乳母猪饲料中应尽量少地使用单体氨基酸，氨基酸应主要由动物蛋白饲料提供，如果大量添加氨基酸，仔猪断乳前死亡率上升。

（5）严禁乱加药物，因为有的药物对猪的繁殖器官的发育不利，会造成小母猪不发情、排卵数、产仔数减少等后果。

5. 配方实例及使用说明

妊娠猪配合饲料、哺乳母猪配合饲料和种公猪配合饲料配方实例见表 2-10。加工生产时粉碎过细，会增加加工的能量消耗，引起粉尘和增加胃溃疡的发病率，过度粉碎也可降低采食量。从改善母猪的生产性能、生产效率和电耗等方面综合考虑，建议母猪料的粉碎粒度为 700 ~ 800 μm。

表 2-10 种猪配合饲料配方实例

项 目	妊娠猪配合饲料	哺乳母猪配合饲料	种公猪配合饲料	项 目	妊娠猪配合饲料	哺乳母猪配合饲料	种公猪配合饲料
原 料	组 成			原 料	组 成		
玉米/%	67.7	65.1	65.9	大豆油/%	—	2.0	—
大豆粕/%	16.0	22.0	16.0	合计/%	100.0	100.0	100.0
小麦麸/%	12.0	5.0	12.0	指 标	营养水平		
进口鱼粉/%	—	2.0	2.0				
石粉/%	1.2	0.9	1.2	消化能/(MJ/kg)	12.97	13.78	12.97
磷酸氢钙/%	1.6	1.6	1.4	粗蛋白质/%	14.3	17.0	15.5
食盐/%	0.5	0.4	0.5	钙/%	0.84	0.86	0.88
预混料/%	1.0	1.0	1.0	总磷/%	0.40	0.43	0.43

任务三 肉用仔鸡与商品蛋鸡饲料产品设计

一、肉用仔鸡饲料产品设计

肉用仔鸡养殖业是当今畜牧业中发展较快的产业之一。近年来，肉用仔鸡养殖业主要以农户散养和养殖小区方式为主，即以合同形式将雏鸡和饲料售给农户，待农户将鸡养到规定的日龄，公司再以约定的价格收购。这样既缓解了企业的资金压力，减少养殖环节所承担的风险，又使农民有利可图。在优惠政策的鼓励下，在各个“龙头”企业的大力支持下，肉用仔鸡社会化饲养有了空前规模的发展，在“公司+农户”发展模式的基础上，各地又兴建了许多“养殖小区”，使肉用仔鸡社会化饲养由“公司+农户”逐步向“公司+养殖小区”的规模化模式发展。目前绝大多数企业基本上完成肉用仔鸡以自养为主向社会化饲养这一养殖模式过渡，企业自养肉用仔鸡已不足 10%。

1. 产品定位

（1）适用对象和产品种类。肉用仔鸡养殖品种主要是美国艾维茵、爱拔益加肉鸡和英国罗斯 308。现代肉鸡一般在 7 周龄时出栏，甚至在 6 周龄时即可出栏。部分肉鸡出栏体重与饲料转化率见表 2-11。

表 2-11 部分肉鸡出栏体重与饲料转化率

品 种	出栏时间/周	体重/kg	料肉比	成活率
艾维茵	7	2.52	1.89	98%
爱拔益加	7	2.675	1.92	97%
罗斯 308	7	2.47	1.72	98%

针对以上养殖品种的生长特点，肉用仔鸡饲料一般设计三个产品，即肉仔鸡前期（肉小鸡）饲料、肉仔鸡中期（肉中鸡）饲料和肉仔鸡后期（肉大鸡）饲料，分别适用于 0 ~ 3 周龄、4 ~ 6 周龄和 7 周龄至出栏。

（2）产品形式。根据养殖区域原料资源状况和饲料生产企业的加工条件，肉用仔鸡饲料可设计为配合饲料粉料或颗粒料、浓缩饲料和预混料等多种形式，从发展趋势来看，肉用仔鸡颗粒配合饲料将是主导产品。

（3）质量要求。在适宜的饲料管理条件下，使用肉用仔鸡颗粒饲料，AA 或罗斯 308 肉用仔鸡 41 ~ 45 d 达到出栏体重，料肉比 1.8 ~ 1.9。

2. 肉鸡仔鸡饲料营养水平的设计

依据肉用仔鸡产品定位，参照鸡饲养标准（NY/T 34—2004）中肉仔鸡营养需要、肉用仔鸡配合饲料产品标准（GB/T 5916—2008）、肉用仔鸡浓缩饲料、微量元素预混合饲料产品标准（NY/T 903—2004）及农业部 1224 号公告《饲料添加剂使用规范》，结合原料资源特点，确立的肉用仔鸡配合饲料营养设计水平见表 2-12 和表 2-13。肉用仔鸡浓缩饲料营养设计水平见表 2-14。

表 2-12　肉用仔鸡配合饲料营养参考设计水平

营养成分	肉小鸡配合饲料	肉中鸡配合饲料	肉大鸡配合饲料
代谢能/（MJ/kg）	12.13 ~ 12.75	12.55 ~ 12.97	12.97 ~ 13.17
粗蛋白/%	20.0 ~ 22.0	18.0 ~ 20.0	16.0 ~ 18.0
赖氨酸/%	1.00 ~ 1.20	0.90 ~ 1.00	0.80 ~ 0.87
蛋氨酸/%	0.40 ~ 0.52	0.35 ~ 0.40	0.30 ~ 0.38
粗脂肪/%	≥2.5	≥3.0	≥3.0
粗纤维/%	≤6.0	≤7.0	≤7.0
粗灰分/%	≤8.0	≤8.0	≤8.0
钙/%	0.8 ~ 1.20	0.70 ~ 1.20	0.60 ~ 1.20
总磷/%	≥0.60	≥0.55	≥0.50
食盐/%	0.30 ~ 0.50	0.30 ~ 0.50	0.30 ~ 0.50

表 2-13　肉用仔鸡配合饲料维生素与微量元素参考添加水平

指　标	肉小鸡配合饲料	肉中鸡配合饲料	肉大鸡配合饲料
维生素 A/（IU/kg）	8 000 ~ 10 000	6 000 ~ 10 000	2 700 ~ 10 000
维生素 D_3/（IU/kg）	2 200 ~ 5 000	1 800 ~ 5 000	1000 ~ 5 000
维生素 E/（mg/kg）	20 ~ 30	10 ~ 30	10 ~ 30
维生素 K_3/（mg/kg）	1.4 ~ 5.0	1.3 ~ 5.0	1.2 ~ 5.0
维生素 B_1/（mg/kg）	1.8 ~ 5.0	1.3 ~ 5.0	1.1 ~ 5.0

续表

指　标	肉小鸡配合饲料	肉中鸡配合饲料	肉大鸡配合饲料
维生素 B_2/（mg/kg）	2.0 ~ 8.0	1.5 ~ 8.0	2.0 ~ 8.0
维生素 B_6/（mg/kg）	2.0 ~ 5.0	2.0 ~ 5.0	2.0 ~ 5.0
维生素 B_{12}/（mg/kg）	0.01 ~ 0.012	0.01 ~ 0.012	0.007 ~ 0.012
烟酸/（mg/kg）	35 ~ 45	30 ~ 40	30 ~ 40
泛酸/（mg/kg）	20 ~ 25	20 ~ 25	20 ~ 25
叶酸/（mg/kg）	0.55 ~ 1.00	0.55 ~ 0.70	0.50 ~ 0.70
生物素/（mg/kg）	0.20 ~ 0.30	0.20 ~ 0.30	0.20 ~ 0.30
锰/（mg/kg）	72 ~ 110	72 ~ 110	72 ~ 110
铁/（mg/kg）	100 ~ 120	80 ~ 120	80 ~ 120
锌/（mg/kg）	55 ~ 120	55 ~ 120	55 ~ 120
铜/（mg/kg）	10 ~ 35	8 ~ 35	8 ~ 35
硒/（mg/kg）	0.2 ~ 0.30	0.2 ~ 0.30	0.20 ~ 0.30
碘/（mg/kg）	0.7 ~ 1.0	0.7 ~ 1.0	0.7 ~ 1.0

表 2-14　肉用仔鸡浓缩饲料营养参考设计水平

指　标	38%前期浓缩饲料	33%中期浓缩饲料	28%后期浓缩饲料
代谢能/（MJ/kg）	9.95 ~ 11.58	10.68 ~ 11.95	11.68 ~ 12.40
粗蛋白质/%	≥40.0	≥38.7	≥37.1
赖氨酸/%	2.26 ~ 2.78	2.26 ~ 2.56	2.27 ~ 2.52
蛋氨酸/%	0.81 ~ 1.12	0.76 ~ 0.91	0.69 ~ 0.97
粗纤维/%	≤10	≤10	≤10
粗灰分/%	≤16	≤16	≤16
钙/%	2.1 ~ 2.60	2.1 ~ 2.7	2.1 ~ 2.8
总磷/%	≥1.14	≥1.12	≥1.09
食盐/%	0.79 ~ 1.32	0.91 ~ 1.52	1.07 ~ 1.78

注：肉用仔鸡前期、中期和后期浓缩饲料分别按与 62%，67%，72%玉米混合制成配合饲料而设计。

肉用仔鸡配合饲料中添加植酸酶大于等于 750 FTU/kg，表 2-13 中总磷可以降低 0.08%；添加液体蛋氨酸和羟基蛋氨酸钙时，蛋氨酸可以降低。当使用有机微量元素添加剂时，表 2-13 中微量元素值可以相应降低。肉用仔鸡浓缩饲料和添加剂预混合饲料中添加植酸酶和总磷减少量、维生素和微量元素添加量可参照配合饲料设计水平按照相应比例折算。

3. 原料选用

（1）能量饲料选用。肉用仔鸡能量饲料常选用玉米、小麦和油脂。选用的玉米，水分应小于等于 14%，其他指标要达到国家标准二等以上，同时，特别应注意霉菌，尤其是黄曲霉素素 B_1 含量要符合饲料卫生标准。霉菌数小于 40×10^3 个/g 的玉米可不限量使用，霉菌数（40～100）$\times10^3$ 个/g 的玉米要限量使用，严禁使用霉菌数大于 100×10^3 个/g 的玉米；玉米黄曲霉毒素 B_1 要严格控制在小于等于 50 μg/kg。选用的小麦水分应控制在小于等于 13%。

（2）蛋白质饲料选用。肉用仔鸡蛋白质原料选用应以植物性原料为主，常用的有豆粕（CP≥46.0%）、棉籽柏（CP≥42.0%）、菜籽粕（CP≥35.0%）、玉米蛋白粉（CP≥60.0%）、花生粕（CP≥48.0%）等，价格适宜时，也可选用动物性蛋白质原料，如肉骨粉（CP≥50.0%）、鱼粉等。饼粕类原料，除豆粕外，其他原料用量不宜过高，宜多种混合使用，以保证配合饲料氨基酸平衡并符合饲料卫生标准（GB 13078）。

选用的棉籽粕中游离棉酚含量应小于等于 1 200 mg/kg，用量应小于等于 8.3%，控制配合饲料中游离棉酚含量小于等于 100 mg/kg；选用的菜籽粕异硫氰酸酯（以丙烯基异硫氰酸酯计）含量应小于等于 4 000 mg/kg，用量应小于等于 12.5%，控制配合饲料中异硫氰酸酯（以丙烯基异硫氰酸酯计）小于等于 500 mg/kg。

注意选用的蛋白质原料的霉菌和黄曲霉毒素 B_1 数量，豆粕、棉籽粕、菜籽粕的霉菌数应小于 50×10^3 个/g，对于霉菌素（50～100）$\times10^3$ 个/g 要限量使用，严禁使用霉菌数大于 100×10^3 个/g 的豆粕、棉籽粕、菜籽粕。鱼粉、肉骨粉的霉菌数应小于 20×10^3 个/g，对于霉菌素（20～50）$\times10^3$ 个/g 要限量使用，严禁使用霉菌素大于 50×10^3 个/g 的鱼粉和肉粉。

玉米、花生饼（粕）、棉籽饼（粕）、菜籽饼（粕）的黄曲霉毒素 B_1 应小于等于 50 μg/kg；豆粕的黄曲霉毒素 B_1 应小于等于 30 μg/kg。

（3）饲料添加剂选用。根据农业部（2008）1126 公告《饲料添加剂品种目录》和农业部（2008）1224 号公告《饲料添加剂的使用规范》选择和使用添加剂。

对肉用仔鸡的皮肤肤色有一定要求者，可在饲料中添加着色剂。肉用仔鸡易爆发球虫病，可在饲料中加抗球虫剂等药物，抗球虫药物 3 个月左右轮换一次，以免产生抗药性。

4. 配方计算

（1）配合饲料配方计算。应用试差法手工或者借助 Excel 表格进行运算，也可用配方软件计算。

（2）浓缩饲料和添加剂预混合饲料配方计算。肉用仔鸡浓缩饲料和添加剂预混合饲料配方可按照建议配套使用，原料比例参照配合饲料配方计算方法进行运算。

5. 肉仔鸡配方实例与说明

肉仔鸡配合饲料配方实例见表 2-15。肉用仔鸡配合饲料应用粉料浪费很大，为减少浪费，最好制成颗粒饲料。方法是：原料一般用 2.0 mm 粉碎机筛片粉碎后，调质温度为 75～85 °C，环模的压缩比为 10～11，肉小鸡，环模孔径为 4.5 mm，冷却后破碎成小颗粒；肉中鸡，环模孔径 3.0 mm；肉大鸡，环模孔径 4.0 mm，颗粒料冷却后水分降到 12.0%以下，温度降至室温，然后进行分级包装。

表 2-15 肉仔鸡配合饲料配方实例

项 目	肉小鸡配合饲料	肉中鸡配合饲料	肉大鸡配合饲料	项 目	肉小鸡配合饲料	肉中鸡配合饲料	肉大鸡配合饲料
原 料	组 成			原 料	组 成		
玉米（GB2 级）/%	58.39	56.87	56.92	预混料/%	1.00	1.00	1.00
大豆粕（NY/T2 级）/%	22.50	18.00	13.70	猪油/%	1.00	2.00	3.20
小麦（NY/T2 级）/%	5.00	8.00	10.00	合计	100.0	100.0	100.0
玉米蛋白粉(CP63.5%)/%	5.00	5.00	5.00	指 标	营养水平		
花生仁粕（NY/T2 级）/%	3.00	3.50	4.00	代谢能(MJ/kg)	12.28	12.55	12.98
棉籽粕（NY/T2 级）/%	—	2.00	3.00	粗蛋白/%	20.0	19.0	18.0
L-赖氨酸盐酸盐/%	0.43	0.26	0.25	赖氨酸/%	1.16	1.00	0.90
DL-蛋氨酸/%	0.18	0.17	0.13	蛋氨酸/%	0.49	0.45	0.40
石粉/%	1.30	1.30	1.20	钙/%	0.94	0.90	0.79
磷酸氢钙/%	1.90	1.60	1.30	总磷/%	0.65	0.62	0.57
食盐/%	0.30	0.30	0.30	非植酸磷/%	0.45	0.40	0.35

二、商品蛋鸡饲料产品设计

1. 产品定位

（1）适用对象和产品种类。我国饲养的商品蛋鸡主要是罗曼和海兰品种，针对这些品种并结合养殖特点，商品蛋鸡饲料可设计成育雏期蛋鸡饲料（蛋小鸡，0～6 周龄）、育成前期蛋鸡饲料（蛋中鸡，7～12 周龄）和育成后期蛋鸡饲料（青年鸡，13～18 周龄）、产蛋期饲料（19～72 周龄）四个阶段的产品，产蛋鸡饲料可进一步设计为蛋鸡产蛋前期饲料、蛋鸡产蛋高峰期饲料、蛋鸡产蛋后期饲料三种产品。

（2）产品形式。目前大型蛋鸡养殖场多选用蛋鸡预混料，中小型养殖户使用蛋鸡浓缩料或者配合饲料，因此，产品形式可设计为配合饲料粉料、浓缩饲料和预混料三种形式。

（3）质量要求。蛋小鸡和蛋中鸡体重和均匀度至少能达到品种标准要求，死亡率低；青年鸡，尤其 16 周或 17 周龄至少有 80%的个体体重在平均标准体重 ± 10%的范围内；产蛋期饲料产蛋率、饲料消耗和蛋重能达到品种的标准要求，产蛋高峰期持续 6～7 个月，淘汰鸡体重较大。

2. 蛋鸡饲料营养设计水平确定

根据商品蛋鸡产品定位，参照我国鸡饲养标准（NY/T 34—2004）中蛋鸡营养需要和产蛋后备鸡、产蛋鸡配合饲料标准（GB/T 5916—2008），蛋鸡复合预混合饲料标准（GB/T 22544—2008）以及饲料添加剂使用规范，确立的产蛋后备鸡和产蛋鸡配合饲料营养设计水平见表 2-16 和表 2-17，浓缩饲料营养设计水平见表 2-18。

表 2-16　产蛋后备鸡和产蛋鸡配合饲料营养参考设计水平

营养指标	蛋小鸡	蛋中鸡	青年鸡	产蛋前期	产蛋高峰期	产蛋后期
代谢能/（MJ/kg）	12.13	11.72	11.29	11.29	11.08～11.29	10.87～11.08
粗蛋白/%	≥18.0	≥15.0	≥14.0	≥16.0	≥16.0	≥14.0
赖氨酸/%	0.85～1.00	0.66～0.72	0.45～0.66	0.60～0.75	0.65～0.75	0.60～0.70
蛋氨酸/%	0.32～0.37	0.27～0.30	0.20～0.30	0.30～0.34	0.32～0.34	0.30～0.32
粗脂肪/%	≥2.5	≥2.5	≥2.5	≥2.5	≥2.5	≥2.5
粗纤维/%	≤6.0	≤8.0	≤8.0	≤7.0	≤7.0	≤7.0
粗灰分/%	≤8.0	≤9.0	≤10.0	≤15.0	≤15.0	≤15.0
钙/%	0.60～1.20	0.60～1.20	0.60～1.40	2.0～3.0	3.0～4.2	3.0～4.4
总磷/%	0.55～0.65	0.50～0.60	0.45～0.60	0.50～0.60	0.50～0.60	0.45～0.60
非植酸磷%	0.43	0.35	—	0.34	0.34	—
食盐/%	0.30～0.80	0.30～0.80	0.30～0.80	0.30～0.80	0.30～0.80	0.30～0.80

表 2-17　蛋鸡配合饲料维生素与微量元素参考设计水平

项　目	蛋鸡育雏期（0～6 周龄）	蛋鸡育成期(7～18 周龄)	蛋鸡产蛋期(19～72 周龄)
维生素 A/（IU/kg）	8 000～10 000	7 300～10 000	7 800～10 000
维生素 D_3/（IU/kg）	2 200～5 000	1 800～5 000	1 700～5 000
维生素 E/（mg/kg）	13～30	12～30	12～30
维生素 K_3/（mg/kg）	1.4～5.0	1.3～5.0	1.2～5.0
维生素 B_1/（mg/kg）	1.8～5.0	1.3～5.0	1.1～5.0
维生素 B_2/（mg/kg）	2.0～8.0	1.5～8.0	2.0～8.0
维生素 B_6/（mg/kg）	2.0～5.0	2.0～5.0	2.0～5.0
维生素 B_{12}/（mg/kg）	0.01～0.012	0.005～0.012	0.005～0.012
烟酸/（mg/kg）	20～40	20～30	20～30
泛酸/（mg/kg）	10～15	10～15	6～25
叶酸/（mg/kg）	0.55～0.70	0.25～0.60	0.25～0.60
生物素/（mg/kg）	0.15～0.25	0.10～0.25	0.10～0.25
锰/（mg/kg）	60～85	40～85	60～85
铁/（mg/kg）	80～120	60～120	60～120
锌/（mg/kg）	60～150	60～150	60～150
铜/（mg/kg）	8～35	6～35	8～35
硒/（mg/kg）	0.10～0.50	0.10～0.50	0.10～0.50
碘/（mg/kg）	0.35～1.0	0.35～1.0	0.35～1.0

表 2-18　40%与 30%产蛋鸡浓缩饲料营养参考设计水平

营养指标	40%浓缩饲料	30%浓缩饲料	营养指标	40%浓缩饲料	30%浓缩饲料
代谢能/（MJ/kg）	6.97～8.02	7.87～9.18	总磷/%	≥0.85	≥1.1
粗蛋白质/%	≥28.0	≥37.5	食盐/%	0.83～1.0	1.0～1.3
粗灰分/%	≤30.0	≤14.0	赖氨酸/%	≥1.5	≥2.0
粗纤维/%	≤13.0	≤10.0	蛋氨酸/%	≥0.6	≥0.8
钙/%	8.0～10.0	1.3～3.0			

注：40%和 30%产蛋鸡浓缩饲料分别按与 60%玉米、62%玉米和 8%石粉混合制成配合饲料而设计。

产蛋后备鸡与产蛋鸡配合饲料中添加植酸酶大于等于 300 FTU/kg，表 2-16 中总磷可以降低 0.10%；添加液体蛋氨酸和羟基蛋氨酸钙时，蛋氨酸值可以降低。当使用有机微量元素添加剂时，微量元素值可以相应降低。产蛋后备鸡和产蛋鸡浓缩饲料和添加剂预混合饲料中添加植酸酶和总磷减少量以及维生素和微量元素添加量可参照配合饲料设计水平按照相应比例折算。

3. 原料选择

（1）蛋雏鸡饲料原料选择。蛋雏鸡生长发育快，营养代谢旺盛，采食的营养主要用于肌肉、骨骼的迅速生长，但消化系统发育不健全，采食量较小，肌胃研磨饲料能力差，消化能力低。宜选用消化利用率高的原料，如玉米、豆粕等；各种含有毒有害物质的原料，如高粱、棉籽粕、菜籽粕等，尽量不要使用。

（2）育成期蛋鸡饲料原料选择。育成期蛋鸡对各种饲料的消化吸收能力都有了很大改善，原料的选择更加广泛，常用的原料有玉米、麸皮、米糠、豆粕、玉米蛋白粉、DDGS，棉籽粕、花生粕、肉骨粉、菜籽粕等原料。原料选择时，尽可能充分利用当地饲料资源，降低饲料成本。

育成前期蛋鸡饲料可以少量使用棉籽粕和菜籽粕，主要以玉米、豆粕为主；育成后期蛋鸡在保证胫长和体重达标的前提下，尽量选用品质较差的饲料原料，如棉籽粕、菜籽粕、亚麻（胡麻）粕、玉米皮、玉米胚芽等，这不仅可以充分利用饲料资源，降低成本，还可刺激消化系统的发育，有利于提高青年鸡的均匀度和以后的产蛋性能。

（3）产蛋高峰期蛋鸡饲料原料选择。产蛋期蛋鸡对各种饲料的消化吸收能力强，原料的选择更加广泛，常用的原料有玉米、米糠、豆粕、玉米蛋白粉、DDGS、棉籽粕、花生粕、肉骨粉、菜籽粕、麸皮等原料。原料选择时，尽可能充分利用当地饲料资源，降低饲料成本。

产蛋鸡饲料尽可能不要添加药物，为改善肠道生态平衡，可选用微生态制剂，但必须符合饲料添加剂使用规范的规定。

产蛋后备鸡和产蛋鸡饲料必须要限量或不用有毒有害的原料，以符合饲料卫生标准。如选用游离棉酚含量小于等于 1200 mg/kg 的棉籽粕作为育成期蛋鸡和产蛋期蛋鸡饲料原料，用量应分别小于等于 8.3%和 1.6%，以符合生长鸡和产蛋鸡配合饲料游离棉酚含量应小于等于 100 mg/kg 和 20 mg/kg 的要求；选用异硫氰酸酯（以丙烯基异硫氰酸酯计）含量小于等于 4000 mg/kg 的菜籽粕作为蛋鸡饲料原料，用量应小于等于 12.5%，以符合配合饲料异硫氰酸酯（以丙烯基异硫氰酸酯计）含量应小于等于 500 mg/kg 的要求。

对感染霉菌和其他有害菌的原料，如玉米、麸皮、肉粉等也要根据其品质情况限量甚至禁用，确保配合饲料霉菌数小于 45×10^3 个/g，黄曲霉毒素 B_1 应小于等于 20 μg/kg。

4. 配方计算

应用试差法手工或者借助工 Excel 表格进行运算，也可用配方软件计算。

5. 配方实例与说明

表 2-19 列出了产蛋期蛋鸡配合饲料和浓缩饲料配方实例，其中，配方 1 适用于规模鸡场产蛋期蛋鸡；配方 2 适用于中型鸡场产蛋期蛋鸡；配方 3 为 40%产蛋期蛋鸡浓缩饮料，可与 60%的玉米混合后制成配合饲料使用；配方 4 为 30%产蛋期蛋鸡浓缩饲料，可与 62%

的玉米和8%石粉混合后制成配合饲料使用。产蛋期蛋鸡适合采食颗粒较大的饲料，使用孔径为7.0 mm的筛粉碎玉米即可；膨化豆粕、棉籽粕、菜籽粕、花生粕、DDGS等原料用破饼机将大块的打碎即可；磷酸氢钙或骨粉，直接投入；钙源主要使用粒径为1.0～1.4 mm的石粒或者贝壳粉。

表2-19　产蛋期蛋鸡配合饲料和浓缩饲料配方示例

原料名称	配方1	配方2	配方3	配方4
玉米（GB2级）/%	60.53	62.43	—	—
大豆粕（NY/T2级）/%	25.00	15.50	42.0	62.5
棉籽粕（NY/T2级）/%	—	3.0	7.5	10.5
芝麻粕（CP40%）%	—	—	7.5	10.5
菜籽粕（NY/T2级）/%	—	4.00	6.0	—
花生仁粕（NY/T2级）/%	—	3.00	—	—
玉米DDGS/%	—	—	5.53	4.03
小麦麸（NY/T2级）/%	2.00	—	—	—
石粉/%	8.60	8.59	22.3	4.16
磷酸氢钙/%	1.40	1.30	2.2	3.08
食盐/%	0.35	0.35	0.8	1.05
L-赖氨酸盐酸盐/%	—	—	0.14	—
DL-蛋氨酸/%	0.12	0.13	0.25	0.26
50%氯化胆碱/%	—	—	0.28	0.32
预混料/%	1.00	1.00	2.00	2.00
豆油/%	1.00	0.70	3.50	2.60
合计	100.0	100.0	100.0	100.0
指　标	营养水平			
代谢能/（MJ/kg）	11.11	11.05	7.50	9.27
粗蛋白/%	16.1	16.0	28.2	37.7
赖氨酸/%	0.86	0.76	1.53	2.04
蛋氨酸/%	0.33	0.33	0.66	0.82
钙/%	3.51	3.50	8.3	2.30
总磷/%	0.57	0.57	0.86	1.13
非植酸磷/%	0.35	0.35	0.47	0.67

任务四　牛羊饲料产品设计

随着养殖业的发展，牛羊肉也成为中国畜产品市场上的高端肉食品，牛羊饲养量逐渐上升。牛羊为草食动物，获得同等营养价值畜产品消耗的精料量远比猪禽少。据美国农业部资料，主要畜禽需要的精料比例为：鸡97%、猪86%、奶牛35%、肉牛20%、兔12%、羊11%。因此，在继续稳定发展生猪、禽蛋的同时，突出发展牛、羊等草食畜牧业，可以大力提高农业资源利用效率，有效缓解资源环境对畜牧业持续增长的制约，促进畜牧业向技术集成型、资源高效利用型、环境友好型转变。饲料是发展养殖业的物质基础，牛羊饲料产品按照适用对象，主要分为奶牛饲料、肉牛饲料、羊饲料三类。

一、奶牛饲料产品设计

1. 奶牛饲料产品定位

（1）适用对象与产品种类。奶牛养殖品种主要是中国荷斯坦奶牛，按照生长发育规律可划分为犊牛、生长后备牛、泌乳牛和干乳牛四个阶段。针对这些特点，饲料企业可以开发的饲料产品有：犊牛前期饲料（开食料，0～2月龄）、犊牛后期饲料（3～6月龄）、生长后备前期饲料（7～18月龄）、生长后备后期饲料（19～30月龄）、泌乳期饲料（泌乳前期饲料、泌乳中期饲料、泌乳后期饲料）和干乳期饲料（干乳前饲料、干乳后期饲料）。

（2）产品形式。奶牛养殖规模存在差异，既有大、中型奶牛场，也有相当数量的奶牛养殖小区。大规模牛场在饲料选择上主要是预混料和浓缩料，中小型牛场和奶牛养殖小区主要使用精料补充料和浓缩料，而犊牛颗粒料是各类奶牛养殖者共同的选择。因此，奶牛饲料产品可设计成精料补充料、浓缩饲料和预混合饲料等多种形式，犊牛饲料可以制成颗粒配合饲料。

（3）品质要求。犊牛前期饲料应适口性好、易消化吸收和具有一定的抗腹泻效果。正常饲养条件下，30天断乳，精料采食达到1 kg，60天体重达到75～85 kg；犊牛后期饲料能促进瘤胃迅速发育和骨骼快速生长，3～6月龄的平均日增体重达到500～800 g。

生长后备奶牛前期饲料能使6～12月龄奶牛每月平均增高1.89 cm，12～18月龄平均增高1.93 cm，14月龄体重达到375 kg，并能正常发情、受孕；生长后备奶牛后期饲料可使19月龄到第一胎牛犊前平均每月增高0.74 cm，平均日增体重约500 g，怀孕后期达1 000 g。

干乳牛饲料应能减少产后低血钙症的发生，并使干乳期内体况评分由3.25分增加到3.75分。

泌乳牛前期饲料能尽量减少因能量负平衡导致的体重损失，有利于保持瘤胃正常生理功能和奶牛健康，避免产后疾病和代谢病的发生，乳品质符合质量要求；泌乳中期饲料能够保持奶牛具有稳定下降的泌乳曲线，即每月产乳量下降率保持在5%～8%，同时应保持日增体重0.25～0.50 kg；泌乳后期饲料除保证产乳量营养需要外，应保持日增体重0.5～0.7 kg，干乳时体况评分达到3.0～3.25分。

粗饲料品质好，如有优质苜蓿、优质全株玉米青贮，料乳比可达（2.0～2.5）：1；粗饲料品质中等，如为优质羊草、花生藤、玉米秸秆青贮，料乳比可达（2.5～3.0）：1；粗饲料品质差，如为玉米秸秆、稻草、豆秆、麦秸，料乳比可达（3.1～3.5）：1。

2. 奶牛精饲料营养水平设计

依据中国奶牛饲养标准（NY/T 33—2004）和奶牛营养需要（NRC，2001），参照奶牛用精饲料质量标准（NY/T 1245—2006）、奶牛复合微量元素维生素预混合饲料质量标准（GB/T 20804—2006）以及农业部（2008）1224公告《饲料添加剂使用规范》，设计的奶牛用精饲料营养成分参考含量见表2-20和表2-21。奶牛浓缩料和预混合饲料营养设计水平可参照精饲料按照相应比例折算。

应用表2-20时应注意四个问题：一是非蛋白氮提供总氮含量应低于饲料总氮量的10%；二是添加液体蛋氨酸和羟基蛋氨酸钙时，蛋氨酸可以降低；三是犊牛饲料中不应添加尿素等非蛋白氮饲料；四是精料粗蛋白水平与配套使用的粗饲料品质密切相关，粗饲料品质好，如为优质苜蓿、优质全株玉米青贮，精料粗蛋白水平可为12%～15%。粗饲料品质中等，如为优质羊草、花生藤、玉米秸秆青贮，精料粗蛋白水平可为15%～18%。粗饲料品质差，如为玉米秸秆、稻草、豆秆、麦秸，精料粗蛋白水平可为18%～23%。其他指标，如产乳净能等，与此类同，应酌情调整。

使用表 2-21 时应注意五个问题：一是犊牛后期、生长后备牛前期、生长后备牛后期、干乳牛和泌乳牛精饲料中维生素和微量元素数据假定每头每天供给量分别为 1 kg、1 kg、3 kg、3 kg、10 kg 精料而得出，如果与实际有出入，可按比例调整；二是犊牛前期饲料中维生素在表 2-21 基础上，需要另外补充维生素 B_1、维生素 B_2 和维生素 B_6 各大于等于 6.5 mg/kg，维生素 B_{12} 大于等于 0.07 mg/kg，烟酸大于等于 10.0 mg/kg，泛酸大于等于 13.0 mg/kg，生物素大于等于 0.1 mg/kg，胆碱大于等于 1 000 mg/kg；三是日粮中钼、硫和铁的含量过高会影响铜的吸收，从而增加铜的需要量；四是日粮中含有致甲状腺肿的物质会导致增加碘的需要量；五是大部分饲料含有足够的铁，可以满足成年牛的需要，当日粮中含有棉酚时，可导致增加铁的需要量；六是使用有机微量元素添加剂时，微量元素值可以相应降低。

表 2-20　奶牛用精饲料营养成分参考设计水平

指　标	犊牛前期精饲料	犊牛后期精饲料	生长后备牛前期精饲料	生长后备牛后期精饲料	干乳牛精饲料	泌乳牛精饲料
适用阶段	（0～2 月龄）	（3～6 月龄）	（7～17 月龄）	（18 月龄至初产）	干乳期	泌乳期
水分/%	≤12.5	≤12.5	≤12.5	≤12.5	≤12.5	≤12.5
产乳净能/（MJ/kg）	≥6.90	≥6.90	≥6.28	≥6.28	≥7.22	≥7.22
粗蛋白/%	17～20	18～19	20～21	18～19	20～22	17～23
粗脂肪/%	≥2.5	≥2.5	≥2.5	≥2.5	≥2.5	≥2.5
粗灰分/%	≤10	≤8	≤9	≤9	≤9	≤9
粗纤维/%	≤3	≤8	≤9	≤9	≤9	≤9
钙/%	0.6～1.2	0.6～1.2	0.5～1.0	0.5～1.0	0.5～1.0	0.8～2.0
磷/%	≥0.6	0.4～0.7	0.4～0.7	0.3～0.7	0.3～0.7	0.4～1.0
镁/%	≥0.07	0.1～0.8	0.3～1.2	0.2～1.2	0.2～1.2	0.3～1.0
硫/%	≥0.29	0.2～0.4	0.2～0.4	0.2～0.4	0.2～0.4	0.3～0.5
赖氨酸/%	≥0.8	≥0.5	≥0.4	≥0.7	≥0.8	≥0.5
（蛋氨酸+胱氨酸）/%	≥0.6	≥0.5	≥0.4	≥0.6	≥0.6	≥0.6
氯化钠/%	0.5～1.0	0.5～1.0	0.5～1.0	0.5～1.0	0.5～1.0	1.0～1.5

表 2-21　奶牛用精饲料维生素与微量元素营养成分参考设计水平

指　标	犊牛前期精饲料	犊牛后期精饲料	生长后备牛前期精饲料	生长后备牛后期精饲料	干乳牛精饲料	泌乳牛精饲料
维生素 A/（IU/kg）	≥9 000	≥4 000	≥16 000	≥12 000	≥26 770	≥7 500
维生素 D_3/（IU/kg）	≥600	≥600	≥6 000	≥4 500	≥7 300	≥2 100
维生素 E/（IU/kg）	≥50	≥25	≥160	≥120	≥389	≥54.5
铜/（mg/kg）	10～18	9.3～18	44.7～88.0	28.7～56.0	1.1～2.2	0.4～0.8
铁/（mg/kg）	100～187	37.5～187	167.9～839	8.9～45	0～1.6	0～1
锌/（mg/kg）	40～107	35.7～107	147.2～441	50.9～152	0～2.2	2.8～8.4
锰/（mg/kg）	40～397	39.7～397	112.7～1127	51.6～516	0～6.5	0～1.5
碘/（mg/kg）	0.2～0.5	0.2～0.4	1.4～2.2	1.1～1.6	1.9～2.3	1.2～1.5
硒/（mg/kg）	0.3～0.4	0.3～0.4	1.6～2.0	1.1～1.4	1.2～1.5	0.6～0.8
钴（mg/kg）	0.1～0.9	0.1～0.9	0.6～5.4	0.4～3.6	0.5～4.5	0.2～1.8

3. 奶牛饲料原料的选用

（1）常规原料的选用。奶牛常规饲料原料选用要考虑种类数量、单个品种用量、总量限制及质量要求四个方面。奶牛精饲料应由 4 种以上能量和蛋白质饲料原料组成。玉米等谷物在精饲料中应限量使用，因为这些原料可使乳脂松软，松软的乳脂将会迅速酸败。黄豆类原料也不宜大量使用，因为它的脂肪含量高，较高的脂肪含量将会降低乳中蛋白质的含量。米糠脂肪含量高，夏季容易酸败，而且易染黄曲霉，故不宜长期储存。花生粕粗蛋白含量高于豆粕，但氨基酸极不平衡，且易污染黄曲霉毒素。菜籽粕适口性差，犊牛和孕牛不宜饲喂。主要原料的最大用量：玉米、小麦、大麦等籽实 60%，大豆饼 25%，葵花籽饼 10%，油菜籽饼 8%（含有促甲状腺肿素），花生饼 15%，棉籽饼 15%，玉米副产品 40%，小麦副产品 25%，米糠 15%，大麦胚芽 10%，椰子产品 30%，干酒糟 25%。为提高适口性，在配合精料时可选用甜菜渣、糖蜜等饲料原料，为防止腹泻，成年母牛最大量为 15%，犊牛最大量为 5%。

（2）奶牛饲料添加剂的选用。饲料添加剂是现代饲料工业中广泛使用的原料，对于配合饲料的饲养效果有着重要作用。营养性饲料添加剂和一般饲料添加剂及药物选用应符合农业部《饲料添加剂使用规范》和《饲料药物添加剂使用规范》。奶牛常用添加剂的选用可参照表 2-22 确定。

表 2-22　奶牛常用添加剂适用阶段及建议添加量

添加剂名称	建议添加量/[g/（d·头）]	适用阶段	添加剂名称	建议添加量/[g/（d·头）]	适用阶段
阴离子盐	200	产前 3 周到产犊	蛋氨酸羟基类似物	30	产乳牛
膨润土	300～500	产乳牛	烟酸	6～12	产前 2 周到产后 16 周
小苏打	110～225	产乳牛	酵母培养物	10～120	产前 2 周到产后 8 周
氧化镁	50～90	产乳牛	活菌制剂	10～50	产乳牛
异构酸	50～80	产乳牛	蛋氨酸锌	5	产乳牛
赖氨酸铬	0.009～0.012	热应激期乳牛	生化黄腐酸	10～20	产乳牛、乳房炎患牛
胆碱	30	产乳牛	丙二醇	250～500	围产期
生物素	0.01～0.02	产乳牛、青年怀孕牛	双乙酸钠	100～150	产后低乳脂率奶牛
莫能霉素	0.05～0.20	育成牛、青年牛	脂肪酸钙	300～400	能量负平衡期

4. 奶牛饲料配方的运算及饲料配方实例与说明

（1）精料补充料配方的运算。精料补充料由能量饲料、蛋白质饲料、常量矿物质饲料、微量元素和维生素添加剂、瘤胃调控添加剂等组成，在充分考虑粗饲料品质状况和产品定位的基础上，利用计算机以及专门用于设计饲料配方的软件或利用 Microsoft Excel 2003 的“规划求解”功能，在可选的饲料原料范围内，设计出效果佳、成本低的精饲料配方。

精料补充料也可根据表 2-23 中的经验数据直接列出粗略原料配比，利用手工进行计算，与设计标准比较，不断调整配比，直至符合标准。

表 2-23　奶牛精料配方结构

类　别	原　料	用量/%
谷物饲料	玉米、小麦、稻米等	40～55
糠麸类饲料	麸皮、大豆皮、米糠等	10～20
蛋白质饲料	豆粕	8～20
	棉籽粕、菜籽粕、花生粕等杂粕	5～15
营养加强剂	过瘤胃脂肪、酵母培养物、过瘤胃氨基酸、异位酸等	0～5
常量元素	钙、磷、氯、钠、镁、钾、硫	2～4
微量元素	钴、碘、铜、锰、锌、硒、铬等	0.1～0.5
维生素添加剂	维生素 A、维生素 D、维生素 E、烟酸等	0.1～0.5
瘤胃调控剂	碳酸氢钠、氧化镁、瘤胃素、阴离子盐、活菌制剂等	1.0～2.0
品质改善剂	酶制剂、脱霉剂、抗氧化剂、诱食剂等	0～1.5

（2）奶牛浓缩饲料配方的运算。奶牛浓缩饲料通常为精料补充料中除去能量饲料原料的剩余部分，主要由蛋白质饲料原料和添加剂预混合饲料组成，一般蛋白质饲料原料占 70%～90%，添加剂预混合饲料占 10%～30%。浓缩饲料一般占混合精料的 30%～50%，为方便使用，最好使用整数如 40%、45%。计算时可在精料补充料的百分组成中，去掉能量饲料，然后将剩余各组分换算成百分比组成。如将能量饲料占 55%的精料补充料配方，换算成 45%浓缩饲料配方时，计算方法如表 2-24。

表 2-24　45%浓缩饲料配方换算表

原　料	混合精料/%	浓缩饲料/%	原　料	混合精料/%	浓缩饲料/%
能量饲料	55		预混料	5	5/(1－55%) =11.1
豆粕	23	23/(1－55%)=51.1	合计	100	100
棉籽柏	17	17/(1－55%)=37.8			

应用于乳牛各饲养阶段的饲料配方实例见表 2-25 和表 2-26。

表 2-25 中的配方 1、配方 2 和配方 3 适用于 7～40 日龄犊牛，配方 4、配方 5、配方 6 适用于 40～90 日龄犊牛。配方 1 含有乳清粉、糖蜜原料，易消化，适口性好；配方 2 和配方 4 添加了酵母培养物，能够刺激犊牛瘤胃纤维素菌和乳酸菌的繁殖，改善瘤胃微生态环境；配方 3、配方 4、配方 5、配方 6 含有优质苜蓿草粉，能够刺激瘤胃发育。

表 2-26 同时列举了适用于 3～6 月龄、7～17 月龄和 18 月龄至初产乳牛的犊牛后期和生长后备牛的日粮与精料配方，其中精料配方以日粮配方为基础经过换算得出。离开日粮配方的精料配方意义不大，因为没有粗饲料营养成分的计算，不能全面反映满足奶牛营养需要的程度。饲料配方中基本不使用功能性添加剂，主要强调能量、蛋白、矿物质和维生素 A、维生素 D、维生素 E 的平衡。配方 2、配方 3 中大量使用杂粕，以降低饲料成本，但配方 1 中仍然限量使用杂粕。7～18 月龄和 18 月龄至初产乳牛阶段由于精料使用量较少，为了保证日粮中矿物质和维生素水平，提高了精料中预混料的比例。育成牛饲料中不添加碳酸氢钠等缓冲剂，特别是青年牛怀孕后期，还应降低食盐的用量，以免发生乳房水肿。

表 2-25 犊牛饲料配方及营养水平

原　料	配方 1	配方 2	配方 3	配方 4	配方 5	配方 6
玉米/%	50.0	40.0	26.0	35.0	25.4	46.0
大麦/%	0.0	15.0	10.0	0.0	0.0	0.0
燕麦/%	0.0	0.0	20.0	20.0	16.0	0.0
大豆皮/%	0.0	0.0	10.0	0.0	0.0	4.0
麸皮/%	10.0	8.0	0.0	10.0	8.0	7.0
玉米蛋白粉/%	0.0	0.0	0.0	2.5	0.0	5.0
豆粕/%	25.0	23.5	13.0	20.0	20.0	11.0
花生粕/%	0.0	0.0	8.0	0.0	0.0	0.0
脂肪粉/%	0.0	0.0	0.0	2.0	0.0	0.0
酵母培养物/%	0.0	1.0	0.0	1.0	0.0	0.0
磷酸氢钙/%	1.0	1.5	1.0	1.5	1.0	1.0
石粉/%	0.5	0.5	0.5	0.5	0.0	0.0
食盐/%	1.5	1.5	1.5	1.5	0.6	1.0
乳清粉/%	5.0	0.0	0.0	0.0	0.0	0.0
糖蜜/%	6.0	8.0	4.0	0.0	4.0	4.0
苜蓿草粉/%	0.0	0.0	5.0	5.0	24.0	20.0
预混料/%	1.0	1.0	1.0	1.0	1.0	1.0
合计/%	100.0	100.0	100.0	100.0	100.0	100.0
指　标	营养含量					
干物质/%	86.45	85.05	87.68	88.01	87.04	86.77
产乳净能/（MJ/kg）	7.59	6.53	7.28	7.72	7.31	7.28
粗蛋白/%	19.96	19.31	18.96	19.52	19.84	18.20
粗脂肪/%	3.38	2.24	3.62	4.71	2.83	3.84
粗纤维/%	3.51	4.04	8.81	6.23	11.77	9.93
中性洗涤纤维/%	12.83	15.28	17.51	19.52	24.54	18.32
粗灰分/%	7.21	7.21	7.53	7.72	7.53	6.68
钙/%	0.85	1.00	0.86	0.94	0.95	0.82
磷/%	0.58	0.64	0.52	0.65	0.55	0.51

注：每千克预混料含钙 220 g，铁 2 200 mg，铜 890 mg，锰 5 500 mg，锌 6 700 mg，硒 33 mg，钴 22 mg，碘 55 mg，维生素 A 560 kIU，维生素 D 110 kIU，维生素 E 9 000 IU。

表 2-26　犊牛后期和生长后备牛饲料配方及营养水平

适用阶段	3～6 月龄		7～17 月龄		18 月龄至初产	
原　料	日粮配方 1	精料配方 1	日粮配方 2	精料配方 2	日粮配方 3	精料 3
玉米/%	26.22	69.0	15.21	58.5	8.48	53.0
大豆皮/%	0.00	0.00	1.30	5.0	0.00	0.0
麸皮/%	4.18	11.0	2.86	11.0	1.60	10.0
棉籽粕/%	0.00	0.0	0.00	0.0	1.28	8.0
豆粕/%	4.18	11.0	1.30	5.0	0.00	0.0
亚麻粕/%	2.28	6.0	1.82	7.0	0.64	4.0
花生粕/%	0.00	0.0	1.30	5.0	0.64	4.0
玉米 DDGS/%	0.00	0.0	1.30	5.0	1.28	8.0
干酒糟/%	0.00	0.0	0.00	0.0	1.28	8.0
磷酸氢钙/%	0.46	1.2	0.39	1.5	0.32	2.0
食盐/%	0.30	0.8	0.13	0.5	0.16	1.0
预混料/%	0.38	1.0	0.39	1.5	0.32	2.0
苜蓿草粉/%	6.00	0.0	3.00	0.0	5.00	0.0
玉米青贮/%	50.00	0.0	55.00	0.0	57.00	0.0
羊草/%	3.00	0.0	6.00	0.0	12.00	0.0
花生藤/%	3.00	0.0	10.00	0.0	10.00	0.0
合计/%	100.00	100.0	100.00	100.0	100.00	100.0
精粗比	61：39		44：56		28：72	
指　标	营养含量（以干物质计）					
干物质/%	54.31	86.56	51.70	86.68	50.80	87.39
产乳净能/（MJ/kg）	6.93	7.66	6.50	7.53	6.15	7.50
粗蛋白/%	14.69	16.01	14.00	16.93	13.41	18.98
过瘤胃蛋白/%	5.72	6.57	5.48	7.12	5.27	8.47
粗脂肪/%	3.84	3.99	4.08	5.18	4.09	6.30
粗纤维/%	10.10	3.38	14.68	4.86	18.53	3.79
中性洗涤纤维/%	30.83	14.99	38.57	15.96	46.91	20.61
酸性洗涤纤维/%	16.47	5.24	21.38	5.68	26.96	8.32
钙/%	0.81	0.53	1.11	0.66	1.23	0.88
总磷/%	0.43	0.61	0.37	0.70	0.31	0.80
镁/%	0.30	0.34	0.23	0.30	0.22	0.33
钾/%	0.81	0.67	0.64	0.55	0.67	0.55
钠/%	0.15	0.18	0.11	0.17	0.11	0.18
氯/%	0.31	0.08	0.32	0.06	0.43	0.11

注：每千克预混料含钙 110 g，铁 110 mg，铜 1 600 mg，锰 1 100 mg，锌 4 500 mg，硒 50 mg，钴 28 mg，碘 56 mg，维生素 A 890 kIU，维生素 D_3 330 kIU，维生素 E 6 700 IU。

表 2-27 同时列出了适用于泌乳前期奶牛的日粮与精料配方。配方 1 和配方 2 以优质牧草为主，也含有部分秸秆，适用于新产阶段（产犊当天到产后 2～3 周）和泌乳早期（产后 15～70 d）。配方 2 与配方 1 相比，含有脂肪粉、糖蜜、酵母培养物，有利于由干乳牛日粮到高能量日粮转换，稳定瘤胃内环境，防止进食量的下降，提高产乳量；配方 3 精料能量、蛋白质水平稍低，含有氯化钾、脂肪粉、酵母培养物，具有抗热应激作用，适用于夏季泌乳前期的奶牛。

表 2-27 泌乳前期饲料配及营养水平

原　料	日粮配方 1	精料配方 1	日粮配方 2	精料配方 2	日粮配方 3	精料配方 3
玉米/%	15.36	48.0	13.6	40.0	15.10	47.2
大豆皮/%	1.92	6.0	0.00	0.0	0.00	0.0
麸皮/%	0.00	0.0	2.72	8.0	0.00	0.0
膨化黄豆/%	0.00	0.0	0.00	0.0	1.28	4.0
玉米蛋白粉/%	1.28	4.0	0.00	0.0	0.00	0.0
棉籽粕/%	4.16	13.0	5.10	15.0	4.16	13.0
豆粕/%	4.16	13.0	3.40	10.0	2.56	8.0
亚麻粕/%	0.00	0.0	0.00	0.0	3.20	10.0
花生粕/%	0.00	0.0	1.70	5.0	1.60	5.0
玉米 DDGS/%	1.92	6.0	0.00	0.0	0.00	0.0
干酒糟/%	0.00	0.0	2.72	8.0	0.00	0.0
棉籽/%	1.60	5.0	0.00	0.0	1.28	4.0
脂肪粉/%	0.00	0.0	1.02	3.0	0.64	2.0
酵母培养物/%	0.00	0.0	0.34	1.0	0.32	1.0
磷酸氢钙/%	0.58	1.8	0.68	2.0	0.64	2.0
石粉/%	0.06	0.2	0.00	0.0	0.00	0.0
食盐/%	0.32	1.0	0.34	1.0	0.32	1.0
氯化钾/%	0.00	0.0	0.00	0.0	0.19	0.6
糖蜜/%	0.00	0.0	1.70	5.0	0.00	0.0
预混料/%	0.32	1.0	0.34	1.0	0.38	1.2
小苏打/%	0.22	0.7	0.24	0.7	0.22	0.7
氯化镁/%	0.10	0.3	0.10	0.3	0.10	0.3
苜蓿草粉/%	6.00	0.0	8.00	0.0	12.00	0.0
玉米青贮/%	54.00	0.0	53.00	0.0	50.00	0.0
羊草/%	0.00	0.0	0.00	0.0	6.00	0.0
花生藤/%	8.00	0.0	5.00	0.0	0.00	0.0
合计/%	100.00	100.0	100.00	100.0	100.00	100.0
精粗比	54：46		56：44		55：45	
指　标	营养含量（以干物质计）					
干物质/%	51.99	87.36	52.56	86.82	54.66	87.31
产乳净能/（MJ/kg）	6.81	7.5	7.06	7.97	6.84	7.78
粗蛋白质/%	18.77	23.59	18.64	22.65	17.92	22.77
过瘤胃蛋白/%	7.76	10.51	7.25	9.31	7.09	9.71
粗脂肪/%	4.18	4.96	5.70	7.46	5.26	6.77
粗纤维/%	12.0	5.74	11.0	4.66	13.33	4.97
中性洗涤纤维/%	33.59	16.74	33.69	18.69	35.39	17.04
酸性洗涤纤维/%	19.18	7.63	19.45	8.99	21.34	9.20
钙/%	1.13	0.76	1.08	0.81	0.93	0.75
总磷/%	0.44	0.70	0.51	0.78	0.49	0.79
镁/%	0.36	0.52	0.65	0.99	0.55	0.82
钾/%	1.43	0.81	0.99	0.92	1.18	1.17
钠/%	0.06	0.17	0.13	0.27	0.10	0.19
氯/%	0.48	0.11	0.32	0.10	0.57	0.42

注：每千克预混料含铜 3 000 mg，锰 3 000 mg，锌 14 000 mg，硒 150 mg，钴 40 mg，碘 180 mg，维生素 A 1 000 kIU，维生素 $D_3$200 kIU，维生素 E 1 250 IU。

表 2-28 同时列出了适用于泌乳中期奶牛（产后 70～200 d）的日粮与精料配方。配方 1 和配方 2 均使用了棉籽，没有使用脂肪粉，以期降低成本。配方 3 精料使用了脂肪粉和氯化钾等原料，具有抗热应激作用，适用于夏季泌乳中期高产乳牛。

表 2-28　泌乳中期饲料配方及营养成分阶段

原　料	日粮配方 1	精料配方 1	日粮配方 2	精料配方 2	日粮配方 3	精料配方 3
玉米/%	14.00	50.0	12.04	43.0	15.60	52.0
大豆皮/%	1.40	5.0	2.52	9.0	0.00	0.0
麸皮/%	0.00	0.0	0.00	0.0	3.00	10.0
棉籽粕/%	0.00	0.0	2.52	9.0	2.70	9.0
豆粕/%	2.52	9.0	1.68	6.0	3.60	12.0
花生粕/%	1.40	5.0	1.00	0.0	0.00	0.0
菜籽粕/%	0.00	0.0	1.40	5.0	2.10	7.0
葵花籽柏/%	2.80	10.0	0.00	0.0	0.00	0.0
玉米 DDGS/%	2.24	8.0	3.08	11.0	0.00	0.0
干酒糟/%	1.12	4.0	2.24	8.0	0.00	0.0
棉籽/%	0.84	3.0	0.84	3.0	0.90	3.0
脂肪粉/%	0.00	0.0	0.00	0.0	0.30	1.0
磷酸氢钙/%	0.00	0.0	0.00	0.0	0.60	2.0
食盐/%	0.28	1.0	0.28	1.0	0.33	1.1
氯化钾/%	0.00	0.0	0.00	0.0	0.18	0.6
预混料 A/%	1.40	5.0	1.40	5.0	0.00	0.0
预混料 B/%	0.00	0.0	0.00	0.0	0.30	1.0
小苏打/%	0.00	0.0	0.00	0.0	0.30	1.0
氯化镁/%	0.00	0.0	0.00	0.0	0.09	0.3
苜蓿草粉/%	0.00	0.0	8.00	0.0	6.00	0.0
玉米青贮/%	56.00	0.0	57.00	0.0	56.00	0.0
羊草/%	8.00	0.0	0.00	0.0	8.00	0.0
花生藤/%	8.00	0.0	0.00	0.0	0.00	0.0
黄玉米秸秆/%	0.00	0.0	7.00	0.0	0.00	0.0
合计/%	100.00	100.0	100.00	100.0	100.00	100.0
精粗比	48：52		49：51		51：49	
指　标	营养含量（以干物质计）					
干物质/%	51.26	87.81	50.01	87.81	50.64	86.75
产乳净能/（MJ/kg）	8.58	9.71	7.95	9.99	8.95	10.13
粗蛋白/%	15.49	20.38	17.05	22.27	16.20	20.41
过瘤胃蛋白/%	6.17	8.47	6.93	9.83	6.26	8.23
粗脂肪/%	4.62	5.99	4.80	6.48	4.55	5.22
粗纤维/%	14.09	6.30	17.79	6.09	12.30	4.89
中性洗涤纤维/%	37.84	15.65	40.79	19.21	37.69	18.68
酸性洗涤纤维/%	20.35	5.26	23.70	8.43	21.13	8.10
钙/%	1.15	0.98	0.93	1.04	0.86	0.75
总磷/%	0.41	0.73	0.44	0.74	0.49	0.80
镁/%	0.24	0.31	0.24	0.26	0.47	0.68
钾/%	0.61	0.58	0.78	0.56	1.05	1.06
钠/%	0.07	0.08	0.06	0.06	0.15	0.34
氯/%	0.35	0.12	0.34	0.11	0.58	0.43

注：① 每千克预混料 A 含钙 162 g，磷 68 g，铁 600 mg，铜 600 mg，锰 600 mg，锌 2 800 mg，硒 20 mg，钴 8 mg，碘 36 mg，维生素 A 200 kIU，维生素 D_3 50 kIU，维生素 E 500IU。

② 每千克预混料 B 含铜 3 000 mg，锰 3 000 mg，锌 14 000 mg，硒 150 mg，钴 40 mg，碘 180 mg，维生素 A 1000 kIU，维生素 D_3 200 kIU，维生素 E 1 250 IU。

表 2-29 同时列出了几种适用于泌乳后期奶牛（产后 200 ~ 305 d）的日粮与精料配方。日粮配方中使用秸秆，精料配方以杂粕为主，营养水平为中低档。

表 2-29　泌乳后期饲料配方及营养

原　料	日粮配方 1	精料配方 1	日粮配方 2	精料配方 2	日粮配方 3	精料配方 3
玉米/%	18.00	60.00	13.44	48.00	8.58	33.00
大麦/%	0.00	0.00	0.00	0.00	4.03	15.50
大豆皮/%	0.00	0.00	2.80	10.00	0.00	0.00
麸皮/%	3.90	13.00	0.00	0.00	4.68	18.00
膨化黄豆/%	0.00	0.00	0.00	0.00	1.04	4.00
玉米蛋白粉/%	0.00	0.00	0.84	3.00	0.00	0.00
棉籽粕/%	1.80	6.00	1.68	6.00	0.00	0.00
豆粕/%	0.90	3.00	0.00	0.00	1.30	5.00
亚麻粕/%	1.50	5.00	0.00	0.00	0.00	0.00
花生粕/%	0.00	0.00	1.40	5.00	0.00	0.00
葵花籽粕/%	0.00	0.00	1.12	4.00	1.82	7.00
玉米 DDGS/%	1.20	4.00	0.00	0.00	2.60	10.00
干酒糟/%	0.00	0.00	2.24	8.00	0.00	0.00
苹果粕/%	0.00	0.00	1.12	4.00	0.00	0.00
脂肪粉/%	0.90	3.00	0.00	0.00	0.00	0.00
食盐/%	0.30	1.00	0.28	1.00	0.26	1.00
糖蜜/%	0.00	0.00	1.40	5.00	0.00	0.00
预混料/%	1.50	5.00	1.68	6.00	1.69	6.50
苜蓿草粉/%	5.00	0.00	0.00	0.00	5.00	0.00
玉米青贮/%	50.00	0.00	52.00	0.00	55.00	0.00
羊草/%	0.00	0.00	9.00	0.00	8.00	0.00
花生藤/%	8.00	0.00	11.00	0.00	6.00	0.00
黄玉米秸秆/%	7.00	0.00	0.00	0.00	0.00	0.00
合计/%	100.00	100.00	100.00	100.00	100.00	100.00
精粗比	48：52		45：55		44：56	
指　标	营养含量（以干物质计）					
干物质/%	54.75	87.13	53.97	87.40	51.82	87.73
产乳净能/（MJ/kg）	6.12	7.88	6.23	7.06	6.37	7.19
粗蛋白/%	13.28	15.12	14.53	18.86	14.31	17.66
过瘤胃蛋白/%	5.24	6.54	5.97	8.32	5.48	7.16
粗脂肪/%	4.72	6.90	4.15	5.33	4.33	5.47
粗纤维/%	17.92	3.73	15.84	7.10	14.95	5.73
中性洗涤纤维/%	39.90	17.45	38.09	14.44	41.51	22.18
酸性洗涤纤维/%	22.44	6.33	21.60	6.73	21.71	5.97
钙/%	1.10	0.97	1.33	1.20	1.27	1.26
总磷/%	0.41	0.74	0.39	0.74	0.48	0.92
镁/%	0.45	0.78	0.21	0.29	0.26	0.33
钾/%	0.63	0.59	0.94	0.59	0.76	0.68
钠/%	0.13	0.21	0.07	0.08	0.17	0.29
氯/%	0.26	0.10	0.43	0.11	0.39	0.12

注：每千克预混料含钙 162 g，磷 68 g，铁 600 mg，铜 600 mg，锰 600 mg，锌 2 800 mg，硒 20 mg，钴 8 mg，碘 36 mg，维生素 A 200 kIU，维生素 D_3 50 kIU，维生素 E 500 IU。

表 2-30 同时列出了适用干乳期的日粮与精料配方。其中，配方 1 适用于干乳前期（干乳到产前 21 d），配方 2 适用于干乳后期（产前 21 d 到产犊当天），配方 3 适用于夏季干乳后期。这三个配方的阴阳离子差均为负值，有利于减少产后低血钙症的发生。

表 2-30 干乳牛饲料配方及营养含量

原料	日粮配方 1	精料配方 1	日粮配方 2	精料配方 2	日粮配方 3	精料配方 3
玉米/%	14.16	59.00	15.12	54.00	14.50	50.00
麸皮/%	2.64	11.00	0.00	0.00	0.00	0.00
棉籽粕/%	1.20	5.00	2.52	9.00	2.61	9.00
豆粕/%	0.72	3.00	1.68	6.00	2.32	8.00
玉米 DDGS/%	2.40	10.00	2.80	10.00	2.90	10.00
干酒糟/%	1.44	6.00	3.08	11.00	3.19	11.00
棉籽/%	0.00	0.00	1.12	4.00	1.45	5.00
磷酸氢钙/%	0.48	2.00	0.56	2.00	0.58	2.00
食盐/%	0.24	1.00	0.28	1.00	0.29	1.00
氯化钾/%	0.00	0.00	0.00	0.00	0.20	0.70
预混料 A/%	0.72	3.00	0.00	0.00	0.00	0.00
预混料 B/%	0.00	0.00	0.84	3.00	0.87	3.00
氧化镁/%	0.00	0.00	0.00	0.00	0.09	0.30
玉米青贮/%	55.00	0.00	55.00	0.00	55.00	0.00
羊草/%	11.00	0.00	10.00	0.00	10.00	0.00
黄玉米秸秆/%	10.00	0.00	7.00	0.00	6.00	0.00
合计/%	100.00	100.00	100.00	100.00	100.00	100.00
精粗比	40：60		46：54		49：51	
指标	营养含量（以干物质计）					
DM/%	51.89	87.24	51.80	87.41	51.82	87.57
产乳净能/（MJ/kg）	5.46	7.50	5.96	7.63	6.06	7.56
粗蛋白/%	12.09	16.53	14.67	20.55	15.33	21.39
过瘤胃蛋白/%	5.10	7.55	6.31	9.38	6.55	9.62
粗脂肪/%	4.22	5.92	4.93	6.80	5.05	6.83
粗纤维/%	21.35	3.16	17.49	3.32	16.44	3.52
中性洗涤纤维/%	48.86	19.42	44.86	19.87	43.79	20.02
酸性洗涤纤维/%	27.23	6.74	25.15	8.58	24.49	8.82
钙/%	0.59	0.64	0.64	0.68	0.67	0.72
总磷/%	0.36	0.75	0.40	0.73	0.41	0.73
镁/%	0.23	0.33	0.25	0.32	0.34	0.51
钾/%	0.57	0.54	0.64	0.63	0.87	1.07
钠/%	0.12	0.19	0.07	0.06	0.07	0.07
氯/%	0.67	0.87	0.73	0.88	0.93	1.26

注：① 每千克预混料 A 含氯 248 g，硫 83 g，铁 1 000 mg，铜 1 000 mg，锰 1 150 mg，锌 1 500 mg，硒 25 mg，钴 15 mg，碘 30 mg，维生素 A 500 kIU，维生素 D_3 125 kIU，维生素 E 6 000 IU，阴阳离子差 3 400 mol。

② 每千克预混料 B 含氯 248 g，硫 83 g，铁 1 000 mg，铜 1000 mg，锰 1 150 mg，锌 1 500 mg，硒 25 mg，钴 15 mg，碘 30 mg，维生素 A 500 kIU，维生素 D_3 125 kIU，维生素 E 6 000 IU，阴阳离子差 8 500 mol。

5. 奶牛饲料产品的效果评价

（1）日粮检测。日粮检测可以通过化验室分析日粮的常规营养成分，并与饲养标准进行对比，找出差距加以调整。此外，对日粮的以下指标也要检测。

① 奶牛干物质采食量（DMI）。影响 DMI 的主要因素是日粮的适口性、含水量和原料的质量。奶牛能否高产除了本身的遗传因素外，饲料采食量起着决定作用。采食量高，从饲料中获得的营养物质就多，产乳量就高。正常情况下，成年奶牛 DMI 占体重的 3%～3.5%，干乳期奶牛为 2%。高产奶牛的 DMI 一般要比普通牛高 40%以上。此项检测的具体做法是：用一些估测奶牛的干物质采食量的公式（如 NRC）对奶牛 DMI 进行估算，如果实际值远低于估测值说明奶牛采食量偏低，尚有增加潜力；相反，如果实际值远高于估测值，则表明奶牛饲料利用率偏低，可通过调整精料配方、精料质量或精料比来加以改进。

② 非结构碳水化合物与中性洗涤纤维比值（NSC/NDF）。奶牛日粮中 NSC/NDF 值过高或过低，均会影响奶牛的生产性能和健康。可参照表 2-31 进行判断。

表 2-31 奶牛日粮适宜的 NSC/NDF

项 目	泌乳初期	泌乳中期	泌乳后期	项 目	泌乳初期	泌乳中期	泌乳后期
粗料中 NDF/%	21～24	25～26	27～28	NSC 总量/%	32～38	32～38	32～38
NDF 总量/%	28～32	33～35	36～38	NSC/NDF	1.14～1.19	0.79～1.09	0.89～1.00

注：含量均以 DM 计。

③ 粗饲料综合值（RVI）。RVI 主要用来评定奶牛日粮的物理特性是否适宜，以每千克日粮干物质所需要的咀嚼时间表示，单位是 min/kg，与日粮纤维含量、组成结构以及粗料长度有关。据报道，生产 3.5% 乳脂率的奶牛需要的最低 RVI 为 31 min/kg，达到最高乳脂产量的 RVI 则需要 49.3 min/kg。

④ 日粮中各类蛋白质比和蛋白能量比。奶牛日粮中各类蛋白质比例是否适宜，不仅影响奶牛的蛋白质营养状况，还会影响产乳量。考虑日粮降解蛋白的适宜水平时，必须同时考虑与 NSC 的匹配关系。最简单的办法就是按每 3.0～3.2 个单位的 NSC 需要 1 个单位的降解蛋白来估算即可（见表 2-32）。

表 2-32 奶牛日粮中各类蛋白适宜比例

项 目	泌乳初期	泌乳中期	泌乳后期	项 目	泌乳初期	泌乳中期	泌乳后期
日粮 CP/%	17～18	16～17	15～16	降解蛋白（RDP）/%	62～55	62～66	62～66
可溶性蛋白(SP)/%	30～34	32～36	32～38	非降解蛋白质(UDP)/%	34～38	34～38	34～38

注：日粮 CP 项以 DM 计，其余项以 CP 计。

（2）粪便评定。通过观察粪便来评判奶牛的健康状况、发现营养问题是既简单又行之有效的手段。可参考表 2-33 进行分析判断。

表 2-33　粪便状态与可能因素

粪便状态	营养因素和其他可能因素
奶油堆状，堆高 3.8 cm 左右，3～6 个环，中间有小窝，黄褐色	正常，日粮营养平衡
灰色水样粪便，流动	粗蛋白过量或淀粉纤维不足、矿物质添加剂用量过高、饲料霉变、热应激、瘤胃酸中毒
粪便中较多黏液，表面有光泽、含有气泡	精料比例大，缺乏有效纤维。慢性炎症或肠道受损
黏蛋白管型物在其中	过低的 pH 值所引起，大肠有损伤，过度的后肠发酵
粪便中含有大量未消化的谷物	缺乏有效纤维、可降解蛋白或一些特殊的可溶解蛋白，影响瘤胃微生物的功能；某些未熟化、粉碎的谷物在瘤胃消化较慢；含太多的瘤胃慢速降解淀粉
流动，落地后堆高小于 2.54 cm，能看到环状	奶牛采食大量青草
粪便为糊状	左侧真胃移位
黑色和带血样	霉菌污染痢疾和球虫病引起的肠道出血
浅黄色和浅绿色	沙门菌引起的细菌感染
粪便干，表面有白色	有未消化的淀粉存在，淀粉越多，白色越明显
厚，堆高大于 3.8 cm，中间无内陷	粗蛋白或淀粉含量不够，日粮中粗纤维含量太高，干乳牛或青年牛
干硬，堆高 5～10 cm 或更高	高饲草日粮，饮水缺乏

（3）生产性能评定。营养水平与生产性能密切相关。生产性能包括生长速度、泌乳性能、繁殖性能等。在没有外因（疾病、逆境应激）的情况下，生产性能低于正常水平，一定是营养出了问题。在分析原因时，要结合各奶牛饲养阶段的生理因素和外在因素（饲喂方式、应激、水质等），然后做出合理调整。

（4）乳成分评定。乳脂率、乳蛋白率以及两者的比值可以反映奶牛日粮的合理性。产后 100 d 内乳蛋白率很低，可能是由于干乳牛日粮品质差，产犊时膘情差；泌乳早期日粮碳水化合物缺乏，粗蛋白含量低，可溶性蛋白或非蛋白氮含量高，瘤胃降解蛋白和过瘤胃蛋白比例不平衡，含有高水平的瘤胃活性脂肪。

（5）体况评分及健康状况评定。奶牛的体况评分就是对奶牛的膘情进行评定，它能反映该牛体内沉积脂肪的基本情况。通过了解群体和个体的体况评分，可以为调整日粮配方及饲喂量提供重要的依据。

奶牛代谢疾病多由营养失调、饲养不当造成。如精粗比例不合理引起瘤胃酸中毒；干乳期能量水平过高引起奶牛肥胖综合征；日粮矿物质问题（低血钙、日粮钙磷失衡、缺镁）导致产褥热；泌乳早期能量负平衡引起酮病、蹄叶炎、繁殖障碍等。

（6）尿素氮评定。一般尿素氮的正常范围为 12～18 mg/dL。

二、肉牛饲料产品设计

1. 肉牛饲料产品定位

（1）适用对象与产品种类。农区规模肉牛养殖品种主要是夏洛来、利木赞，或与本地牛杂交的改良牛、奶公牛和淘汰奶牛，以架子牛舍饲育肥为主，少数规模饲养场进行小白牛肉育肥或周岁出栏育肥。与此发展模式相适应，可以开发的肉牛饲料产品有：犊牛开食饲料（0～3月龄）、犊牛育肥饲料（3～12月龄出栏）、生长牛饲料（4月龄快速育肥前）、母牛饲料、架子牛育肥饲料（育肥前期饲料、育肥中期饲料和育肥后期饲料）等。

（2）产品形式。犊牛开食饲料用于犊牛哺乳期和断乳前后，促进犊牛由以乳或代乳品为主向完全采食植物性饲料过渡，以制成粉状精料补充料或颗粒配合饲料为宜，颗粒直径不应过大，一般为0.32 cm左右。

犊牛育肥饲料主要用于小白牛肉育肥或周岁出栏育肥，产品形式可以是精料补充料、浓缩饲料、预混合饲料或颗粒配合饲料。

生长牛饲料用于犊牛断乳后生长阶段或肉牛吊架子阶段（肉牛在强度育肥之前，限制精料给量，多喂粗料，俗称吊架子）。专业育肥牛场一般不进行吊架子饲养，生长牛以农户散养或放牧为主，精料补充料市场需求量小，以1%～5%的预混合饲料形式供应养殖集中区为宜。

母牛饲料与生长牛饲料情况基本相同。

架子牛育肥饲料在肉牛饲料中占主要地位，产品形式可以是精料补充料、浓缩饲料和预混料。

（3）品质要求。

① 犊牛开食饲料应诱食性好、易消化吸收和具一定的抗腹泻效果。正常饲养条件下，30 d断乳，精料采食达到1 kg，60 d体重达到75～85 kg，精料与体重比达到（3.0～1.0）：1。

② 犊牛肥育饲料能促进瘤胃迅速发育和骨骼快速生长，3～6月龄的平均日增体重达到500～800 g，3月龄体重达到150 kg，6月龄出栏体重达到170～200 kg；精料与体重比达到（3.0～1.0）：1。

③ 生长牛饲料中精料用量少，只有增加精料中矿物质含量，才能满足肉牛生长发育需要，不需要添加功能性添加剂。4月龄以后吊架子牛日增长不低于400 g，精料与体重比达到（3.0～1.0）：1；6月龄干物质采食量应达到4～4.5 kg/d，精料采食量2 kg/d。

④ 架子牛育肥饲料应使体重300～350 kg的青年架子牛（一般1～1.5岁，有些肉牛品种达到300 kg体重的年龄更早）饲养100～200 d，体重达500 kg以上，育肥前期、中期和后期的日增体重分别达到0.8～0.85 kg、0.9～0.95 kg和1～1.2 kg。注意：架子肉牛高强度快速育肥饲料要求日增体重1.2～1.5 kg，时间一般不超过100 d。如果对肉牛胴体体重要求更高，育肥强度必须降低，育肥期应延长到200 d左右，精料品质可以不变，可通过调整精粗比降低育肥强度。

2. 肉牛精饲料营养水平设计

根据中国肉牛饲养标准（NY/T 815-2004）和肉牛营养需要（NRC，1996），以及肉牛精料补充料质量标准（LS/T 3405—1992）、农业部（2008）1224号公告《饲料添加剂使用规范》，设计了肉牛精饲料营养成分含量（见表2-34和表2-35）。肉牛浓缩饲料和预混合饲料营养设计水平可参照精饲料按照相应比例折算。

表 2-34　肉牛用精饲料营养成分参考设计水平

指　标	犊牛开食精饲料	犊牛肥育饲料	生长牛饲料	架子牛肥育饲料
水份/%	≤12.5	≤12.5	≤12.5	≤12.5
综合净能/（MJ/kg）	≥7.7	≥7.7	≥8.1	≥8.5
粗蛋白/%	17～20	17～20	14～21	11～19
粗脂肪/%	≥2.5	≥2.5	≥2.5	≥2.5
粗灰分/%	≤10	≤9	≤7	≤9
粗纤维/%	≤6	≤6	≤8	≤9
钙/%	0.5～1.2	0.5～1.2	0.5～1.2	0.5～1.2
磷/%	0.4～0.6	0.4～0.6	0.4～0.6	0.3～0.6
镁/%	≥0.07	0.1～0.8	0.3～1.2	0.2～1.2
硫/%	≥0.29	0.2～0.4	0.2～0.4	0.2～0.4
赖氨酸/%	≥0.8	≥0.5	≥0.4	≥0.7
（蛋氨酸+胱氨酸）/%	≥0.6	≥0.5	≥0.4	≥0.6
氯化钠/%	0.3～1.0	0.3～1.0	0.3～1.0	0.3～1.0

表 2-35　肉牛用精饲料维生素与微量元素营养参考设计水平

指　标	犊牛开食精饲料	犊牛肥育精饲料	生长牛精饲料	架子牛育肥精饲料
维生素 A/（IU/kg）	≥9 000	≥9 000	≥7 000	≥10 000
维生素 D_3/（IU/kg）	≥600	≥600	≥3 000	≥3 000
维生素 E/（IU/kg）	≥50	≥25	≥20	≥20
铜/（mg/kg）	10～18	9.3～18	20～35	20～35
铁/（mg/kg）	100～187	37.5～187	100～200	10～45
锌/（mg/kg）	40～107	35.7～107	147.2～441	50.9～152
锰/（mg/kg）	20～200	20～200	40～200	40～200
碘/（mg/kg）	0.5～1.0	0.5～1.0	1.5～2.0	1.5～2.0
硒/（mg/kg）	0.3～0.4	0.2～0.5	0.3～0.6	0.2～0.4
钴（mg/kg）	0.1～0.9	0.1～0.9	0.2～0.6	0.2～0.6

应用表 2-34 时应注意三个问题：一是非蛋白氮提供总氮含量应低于饲料总氮量的 10%；二是添加液体蛋氨酸和羟氨酸钙时，蛋氨酸值可以降低；三是犊牛饲料中不应添加尿素等非蛋白氮饲料。

使用表 2-35 时应注意六个问题：一是犊牛肥育、生长牛、架子牛育肥和妊娠牛、泌乳牛精饲料中维生素和微量元素数据，假定每头每天供给量分别为 1 kg、2 kg、4.5 kg、3 kg、5 kg 精料而得出，如果与实际有出入，可按比例调整；二是犊牛开食饲料中维生素在表 2-35 基础上，需要另外补充维生素 B_1、维生素 B_2 和维生素 B_6（含量各≥6.5 mg/kg），以及维生素 B_{12}（≥0.07 mg/kg）、烟酸（≥10.0 mg/kg）、泛酸（≥13.0 mg/kg）、生物素（≥0.1 mg/kg）、胆碱（≥1000 mg/kg）；三是日粮中钼、硫和铁的含量过高会影响铜的吸收，从而增加铜的需要量；四是日粮中含有致甲状腺肿的物质会导致增加碘的需要量；五是大部分饲料含有足够的铁，可以满足成年牛的需要，当日粮中含有棉酚时，可导致增加铁的需要量；六是使用有机微量元素添加剂时，微量元素值可以相应降低。

3. 肉牛饲料原料的选用

（1）肉牛常规饲料选用。玉米、小麦与小麦麸是肉牛精料中常用的能量饲料原料，可占精饲料的 60% ~ 70%。玉米、小麦在日粮中含量应低于 40%。

豆粕、棉籽粕、亚麻粕、花生粕、葵花籽粕、菜籽粕和椰子粕等植物性蛋白质原料可占精饲料的 20% ~ 25%。豆粕含有丰富的蛋白质且品质好，价格相对较高，一般添加 5% ~ 10%；花生粕日喂量不宜超过 3 kg；由于瘤胃微生物的作用，对游离棉酚的耐受性较强，因此棉籽粕可作为肉牛育肥的主要蛋白质原料。与棉籽粕一样，菜籽粕也是肉牛良好的蛋白质原料。棉籽粕、菜籽粕在犊牛、青年牛育肥精料中可以添加 5% ~ 15%。

不能选用肉骨粉、骨粉、血粉、血浆粉、动物下脚料、动物脂肪、干血浆及其他血液制品、蹄粉、角粉、鸡杂碎粉、羽毛粉、油渣、鱼粉、骨胶等除乳制品外的动物源性原料。

（2）肉牛饲料添加剂。肉牛常见添加剂的选用可参照表 2-36 确定。另外，依据农业部第 168 号公告《饲料药物添加剂使用规范》规定，肉牛饲料药物添加剂只能选用莫能菌素钠（瘤胃素）、杆菌肽锌、黄霉素（富乐旺）和硫酸黏杆菌素（抗敌素）四种抗生素，并严格限制其用量，注明停药期。

表 2-36 肉牛常用功能性添加剂适用阶段及建议添加量

添加剂名称	建议添加量	适用阶段
膨润土	300 ~ 500 g/（头·d）或精料的 0.5% ~ 1%	犊牛、育肥牛
麦饭石	150 ~ 250 g/（头·d）	犊牛、育肥牛
稀土	6 ~ 10 g/（头·d）或精料的 0.1%	犊牛、育肥牛
小苏打	110 ~ 225 g/（头·d）或精料的 0.5% ~ 2%	育肥牛
氧化镁	50 ~ 90 g/（头·d）或精料的 0.3% ~ 1%	育肥牛
胆碱	10 ~ 15 g/（头·d）	育肥牛
脲酶抑制剂	100 g/（头·d）	育肥牛

4. 肉牛饲料配方的运算

可参照奶牛饲料配方进行运算。

5. 肉牛饲料配方案例与说明

应用于肉牛各养殖阶段的饲料配方实例见表 2-37 ~ 表 2-39。

表 2-37 中四个犊牛料配方适用于犊牛出生后 7 ~ 120 日龄。配方 1 和配方 2 不含草粉，粗纤维含量低，宜在犊牛出生后两周开始补饲粗饲料，以利于刺激瘤胃的生长和发育，促进其后产肉潜力的发挥；配方 3 和配方 4 含草粉，使用前期不需补饲粗饲料，1 月龄后自由采食粗饲料；配方 4 也可用于小白牛肉的生产。

表 2-37　犊牛开食料与肥育料配方及营养含量

原　料	配方 1	配方 2	配方 3	配方 4
玉米/%	43.50	40.00	39.50	40.00
大麦/%	0.00	15.00	0.00	10.00
大豆皮/%	0.00	6.00	0.00	0.00
麸皮/%	15.00	6.00	10.00	6.00
棉籽粕/%	0.00	8.00	0.00	8.00
豆粕/%	15.00	10.00	18.00	12.00
花生粕/%	8.00	5.00	0.00	0.00
葵花籽粕/%	0.00	5.00	0.00	0.00
玉米 DDGS/%	9.00	0.00	8.00	7.00
磷酸氢钙/%	1.50	0.00	1.50	0.00
石粉/%	1.00	0.00	0.00	0.00
食盐/%	1.00	1.00	1.00	1.00
糖蜜/%	5.00	0.00	6.00	0.00
预混料 A/%	0.00	4.00	0.00	4.00
预混料 B/%	1.00	0.00	1.00	0.00
苜蓿草粉/%	0.00	0.00	15.00	12.00
合计/%	100.00	100.00	100.00	100.00
指　标	营养含量（以干物质计）			
干物质/%	86.65	87.49	86.40	87.18
综合净能/（MJ/kg）	6.87	6.73	6.63	6.61
粗蛋白/%	19.70	18.83	18.43	18.31
过瘤胃蛋白/%	7.72	7.24	7.16	7.44
粗脂肪/%	5.89	3.87	4.52	4.25
粗纤维/%	4.10	6.77	8.00	7.23
中性洗涤纤维/%	17.58	17.81	20.66	22.75
酸性洗涤纤维/%	5.94	6.42	9.22	10.02
钙/%	1.08	1.26	0.81	1.38
总磷/%	0.68	0.72	0.64	0.69
镁/%	0.32	0.30	0.34	0.31
钾/%	0.88	0.66	1.16	0.86
钠/%	0.24	0.14	0.21	0.15
氯/%	0.10	0.11	0.19	0.18

注：① 每千克预混料 A 含钙 260 g，磷 80 g，铁 500 mg，铜 780 mg，锰 2 150 mg，锌 4 000 mg，硒 25 mg，钴 15 mg，碘 30 mg，维生素 A 260 kIU，维生素 D_3 75 kIU，维生素 E 2 800IU。

② 每千克预混料 B 含铁 800 mg，铜 2800 mg，锰 8 650 mg，锌 9 000 mg，硒 50 mg，钴 90 mg，碘 120 mg，维生素 A 1 100 kIU，维生素 D_3 320 kIU，维生素 E 8 000 IU。

表 2-38 中配方 1 适用于生长牛（肉牛吊架子阶段），配方 2 和配方 3 分别适用于妊娠期母牛和泌乳期母牛。配方 1 日粮以啤酒糟、玉米秆青贮、小麦秸为粗料，精料以棉籽粕、亚麻粕为主，并添加了尿素，综合净能 7.22 MJ/kg，CP 20.3%，成本适中；配方 2 日粮以豆腐渣、玉米秆青贮、黄玉米秸秆为粗料，精料以棉籽粕、葵花籽粕为主，综合净能 7.19 MJ/kg，CP 17.54%；配方 3 日粮以豆腐渣、玉米秆青贮、花生藤、黄玉米秸秆为粗料，精料以棉籽

粕为主，豆粕用量高于配方 1 和配方 2，综合净能 7.89 MJ/kg，CP 20.39%，虽然没有使用功能性添加剂，但原料选择优于配方 1 和配方 2。

表 2-38 生长牛、母牛饲料配方与营养含量

原料	配方 1（生长牛饲料）		配方 2（妊娠母牛饲料）		配方 3（泌乳母牛饲料）	
	日粮	精料	日粮	精料	日粮	精料
玉米/%	8.80	44.00	10.50	52.50	15.00	50.00
麸皮/%	2.00	10.00	1.80	9.00	2.70	9.00
棉籽粕/%	3.00	15.00	2.40	12.00	3.60	12.00
豆粕/%	1.00	5.00	1.00	5.00	2.70	9.00
亚麻粕/%	2.00	10.00	0.00	0.00	0.00	0.00
葵花籽粕/%	0.00	0.00	1.20	6.00	1.80	6.00
玉米 DDGS/%	1.80	9.00	1.80	9.00	2.70	9.00
磷酸氢钙/%	0.00	0.00	0.20	1.00	0.00	0.00
食盐/%	0.30	1.50	0.30	1.50	0.30	1.00
尿素/%	0.30	1.50	0.00	0.00	0.00	0.00
预混料/%	0.80	4.00	0.80	4.00	1.20	4.00
啤酒糟/%	20.00	0.00	0.00	0.00	0.00	0.00
豆腐渣/%	0.00	0.00	16.00	0.00	11.00	0.00
玉米秆青贮/%	46.00	0.00	46.00	0.00	45.00	0.00
小麦秸/%	14.00	0.00	0.00	0.00	0.00	0.00
花生藤/%	0.00	0.00	0.00	0.00	5.00	0.00
黄玉米秸秆/%	0.00	0.00	18.00	0.00	9.00	0.00
合计/%	100.00	100.00	100.00	100.00	100.00	100.00
精粗比	45∶55		41∶59		54∶46	
指标	营养含量（以干物质计）					
干物质/%	44.55	87.59	45.25	87.54	49.60	87.18
综合净能/（MJ/kg）	5.13	7.22	4.01	7.19	6.39	7.89
粗蛋白/%	12.70	20.30	9.92	17.54	13.62	20.39
过瘤胃蛋白/%	3.68	8.68	4.08	7.68	5.57	8.65
粗脂肪/%	1.90	4.40	2.09	4.57	3.17	5.45
粗纤维/%	11.78	4.90	34.20	5.20	23.16	4.19
中性洗涤纤维/%	38.42	21.42	39.34	24.94	41.52	19.73
酸性洗涤纤维/%	22.64	9.25	23.84	9.09	23.37	7.93
钙/%	0.47	0.82	0.47	1.03	0.73	0.80
总磷/%	0.32	0.68	0.33	0.81	0.34	0.61
镁/%	0.14	0.35	0.14	0.37	0.17	0.32
钾/%	0.31	1.65	0.26	0.68	0.36	0.69
钠/%	0.08	0.23	0.08	0.20	0.09	0.16
氯/%	0.05	0.95	0.06	0.15	0.05	0.10

注：每千克预混料含钙 150 g，磷 50 g，铁 500 mg，铜 600 mg，锰 1 000 mg，锌 2000 mg，硒 6 mg，钴 8 mg，碘 32 mg，维生素 A 200 kIU，维生素 D_3 25 kIU，维生素 E 500 IU。

表 2-39　育肥牛饲料配方及营养

原　料	配方 1（育肥前期饲料）		配方 2（育肥中期饲料）		配方 3（育肥后期饲料）	
	日粮	精料	日粮	精料	日粮	精料
玉米/%	15.95	55.00	19.20	60.00	25.90	70.00
大豆皮/%	1.74	6.00	0.00	0.00	0.00	0.00
麸皮/%	1.74	6.00	3.20	10.00	3.15	9.00
棉籽粕/%	2.32	8.00	2.56	8.00	1.05	7.00
豆粕/%	1.45	5.00	0.00	0.00	0.00	0.00
亚麻粕/%	0.00	0.00	2.56	8.00	0.00	0.00
花生粕/%	1.45	5.00	0.00	0.00	0.00	0.00
菜籽粕/%	0.00	0.00	0.00	0.00	1.05	3.00
葵花籽粕/%	1.45	5.00	1.60	5.00	0.00	0.00
玉米 DDGS/%	0.00	0.00	0.96	3.00	2.10	6.00
干酒糟/%	1.45	5.00	0.00	0.00	0.00	0.00
食盐/%	0.29	1.00	0.32	1.00	0.35	1.00
尿素/%	0.00	0.00	0.32	1.00	0.00	0.00
预混料/%	1.16	4.00	1.28	4.00	1.40	4.00
豆腐渣/%	0.00	0.00	0.00	0.00	6.00	0.00
玉米秆青贮/%	58.00	0.00	56.00	0.00	44.00	0.00
小麦秸/%	8.00	0.00	5.00	0.00	8.00	0.00
花生藤/%	0.00	0.00	7.00	0.00	7.00	0.00
黄玉米秸秆/%	5.00	0.00	0.00	0.00	0.00	0.00
合计/%	100.00	100.00	100.00	100.00	100.00	100.00
精粗比	50：50		55：45		58：42	
指　标	营养含量（以干物质计）					
干物质/%	49.39	87.42	50.71	87.30	54.00	86.93
综合净能/（MJ/kg）	5.25	7.45	6.10	7.96	6.91	7.80
粗蛋白/%	10.98	18.40	12.34	15.47	9.84	13.64
过瘤胃蛋白/%	4.24	7.65	4.27	6.63	3.82	5.77
粗脂肪/%	2.63	4.80	2.44	3.97	3.08	4.99
粗纤维/%	19.26	6.14	15.74	5.06	12.57	2.94
中性洗涤纤维/%	35.10	16.17	32.33	18.20	32.22	16.51
酸性洗涤纤维/%	18.20	6.51	17.52	6.79	16.54	5.30
钙/%	0.52	0.80	0.86	0.77	0.83	0.74
总磷/%	0.33	0.59	0.37	0.63	0.32	0.52
镁/%	0.16	0.32	0.20	0.37	0.18	0.32
钾/%	0.29	0.56	0.34	1.20	0.23	0.98
钠/%	0.07	0.14	0.11	0.21	0.09	0.17
氯/%	0.05	0.11	0.06	0.65	0.06	0.64

注：每千克预混料含钙 150 g，磷 50 g，铁 500 mg，铜 600 mg，锰 1 000 mg，锌 2 000 mg，硒 6 mg，钴 8 mg，碘 32 mg，维生素 A 200 kIU，维生素 D_3 25 kIU，维生素 E 500 IU。

架子牛育肥可分为预饲期、快速育肥前期、快速育肥中期和快速育肥后期四个阶段。表 2-39 中配方 1 适用于预饲期和快速育肥前期，配方 2 和配方 3 分别适用于快速育肥中期和后期。配方 1 日粮以玉米秆青贮、小麦秸、黄玉米秸秆为粗料，精料使用了棉籽粕、豆粕、花生粕、葵花籽粕，综合净能 7.45 MJ/kg，CP 18.40%；配方 2 日粮以玉米秆青贮、花生藤、黄玉米秸秆为粗料，精料以棉籽粕、亚麻粕、葵花籽粕为蛋白源，并添加了尿素，综合净能 7.96 MJ/kg，CP 15.47%，成本较低；配方 3 日粮以豆腐渣、玉米秆青贮、花生藤、小麦秸为粗料，精料没有豆粕，综合净能 7.99 MJ/kg，CP 13.65%。

6. 肉牛饲料效果评价

肉牛饲料效果主要从以下几方面评价。

（1）适口性。适口性是评价饲料质量的重要指标，它影响动物的采食量，进而影响生产效率。肉牛饲料适口性不佳常见的主要原因有：使用含抗营养因子（如单宁、芥子碱等）的原料过多；饲料霉变与油脂氧化酸败；添加酵母粉、氨基酸下脚料、酿酒、酱油工业副产品等具有刺激性气味的原料过多等。品质好的精料饲喂肉牛后，表现为喜欢采食，粗饲料进食量增大等。

（2）增重速度。增重速度是衡量肉牛饲料质量较主要的指标之一，但肉牛增重速度还受品种、性别、生长阶段、育肥方式、饲喂方式和气候环境等多种因素的影响，需要科学的分析评价。

（3）健康状况。品质好的精料饲喂肉牛后，表现为被毛光亮，肢蹄健壮，神态正常，无异食癖，犊牛生长发育良好，母牛繁殖正常。

（4）粪便状态。品质好的精料饲喂肉牛后，粪便的形态、颜色表现正常，排泄量少，无颗粒状。肉牛正常粪便具中度的粥样黏稠度，可形成一个圆顶形堆积体，高度 2.5 ~ 4.0 cm。油光发亮且发软。粪便异常，如粪便堆积较高、较低或不成形，颜色呈灰色、黑色和带血样等，可能与饲料本身有关，也可能与肉牛的健康及治疗用药有关，要仔细分析判断。

三、羊饲料产品设计

1. 饲料产品定位

（1）产品种类与形式。目前农区羊的养殖以散养为主，规模养殖数量少，采用放牧加舍饲的饲养方式，以产肉和产乳为主要生产目的。与此发展模式相适应，可以开发的饮料产品有：羔羊饲料、育成羊饲料、泌乳山羊饲料、肉羊育肥饲料、种公羊饲料等。

羔羊饲料用于 10 ~ 60 日龄，以颗粒饲料为主。

育成羊饲料用于断乳至配种，可以制成精料补充料、浓缩料和预混料产品。

泌乳山羊饲料可开发为泌乳前期饲料（产后 ~ 120 d）、泌乳中期料（产后 120 ~ 210 d）和泌乳后期料（产后 210 d 至干乳），以生产 1%预混料为主，养殖集聚区可以提供精饲料。

肉羊育肥饲料最具有形成大宗产品的可能性，可分为育肥前期料（10 ~ 20 d）、育肥中期料（20 ~ 30 d）和育肥后期料（30 ~ 50 d）。结合市场情况可以提供精料补充料、浓缩料、预混料等产品形式。

种公羊料以精料补充料为主。种公羊数量极少，如果有需求应以协约的方式按用户要求生产。

（2）品质要求。

① 羔羊饲料应诱食性好、易消化吸收和具一定的抗腹泻效果。正常饲养条件下，2 月龄

断乳，体重达到 10 kg 以上，精料采食达到 200 g。

② 育成期饲料能促进瘤胃迅速发育和骨骼快速生长，平均日增体重达到 150～250 g。

③ 肉羊育肥饲料，可使 3～4 月龄开始进行强度育肥的早熟肉用和肉毛兼用羔羊，经过 50 d 左右育肥，4～6 月龄达到上市的屠宰标准。即体重达成年羊的 50%以上，胴体体重达 17～22 kg，屠宰率达 50%以上，胴体净肉率达 80%以上，日增重可达 300～400 g。

④ 泌乳期饲料能量蛋白比应符合各泌乳阶段的要求，根据不同需要选择适当的功能性添加剂，促进泌乳、保健。

⑤ 种公羊饲料能恢复和保持公羊良好的种用体况，有良好的精液品质。

2. 羊饲料产品营养水平设计

依据中国绵羊饲养标准（NY/T 816—2004），参照绵羊用精饲料质量标准（GB/T 20807—2006）、山羊用精饲料质量标准（NY/T 1344—20074）以及农业部（2008）1224 号公告《饲料添加剂使用规范》，确立羊精饲料营养成分参考设计水平（见表 2-40 和表 2-41）。羊浓缩饲料和预混合饲料营养设计水平可参照精饲料按照相应比例折算。

表 2-40　羊精料补充料营养成分参考指标

指　标	羔羊精料	育成羊精料	育肥羊精料	妊娠母羊精料	泌乳母羊精料	种公羊精料
水分/%	≤12.5	≤12.5	≤12.5	≤12.5	≤12.5	≤12.5
消化能/（MJ/kg）	11.0～14.0	10.0～13.0	10.0～13.0	10.0～12.0	12.0～13.5	12.0～13.0
粗蛋白/%	17.0～20.0	14.0～19.0	14.0～19.0	16.0～18.0	18.0～22.0	17.0～19.0
粗脂肪/%	≥2.5	≥2.5	≥2.5	≥2.5	≥2.5	≥2.5
粗纤维/%	≤8.0	≤8.0	≤10.0	≤8.0	≤8.0	≤8.0
粗灰分/%	≤9.0	≤9.0	≤8.0	≤9.0	≤9.0	≤9.0
钙/%	0.8～1.2	0.7～1.0	0.7～1.0	0.8～1.3	0.80～1.5	0.8～1.2
磷/%	0.4～0.6	0.4～0.6	0.4～0.6	0.5～0.7	0.6～0.8	0.4～0.6
氯化钠/%	0.6～1.2	1.0～1.7	0.6～1.0	1.0～1.2	1.0～1.2	0.6～1.0

表 2-41　羊用精饲料维生素和微量元素参考设计水平

指　标	羔羊精料	育成羊精料	育肥羊精料	妊娠母羊精料	泌乳母羊精料	种公羊精料
维生素 A/（IU/kg）	≥10 000	≥7 000	≥7 000	≥8 000	≥10 000	≥9 000
维生素 D_3/（IU/kg）	≥2 500	≥2 000	≥2 000	≥2 000	≥2 200	≥2 000
维生素 E/（IU/kg）	≥35	≥25	≥25	≥30	≥30	≥30
锌/（mg/kg）	≥60	≥50	≥50	≥70	≥70	≥80
铜/（mg/kg）	10～25	10～25	10～25	8～25	7～25	8～25
硒/（mg/kg）	≥0.25	≥0.2	≥0.2	≥0.3	≥0.25	≥0.3
碘/（mg/kg）	≥0.6	≥0.8	≥0.8	≥0.8	≥0.8	≥0.6
钴（mg/kg）	≥0.2	≥0.2	≥0.2	≥0.25	≥0.20	≥0.25
锰/（mg/kg）	≥70	≥60	≥60	≥70	≥70	≥60
铁/（mg/kg）	≥80	≥60	≥60	≥70	≥70	≥70
镁/（mg/kg）	≥50	≥20	≥20	≥50	≥30	≥40

应用表 2-40 时应注意六个问题：一是表中数据假定绵羊精饲料在日粮中以干物质计的比例为：生长羔羊 60%～100%，育成羊 30%～35%，种公羊 15%，妊娠羊 15%～40%，泌乳期母羊 30%～50%。日粮精料含量可根据不同时期营养需要进行适当调整；二是非蛋白氮提供总氮含量应低于饲料总氮量的 10%；三是羔羊精饲料中不应添加尿素等非蛋白氮饲料；四是配合饲料中的钙：磷应保持在（1～2）：1 的比例；五是配合饲料用于产毛、产绒毛时，建议增加硫供给量，配合饲料中 N：S 比以（4～7）：1 为宜；六是肉羊饲料产品营养水平设计没有作山羊、绵羊和不同增重速度区分，因为本设计品营养水平属于精料部分，它作为产品供应用户，用户可以根据相应的羊饲养标准配以粗饲料，通过不同粗饲料比例、精粗比调整达到日粮全价性。

使用表 2-41 时应注意四个问题：一是日粮中钼、硫和铁的含量过高会影响铜的吸收，从而增加铜的需要量；二是日粮中含有致甲状腺肿的物质会导致增加碘的需要量；三是大部分饲料含有足够的铁，可以满足成年羊的需要；当日粮中含有棉酚时，可导致增加铁的需要量；四是使用有机微量元素添加剂时，微量元素值可以相应降低。

3. 羊精饲料原料的选用

（1）常规饲料原料选用。常规原料选用要考虑使用种类数量、单个品种用量和总量限制及质量要求四个方面。玉米、大麦、高梁、稻谷等谷实总量可占精饲料的 40%～70%，米糠、小麦麸和次粉等糠麸总量可占精料的 0～20%。豆粕、棉籽粕、菜籽粕和玉米蛋白粉等植物性蛋白质原料总量可占精饲料的 20%～30%。常见单个原料最高用量为：玉米 70%，小麦 25%，麸皮 30%，米糠 20%，大麦胚芽饼 10%，花生粕 20%，棉籽粕 15%，葵花籽粕 10%，菜籽饼 15%。

不能在羊饲料中选用除蛋、乳制品外的动物源性饲料，也不能使用各种抗生素滤渣。选用原料的有毒有害物质及微生物允许量应符合国家饲料卫生标准。

（2）羊饲料添加剂选用。羊常用添加剂选用可参照表 2-42 确定。饲料药物添加剂的使用应严格执行《饲料药物添加剂使用规范》的规定，选用允许使用的品种，注明用量与停药期。

表 2-42　羊常用功能性添加剂适用阶段及建议添加量

添加剂名称	建议添加量	适用阶段
膨润土	30～50 g/（头·d）或精料的 0.5%～1%	羔羊、成年羊
稀土	10 mg/kg 体重	育肥羊
小苏打	精料的 1%～2%	育肥羊
氧化镁	精料的 0.3%～1%	育肥羊
尿素	10～15 g/（头·d）	成年羊
尿素	6～8 g/（头·d）	6 月龄以上青年羊
二氢吡啶	200 mg/kg 精料	育肥羊
莫能霉素	25～30 mg/kg 精料	羔羊、成年羊
杆菌肽锌	10～20 mg/kg 精料	羔羊
黄霉素	4～5 mg/kg（头·d）	成年羊
脲酶抑制剂	20～30 mg/kg 精料	6 月龄以上羊

4. 羊饲料配方的运算

可参照奶牛饲料配方进行运算。

5. 羊饲料配方案例与说明

用于不同养殖阶段的羊精饲料配方实例见表 2-43 ~ 表 2-46。

表 2-43 中配方 1 和配方 2 适用于非配种期的公羊，配方 3、配方 4 和配方 5 适用于配种期的公羊。5 个种公羊精料配方均使用 1% 的预混料，蛋白原料以豆粕为主，不使用非蛋白氮饲料，在配种期精料中还添加有鱼粉，若配合一定数量的青绿多汁饲料，能够很好地满足种公羊的营养需要。

表 2-43　种公羊精料组成与营养含量

原　料	非配种期种公羊精料		配种期种公羊精料		
	配方 1	配方 2	配方 3	配方 4	配方 5
玉米/%	25.00	44.00	46.50	45.20	49.60
麸皮/%	20.00	10.00	12.00	8.00	15.00
米糠/%	20.00	8.00	0.00	0.00	0.00
大豆皮/%	8.00	0.00	6.00	10.00	0.00
大豆粕/%	8.50	10.00	10.00	20.00	15.00
花生粕/%	8.00	0.00	5.00	5.00	0.00
棉籽粕/%	0.00	14.00	7.00	0.00	5.00
DDGS/%	7.00	10.00	8.00	7.00	10.00
鱼粉/%	0.00	0.00	3.00	1.00	2.00
磷酸氢钙/%	0.00	1.00	0.00	1.00	0.89
石粉/%	1.50	1.00	1.00	1.00	1.00
食盐/%	1.00	1.00	0.50	0.80	0.60
预混料/%	1.00	1.00	1.00	1.00	1.00
合计/%	100.00	100.00	100.00	100.00	100.00
指　标	营养含量				
干物质/%	87.6	87.71	87.66	87.19	88.01
粗蛋白/%	18.2	19.20	20.78	19.88	20.41
粗脂肪/%	6.01	4.51	6.54	5.12	5.34
粗纤维/%	5.9	5.30	4.67	5.11	4.89
钙/%	0.83	0.79	0.72	0.83	0.87
磷/%	0.61	0.65	0.58	0.68	0.72
消化能/（MJ/kg）	11.4	12.34	13.74	13.08	13.68

注：每千克预混料含铁 7 000 mg，铜 1 000 mg，锰 5000 mg，锌 8 000 mg，硒 25 mg，钴 25 mg，碘 60 mg，维生素 A 900 kIU，维生素 D_3 200 kIU，维生素 E 3 500 IU。

表 2-44 中配方 1 和配方 2 适用于 10 ~ 90 日龄羔羊，配方 3 和配方 4 适用于断乳至配种阶段的育成羊，配方 5 和配方 6 适用于怀孕母羊。

配方 1 和配方 2 以优质蛋白原料豆粕为主，同时添加了糖蜜、莫能菌素，是羔羊养殖的理想产品；配方 3 和配方 4 次之，但仍然能达到中、高档饲料的要求；配方 5 和配方 6 蛋白原料以杂粕为主，以较低的营养水平就能基本满足母羊的需求，能够控制原料成本在较低水平。

表 2-44 奶山羊羔羊、育成羊和青年怀孕期母羊精料组成和营养成分

原 料	羔羊精料		育成羊精料		青年怀孕母羊精料	
	配方 1	配方 2	配方 3	配方 4	配方 5	配方 6
玉米/%	35.00	30.00	48.00	40.00	36.50	45.50
大麦/%	6.50	0.00	0.00	0.00	14.50	0.00
燕麦/%	0.00	14.50	0.00	10.00	0.00	0.00
麸皮/%	8.00	6.00	10.00	0.00	9.00	16.00
玉米皮/%	0.00	0.00	0.00	0.00	0.00	9.00
大豆皮/%	0.00	4.00	0.00	11.00	8.00	0.00
米糠/%	0.00	0.00	0.00	0.00	10.00	0.00
大豆粕/%	27.00	23.00	18.00	16.00	10.00	0.00
花生粕/%	0.00	12.00	8.00	6.00	0.00	0.00
棉籽粕/%	0.00	0.00	5.00	0.00	0.00	8.00
亚麻粕/%	0.00	0.00	0.00	7.50	0.00	0.00
玉米蛋白粉/%	0.00	3.00	5.00	0.00	0.00	0.00
葵花籽粕/%	15.00	0.00	0.00	0.00	0.00	0.00
菜籽粕/%	0.00	0.00	0.00	0.00	8.00	8.00
DDGS/%	0.00	0.00	0.00	6.00	0.00	10.00
干酒糟/%	0.00	0.00	0.00	0.00	0.00	0.00
糖蜜/%	5.00	4.00	3.00	0.00	0.00	0.00
磷酸氢钙/%	1.00	1.00	0.50	1.00	1.00	0.60
石粉/%	1.00	1.00	1.00	1.00	1.00	1.40
食盐/%	0.50	0.50	0.50	0.50	1.00	0.50
预混料/%	1.00	1.00	1.00	1.00	1.00	1.00
合计/%	100.00	100.00	100.00	100.00	100.00	100.00
指 标	营养含量					
干物质/%	87.15	87.41	86.83	87.98	87.73	87.72
粗蛋白/%	21.82	21.47	20.58	19.36	16.07	15.57
粗脂肪/%	2.97	4.54	4.82	6.14	4.37	5.60
粗纤维/%	6.42	5.26	3.62	5.97	6.00	4.93
钙/%	0.86	0.82	0.68	0.76	0.78	0.87
磷/%	0.57	0.52	0.43	0.51	0.49	0.55
消化能/（MJ/kg）	12.98	13.48	13.33	13.62	12.79	12.94

注：每千克预混料含铁 8 000 mg，铜 1 200 mg，锰 7 000 mg，锌 6 000 mg，硒 25 mg，钴 20 mg，碘 60 mg，维生素 A 800 kIU，维生素 $D_3$250 kIU，维生素 E 3 000 IU，莫能霉素 3 g。

表 2-45 中配方 1 和配方 2 适用于成奶羊泌乳前期，泌乳前期包括泌乳初期和泌乳高峰期；配方 3 和配方 4 适用于成奶羊泌乳中期；配方 5 适用于成奶羊泌乳后期。配方 6 适用于成奶羊干乳期。

配方 1 和配方 2 选择了优质原料，可以定位为中档饲料，能够基本满足泌乳前期母羊的营养需要，如果添加过瘤胃脂肪、酵母培养物等营养加强剂，可上升为高档饲料；配方 3 和配方 4 营养适中，性价比好，定位为中、低档饲料，在此基础上添加抗热应激添加剂，可以提高产品档次；配方 5 营养水平较低，定位为低档饲料，用于成奶羊泌乳后期或低产羊泌乳中期，以低价位取得竞争优势；配方 6 营养水平高于配方 3 和配方 4，略低于配方 1 和配方 2，钙磷比例 1∶1，减少了食盐的含量，定位为中档饲料。

表 2-45　奶山羊泌乳期和干乳期精料组成与营养含量

原　料	泌乳前期精料		泌乳中期精料		泌乳后期精料	干乳期精料
	配方 1	配方 2	配方 3	配方 4	配方 5	配方 6
玉米/%	46.50	52.50	49.50	57.00	35.00	47.00
大麦/%	0.00	0.00	0.00	0.00	11.00	6.00
麸皮/%	11.00	7.00	15.00	10.00	12.00	18.00
玉米皮/%	0.00	0.00	0.00	0.00	14.00	0.00
大豆皮/%	0.00	0.00	5.00	0.00	5.00	0.00
大豆粕/%	13.00	15.00	16.00	12.00	3.00	12.00
花生粕/%	0.00	0.00	0.00	0.00	3.00	0.00
棉籽粕/%	8.00	12.00	3.00	16.00	8.00	10.00
菜籽粕/%	5.00	5.00	0.00	0.00	0.00	0.00
DDGS/%	8.00	0.00	8.00	0.00	5.00	4.50
糖蜜/%	5.00	5.00	0.00	0.00	0.00	0.00
磷酸氢钙/%	1.00	1.00	1.00	2.00	1.50	0.50
石粉/%	1.00	1.00	1.00	1.00	1.00	0.50
食盐/%	0.50	0.50	0.50	1.00	0.50	0.50
预混料/%	1.00	1.00	1.00	1.00	1.00	1.00
合计/%	100.00	100.00	100.00	100.00	100.00	100.00
指　标	营养含量					
干物质/%	87.61	87.36	87.25	86.90	87.48	86.98
粗蛋白/%	18.12	18.42	17.34	17.86	15.47	17.55
粗脂肪/%	4.71	3.55	4.78	3.52	4.39	4.28
粗纤维/%	3.71	3.79	4.46	3.92	4.74	4.19
钙/%	0.79	0.79	0.75	0.61	0.85	0.48
磷/%	0.54	0.50	0.53	0.66	0.57	0.47
产乳净能/（MJ/kg）	6.35	6.24	6.72	6.45	6.42	6.33

注：每千克预混料含铁 4 000　mg，铜 1 000　mg，锰 5 000　mg，锌 5 200　mg，硒 25　mg，钴 40　mg，碘 60　mg，维生素 A 700　kIU，维生素 D_3 200 kIU，维生素 E 3 300 IU。

表 2-46 中精料主要用于早熟肉用和肉毛兼用羔羊从 3～4 月龄开始进行 50 d 左右的强度育肥。其中，配方 1、配方 2 和配方 3 适用于育肥前期（10～15 d）和育肥之前的羔羊阶段；配方 4、配方 5 和配方 6 适用于育肥中期（20～30 d）；配方 7、配方 8 和配方 9 适用于育肥后期（30～50 d）。

表 2-46 中的系列精料配方选用性价比较好的原料，以杂粕为主，适当添加尿素，营养丰富且成本适中。预混料中含有莫能霉素，具有促进增重的效果，育肥中期和育肥后期配方中添加了碳酸氢钠，调节瘤胃功能。与粗饲料合理搭配，能够满足各类肉羊的营养需要，可以定位为中、高档饲料。

表 2-46 育肥羊精料组成与营养含量

原料	育肥前期			育肥中期			育肥后期		
	配方 1	配方 2	配方 3	配方 4	配方 5	配方 6	配方 7	配方 8	配方 9
玉米/%	21.50	40.00	46.00	59.00	25.00	32.00	54.00	69.00	40.00
大麦/%	0.00	0.00	0.00	0.00	20.00	0.00	0.00	0.00	10.00
燕麦/%	25.00	0.00	0.00	0.00	0.00	20.00	0.00	0.00	30.00
麸皮/%	8.00	0.00	15.00	0.00	15.00	0.00	13.00	0.00	0.00
玉米皮/%	0.00	22.00	0.00	9.00	0.00	9.00	0.00	0.00	0.00
大豆皮/%	0.00	10.00	0.00	0.00	0.00	0.00	5.00	0.00	0.00
米糠/%	12.00	0.00	0.00	0.00	6.00	10.00	0.00	5.00	0.00
大豆粕/%	0.00	10.00	5.00	0.00	5.00	5.00	3.00	7.00	7.50
花生粕/%	5.00	0.00	0.00	0.00	5.00	0.00	0.00	0.00	0.00
棉籽粕/%	8.00	0.00	0.00	0.00	0.00	9.00	8.00	13.00	0.00
亚麻粕/%	5.00	5.00	0.00	13.00	0.00	3.00	0.00	0.00	0.00
玉米蛋白粉/%	3.00	0.00	0.00	0.00	5.00	0.00	0.00	0.00	8.00
葵花籽粕/%	0.00	8.00	10.00	13.00	0.00	0.00	0.00	0.00	0.00
玉米 DDGS/%	8.00	0.00	20.00	0.00	10.00	0.00	6.00	0.00	0.00
干酒糟/%	0.00	0.00	0.00	0.00	0.00	6.00	7.00	0.00	0.00
糖蜜/%	0.00	0.00	0.00	0.00	4.00	0.00	0.00	0.00	0.00
磷酸氢钙/%	1.00	1.00	0.00	1.00	1.00	1.50	0.50	1.70	1.00
石粉/%	1.00	1.00	1.50	1.00	1.00	1.00	1.00	0.80	1.00
尿素/%	0.50	1.00	1.00	1.00	0.00	0.50	0.00	0.50	0.00
食盐/%	1.00	1.00	0.50	1.00	1.00	1.00	0.50	1.00	0.50
碳酸氢钠/%	0.00	0.00	0.00	1.00	1.00	1.00	1.00	1.00	1.00
预混料/%	1.00	1.00	1.00	1.00	1.00	1.00	1.00	1.00	1.00
合计/%	100.00	100.00	100.00	100.00	100.00	100.00	100.00	100.00	100.00
指标	营养含量								
干物质/%	89.02	88.77	87.98	88.00	87.48	88.75	87.34	87.01	88.34
粗蛋白/%	19.15	18.26	19.34	16.91	16.67	17.47	15.89	15.99	15.14
粗脂肪/%	5.91	4.43	6.28	6.17	5.95	4.54	5.53	3.79	3.08
粗纤维/%	5.95	8.23	4.85	5.87	4.08	5.59	4.40	3.05	4.15
钙/%	0.79	0.79	0.72	0.74	0.80	0.91	0.62	0.81	0.72
磷/%	0.53	0.58	0.43	0.57	0.52	0.57	0.44	0.51	0.43
消化能/（MJ/kg）	12.71	12.65	13.00	12.50	13.07	12.64	13.19	12.57	13.05

注：每千克预混料含铁 7 000 mg，铜 1200 mg，锰 5 000 mg，锌 8 000 mg，硒 27 mg，钴 40 mg，碘 60 mg，维生素 A 800 kIU，维生素 D_3 200 kIU，维生素 E 3 000IU，莫能霉素 3 g/kg。

6. 羊饲料产品的效果评价

参照奶牛、肉牛饲料产品的效果评价。

任务五　水生动物饲料产品设计

随着人们消费结构和习惯的改变，国内水生动物养殖的品种与规模逐年增加，多采用池塘养殖、浅海或湖养殖模式，养殖主要包括草鱼、鲤鱼和虾等。

一、草鱼配合饲料设计

1. 产品定位

（1）适宜对象和产品种类。草鱼属温水鱼类，对水温要求比较高，一般适合在上半年饲养，不宜在深秋或冬季饲养，尤其是室外饲养。草鱼多采用池塘养殖。根据草鱼的生长规律，可将草鱼饲料划分为鱼苗饲料（开口摄食至体重 2.1 g）、鱼种饲料（体重从 2.1 ~ 150 g）和食用鱼饲料（体重从 150 g 至出塘）三种。

（2）产品形式。根据草鱼的采食行为和饲喂便利，草鱼饲料多以颗粒配合饲料为主，不同生长期的鱼颗粒直径有所不同。鱼苗饲料：细粒状或不规则的细粒状；鱼种饲料：直径应在 2.5 ~ 3.5 mm，长度为直径的 2 倍左右；食用鱼饲料：颗粒直径为 4.0 ~ 6.0 mm，长度粒径为 2 mm 左右。

（3）质量要求。由于草鱼的生长习性，鱼苗在孵化后 3 天，卵黄囊被完全消化，在 3 ~ 10 内大部分营养来自于轮虫、无节幼体和小型枝角类。10 天过后鱼苗才开始摄入配合饲料，此时要求配合饲料要能在 15 之内，让草鱼长到 2.1 g。从出生到体重达 2.1 g 这个阶段的饵料系数是两种饲料（天然饵料和人工饵料）的综合表现，因此饵料系数应在 1∶1 以下。鱼种饵料必须能在 3 ~ 5 个月的饲养，使草鱼体重由 2.1 g 增加至 150 g，饵料系数为 0.7 ~ 1.5∶1。食用鱼饵料能满足草鱼生长所需的所有营养物质，且能在 8 ~ 10 个月的养殖期，使草鱼体重达到 750 g 以上出塘上市，综合饵料系数控制在 1.6 ~ 1.8∶1 以内。

2. 草鱼配合饲料营养水平

不同阶段草鱼生长所需要的营养存在着差异，结合多年研究，参考农业部发布的草鱼配合饲料产品质量标准（SC/T 1024—2002）和 1224 公告（2008）《饲料添加剂使用规范》，确定的草鱼配合饲料营养参考设计见表 2-47 和表 2-48。若草鱼饲料中添加一定比例的植酸酶，则饲料中总磷含量可以相应降低；若添加液体蛋氨酸和羟基蛋氨酸钙时，蛋氨酸水平可以相应降低；若使用有机微量元素添加剂时，相应的微量元素水平可以降低。

表 2-47　草鱼配合饲料营养参考水平

	鱼苗饲料	鱼种饲料	食用鱼饲料
水分/%	≤12.5	≤12.5	≤12.5
消化能/（MJ/kg）	≥11.2	≥11.2	≥11.2
粗蛋白/%	≥38.0	≥30.0	≥25.0
粗纤维/%	≤5	≤8	≤12

续表

	鱼苗饲料	鱼种饲料	食用鱼饲料
粗灰分/%	≤16	≤13	≤12
粗脂肪/%	≥5	≥4	≥4
赖氨酸/%	≥2.4	≥1.5	≥1.25
蛋氨酸+半胱氨酸/%	1.4	0.9	0.7
精氨酸/%	2.13	1.68	1.40
组氨酸/%	0.85	0.67	0.56
苏氨酸/%	1.28	1.01	0.84
缬氨酸/%	1.72	1.36	1.13
异亮氨酸/%	1.49	1.18	0.98
亮氨酸/%	2.51	1.98	1.65
苯丙氨酸/%	1.38	1.09	0.91
色氨酸/%	0.30	0.24	0.2
钠/%	≥0.2	≥0.2	≥0.2
钙/%	≥2	≥2	≥2
总磷/%	≥1.0	≥1.0	≥0.9
镁/%	0.03	0.03	0.03
钾 /%	0.46	0.46	0.46
氯/%	0.03	0.03	0.03
硫/%	0.097	0.097	0.097

表 2-48 草鱼配合饲料维生素和微量元素添加参考水平

名 称	含 量	名 称	含 量
V_A/（IU/kg）	≥2000	叶酸/（mg/kg）	≥5.0
V_{D_3} /（IU/kg）	≥400	生物素/（mg/kg）	≥1.0
V_E/（mg/kg）	≥50	氯化胆碱/（mg/kg）	≥600.0
V_K/（mg/kg）	≥10	肌醇/（mg/kg）	≥200.0
V_C/（mg/kg）	≥300	铜/（mg/kg）	≥4
V_{B1}/（mg/kg）	≥5.0	铁/（mg/kg）	≥40
V_{B2}/（mg/kg）	≥10.0	锌/（mg/kg）	≥200
V_{B6}/（mg/kg）	≥10.0	锰/（mg/kg）	≥20
V_{B12}/（mg/kg）	≥0.02	碘/（mg/kg）	≥0.8
烟酸（mg/kg）	≥100.0	硒/（mg/kg）	≥0.12
泛酸钙/（mg/kg）	≥40.0	钴/（mg/kg）	≥0.1

3. 草鱼配合饲料原料选择

对饲料原料的选择，要注意几方面问题：能提供一种或多种营养素；蛋白质饲料含有较高的蛋白或较高的生物利用率；对于含有毒素的原料，必须控制原料中毒素的含量或者在配方中的使用量；尽量使用高消化率的原料，单一原料的使用量不宜过大。

（1）蛋白质原料。要注意单一蛋白质原料的养殖效果与使用限量。蛋白质原料是配合饲料质量的核心部分，在水产配合饲料中蛋白质原料的选择和使用也是产品质量控制和产品成本控制的关键所在。鱼粉、豆粕是优质的蛋白质原料，要优质、优价，它们的使用既决定了配合饲料的产品质量，也决定了配合饲料的产品价格。而菜粕、棉粕的使用使配合饲料成本显著下降，只要使用合理，配合饲料的质量也会有保障。但是，菜粕、棉粕及其他植物粕类的使用量需要注意。研究结果表明，以棉籽粕为最佳，大豆粕和菜籽饼次之，生大豆粉最差。而蛋白质效率则以小麦麸和混合麸为最高，生大豆粉和秘鲁鱼粉最低，这反映了鱼类利用蛋白质的一般规律，因为蛋白质是不可代替的营养素，鱼类摄取的饲料优先满足其蛋白质的需要，当摄取的蛋白质不足时，用于生长的比例大；当摄取蛋白质过多时，多余的蛋白质被转化为能量消耗掉，用于生长的比例小。鱼粉的养殖效果目前是最好的，还没有可以完全替代鱼粉的原料。因此，如果希望养殖鱼类有较快的生长速度，鱼粉使用的基本原则是“在配方成本可以接受的范围内最大限度地提高鱼粉的使用量”。在允许的成本范围内，优先考虑鱼粉的使用量，最大限度地使用鱼粉，在此基础上，选择较小量的豆粕，其余蛋白质以选用菜粕、棉粕来达到需要量。但要考虑鱼粉掺假带来的严重不利影响，还要考虑的因素是新鲜度和含盐量的问题。

（2）能量饲料。鱼类利用淀粉作为能量来源的能力远不如陆生动物，但是淀粉类饲料又是最廉价的饲料原料，所以在淡水鱼饲料中依然占有很大的比例。主要的能量饲料包括：玉米、小麦、次粉、小麦麸、油脂、玉米 DDGS、玉米皮、玉米胚芽渣等。玉米和小麦在淡水鱼饲料中的使用除了新鲜度方面的因素外，还有与次粉、麦麸的价格比较优势、原料不掺假的优势。次粉掺假的情况较多，给质量检验带来许多困难；同时，价格也高于玉米或小麦的价格；玉米或小麦加工出来后的价格也不高于次粉，而新鲜度要好得多，具有很好的性价比优势。次粉主要用于作为淀粉能量饲料和颗粒黏结剂，一般硬颗粒饲料需要有 6%～8%的次粉作为黏结剂，如果使用了玉米或小麦可以适当降低次粉的用量。对于膨化饲料需要有 15%左右的面粉或优质次粉才能保证饲料的膨化效果。小麦麸作为淀粉质原料和优质的填充料在配方中使用，蛋白质含量达到 13%以上，作为配方中的填充料使用可以控制在 30%以下。在水产配合饲料中使用的油脂原料主要有鱼油、鱼肝油、猪油、菜籽油、棉籽油、豆油、磷脂等。油脂的质量取决于其脂肪酸组成和含量，由于鱼油、豆油以及玉米油的不饱和脂肪酸含量是非常高的，应成为鱼类优质的油脂原料。但是，近期的许多试验结果表明，鱼油的养殖效果很不理想，有时还会出现氧化酸败油脂产生的毒副作用，玉米油基本不能作为饲料油脂进行添加使用，其主要原因是其中不饱和脂肪酸氧化酸败产生的毒副作用可能大于其中不饱和脂肪酸的营养作用。就养殖效果而言，纯猪油的养殖效果为好，其次为动植物混合油脂、豆油和菜子油。由于油脂保存不当会酸败，产生毒性物质，因此要想保持油脂的新鲜度，最好直接添加油脂含量丰富的油料，如大豆、菜籽等，但大豆中的抗营养因子较多，因此将大豆膨化后，去除较多的抗营养因子后，不但提供了足够的油脂，还能提供高消化率的蛋白质。

（3）矿物质原料与添加剂。水生动物常用的矿物质原料主要是磷酸二氢钙、磷酸氢钾、磷酸二氢钾、磷酸氢钠、磷酸二氢钠等。普通鱼饲料要考虑价格与利用率，多选用磷酸二氢钙，若考虑肉质，最好选择磷酸二氢钾或磷酸二氢钠。添加剂选用要遵循农业部（2008）1126公告《饲料添加剂品种目录》和农业部（2008）1224号公告《饲料添加剂的使用规范》进行选择。此外，因某些水生动物对单位氨基酸的利用率非常低，因此在选择时要格外慎重。

4. 草鱼配方计算与示例

草鱼配方计算多采用试差法，在方便计算的同时，要尽可能满足多个营养需要指标，采用 Excel 表子表格进行计算。调整比例，尽量使配方中的营养水平与设定标准相符合，尽量减少差异。若在特定原料情况下，不能完全满足所有营养指标，就尽量考虑主要指标，如在总磷不能与标准一致时，尽可能满足有效磷与标准相一致。表 2-49 为草鱼配合饲料配方，分别适用于鱼种期和食用鱼的池塘养殖。

表 2-49　草鱼配合饲料配方

原　料	鱼种饲料	食用鱼饲料
鱼粉/%	8	4
菜籽饼/%	12	10
大豆粕/%	24	16
次粉/%	14	18
棉籽粕/%	8	10
菜籽粕/%	4	8
玉米胚芽粕/%	4	4
玉米 DDGS/%	6	6
油糠/%	8	12
小麦胚芽粕/%	6	6
植物油/%	1.5	1.5
氯化胆碱（50%）/%	0.2	0.2
大蒜素/%	0.02	0.02
黄霉素/%	0.005	0.005
膨润土/%	1.775	1.775
磷酸二氢钙/%	1.5	1.5
预混料/%	1	1
合计/%	100	100
营养含量		
干物质/%	84.35	84.23
消化能/（MJ/kg）	11.21	11.46
粗蛋白/%	31.09	27.69

续表

原　料	鱼种饲料	食用鱼饲料
营养含量		
粗脂肪/%	5.64	5.61
粗灰分/%	7.03	6.54
粗纤维/%	5.67	6.10
钙/%	0.82	0.67
磷/%	1.10	1.01
无氮浸出物/%	29.72	30.65
赖氨酸/%	1.61	1.30
蛋氨酸/%	0.52	0.44
含硫氨基酸/%	0.97	0.88
苏氨酸/%	1.15	0.96
色氨酸/%	0.37	0.31
甘氨酸+丝氨酸/%	1.69	1.54
精氨酸/%	1.93	1.69
亮氨酸/%	2.08	1.76
异亮氨酸/%	1.10	0.92
苯丙氨酸/%	1.37	1.19
苯丙氨酸+酪氨酸/%	2.25	1.94
缬氨酸/%	1.38	1.19
组氨酸/%	0.74	0.64

二、鲤鱼配合饲料设计

1. 产品定位

（1）适用对象及产品种类。鲤鱼属杂食性动物，以荤食为主，幼鱼期主要吃浮游生物，成鱼则以底栖动物为主要食物。适应力强，繁殖能力旺盛，生长速度较快，当年鱼可长到250～800 g（指人工喂养），三龄鱼体重可达2 000克，肉质细嫩，因此常被作为饲养的鱼类品种和餐桌上的鱼类。鲤鱼主要以池塘养殖为主。鲤鱼饲养主要分四个阶段：鱼种前期（体重小于10 g）、鱼种后期（体重10～100 g）、成鱼前期（体重100～150 g）、成鱼后期（体重大于150 g），根据鲤鱼不同的生长阶段生产相应的饲料产品。

（2）产品形式。由于鲤鱼属于底层鱼，同时考虑其摄食特性，鲤鱼饲料多以颗粒配合饲料为主。各饲养阶段饲料粒径分别为：鱼种前期0.5～1.5 mm，鱼种后期1.5～3.0 mm，成鱼前期3～4 mm，成鱼后期4～6 mm。鱼种前期饲料适合作成破碎料，便于幼鱼采食。

（3）质量要求。鲤鱼对环境敏感，主要生活在水底层，因此颗粒料的密度要比水大，便于沉于水底，还要有合适的硬度，不能遇水即散。营养水平设置在鱼种后期，相当于提高整个养殖期的饲料营养档次。因此鱼种前期饵料系数应小于 1∶1，鱼种后期饵料系数应在 0.6～1.2 范围内，成鱼的饵料系数应在 1.3～1.6 之内。

2. 鲤鱼配合饲料营养水平

不同阶段鲤鱼生长所需要的营养存在着差异，结合多年研究，参考农业部发布的鲤鱼配合饲料产品质量标准（SC/T 1024—2002）和 1224 公告（2008）《饲料添加剂使用规范》，确定的鲤鱼配合饲料营养参考设计见表 2-50 和表 2-51。若鲤鱼饲料中添加一定比例的植酸酶，饲料中总磷含量可以相应降低；若添加液体蛋氨酸和羟基蛋氨酸钙时，蛋氨酸水平可以相应降低；若使用有机微量元素添加剂时，相应的微量元素水平可以降低。

表 2-50 鲤鱼配合饲料营养参考水平

	鱼种前期饲料	鱼种后期饲料	成鱼饲料
水分/（%）	≤12.5	≤12.5	≤12.5
消化能/（MJ/kg）	≥11.8	≥11.8	≥11.8
粗蛋白/%	≥38.0	≥31.0	≥20.0
粗纤维/%	≤4	≤8	≤10
粗灰分/%	≤12	≤14	≤14
粗脂肪/%	≥7	≥5	≥4
亚麻酸（C18：3n-3）	0.5	0.5	0.5
亚油酸（C18：2n-6）	0.5	0.5	0.5
赖氨酸/%	≥2.2	≥2.0	≥1.5
蛋氨酸+半胱氨酸/%	1.4	0.9	0.7
精氨酸/%	1.7	1.6	1.2
组氨酸/%	0.9	0.8	0.6
苏氨酸/%	1.6	1.5	1.2
缬氨酸/%	1.5	1.4	1.1
异亮氨酸/%	1.0	0.9	0.7
亮氨酸/%	1.4	1.3	1.0
苯丙氨酸/%	2.7	2.5	1.9
色氨酸/%	0.4	0.3	0.2
钠/%	≥2	≥2	≥2
钙/%	≥2.5	≥2.2	≥2
总磷/%	≥1.4	≥1.2	≥1.1
镁/%	0.2	0.2	0.2
钾/%	0.1	0.1	0.1
氯/%	0.1	0.1	0.1

表 2-51　鲤鱼配合饲料维生素和微量元素添加量参考

名称	含量	名称	含量
V_A/（IU/kg）	≥2000	叶酸/（mg/kg）	≥5
V_{D_3}/（IU/kg）	≥1500	生物素/（mg/kg）	≥1
V_E/（mg/kg）	≥80	氯化胆碱（mg/kg）	≥500
V_K/（mg/kg）	≥2	肌醇/（mg/kg）	≥200
V_C/（mg/kg）	≥300	铜/（mg/kg）	≥3
V_{D_1}/（mg/kg）	≥4.0	铁/（mg/kg）	≥100
V_{D_2}/（mg/kg）	≥20	锌/（mg/kg）	≥150
V_{D_6}/（mg/kg）	≥20	锰/（mg/kg）	≥12
$V_{D_{12}}$/（mg/kg）	≥0.01	碘/（mg/kg）	≥0.1
烟酸/（mg/kg）	≥25	硒（mg/kg）	≥0.15
泛酸钙/（mg/kg）	≥40	钴/（mg/kg）	≥0.005

3. 鲤鱼饲料原料选择

鱼类原料使用基本相同，植物性蛋白（豆粕、棉籽粕、菜粕、玉米蛋白粉等）、动物性蛋白（鱼粉、肉骨粉等）、能量饲料（玉米、麸皮、次粉、油脂等）均可在鲤鱼饲料中添加，但要注意各原料的添加比，与特殊原料的限量，如棉籽粕和菜籽粕。鲤鱼与草鱼在食性问题上存在着较大的差异，鲤鱼是杂食性鱼类，且主要以荤食为主，在原料使用上多使用动物性原料，鱼粉的添加比例更高，肉骨粉比例也相应增加。根据研究及实践经验，动物性原料与植物性原料应保持在 1∶3～4，赖蛋比为 3，更有利于鲤鱼的生长。油脂的使用也要注意新鲜度问题。

4. 饲料配方计算与示例说明

鲤鱼饲料配方计算方法与草鱼相同，均可使用试差法进行，同时结合 Excel 2013 辅助运算。注意鲤鱼饲料中各营养标准的准确性，在保证配方完整性的同时，要尽可能多地考虑营养指标。若由于原料种类较少，必须考虑主要指标尽量与营养标准相符。鲤鱼鱼种后期、成鱼前期和成鱼后期饲料见表 2-52。

表 2-52　鲤鱼配合饲料配方

原　料	鱼种后期饲料	成鱼前期饲料	成鱼后期饲料
鱼粉/%	16	13	12
菜籽饼/%	10	10	12
大豆粕/%	30	28	26
次粉/%	14	16	18
棉籽粕/%	8	6	10
菜籽粕/%	4	4	4

续表

原　料	鱼种后期饲料	成鱼前期饲料	成鱼后期饲料
玉米蛋白粉/%	—	2	—
芝麻饼/%	2	2	—
植物油/%	3	3	3
氯化胆碱（50%）/%	0.3	0.3	0.3
肉粉/%	4	3	4
黄霉素/%	0.005	0.005	0.005
膨润土/%	1.775	1.775	1.775
磷酸二氢钙/%	2	2	2
预混料/%	1.2	1	1
合计/%	100	100	100
营养含量			
干物质/%	89.82	89.75	89.86
消化能/%	11	11.25	11.21
粗蛋白/%	37.06	34.96	34.48
粗脂肪/%	6.42	6.60	6.44
粗灰分/%	8.07	7.57	7.64
粗纤维/%	5.04	5.15	5.10
钙/%	1.32	1.17	1.18
磷/%	1.41	1.32	1.34
无氮浸出物/%	26.55	26.85	28.79
赖氨酸/%	2.17	1.95	1.94
蛋氨酸/%	0.68	0.64	0.60
含硫氨基酸/%	1.16	1.11	1.11
苏氨酸/%	1.46	1.35	1.35
色氨酸/%	0.45	0.41	0.42
甘氨酸+丝氨酸/%	1.85	1.76	1.84
精氨酸/%	2.45	2.20	2.31
亮氨酸/%	2.56	2.52	2.37
异亮氨酸/%	1.37	1.29	1.27
苯丙氨酸/%	1.62	1.53	1.53
苯丙氨酸+酪氨酸/%	2.69	2.55	2.50
缬氨酸/%	1.69	1.57	1.59
组氨酸/%	0.90	0.83	0.84

三、虾配合料设计

1. 产品定位

（1）适用对象与产品种类。对虾是广温广盐性热带虾类，南美白对虾具有个体大、生长快、营养需求低、抗病力强、出肉率高达65%以上、离水存活时间长等优点。对水环境因子变化的适应能力较强，对饲料蛋白含量要求低。是集约化高产养殖的优良品种，也是目前世界上三大养殖对虾中单产量最高的虾种。南美白对虾壳薄体肥，肉质鲜美，含肉率高，营养丰富，成为中国人餐桌上的美食。多以集约化养殖生产，根据生长期不同，虾料主要有四个品种，即幼虾料（体重 0 ~ 0.5 g）、中虾料（0.5 ~ 3 g）、中成虾料（3 ~ 15 g）、成虾料（大于 15 g）。

（2）产品形式。根据虾的采食特点，常栖息于河床沙底，因此，虾料以密度较大的颗粒配合料为主。

（3）质量要求。配合饲料质量和安全卫生应符合 SC2002 和 NY5072 的规定，既能满足南美白对虾快速生长的要求，又不至于影响水体环境。要求选用质量好的铭牌对虾饲料，最好选择水中稳定性好、全熟化沉性颗粒虾料。要坚持“少量多次、日少夜多，水温高多投、反者少投，均匀投喂”原则。虾料的诱食性和适口性好、原料消化利用率高。常规配合饲料日投喂率为 3% ~ 5%，鲜杂鱼日投喂率为 7% ~ 10%。

2. 虾饲料营养水平设计

根据虾饲料产品定位，参考农业部发布的无公害食品对虾养殖技术规范（NY/T 5059—2001）和农业部（2008）1224 公告《饲料添加剂使用规范》，确定虾饲料的营养参考见表 2-53 和表 2-54。对虾的必需氨基酸有 10 种：苏氨酸、缬氨酸、蛋氨酸、异亮氨酸、亮氨酸、苯丙氨酸、赖氨酸、组氨酸、精氨酸和色氨酸。而限制性氨基酸是赖氨酸、蛋氨酸和苏氨酸、精氨酸。

表 2-53 虾配合饲料营养参考

指标	幼虾料	中虾料	中成虾料	成虾料
蛋白质/%	≥45	≥40	≥38	≥36
脂类/%	≥7.5	≥6.7	≥6.3	≥6
粗纤维/%	≤4	≤4	≤4	≤4
钙/%	≥2.3	≥2.3	≥2.3	≥2.3
总磷/%	≥0.8	≥0.8	≥0.8	≥0.8
钾/%	≥0.9	≥0.9	≥0.9	≥0.9
钠/%	≥0.6	≥0.6	≥0.6	≥0.6
苏氨酸/%	≥2.39	≥2.12	≥2.01	≥1.91
赖氨酸/%	≥2.61	≥2.32	≥2.20	≥2.09
精氨酸/%	≥1.62	≥1.44	≥1.37	≥1.30
蛋氨酸/%	≥1.08	≥0.96	≥0.91	≥0.86

表 2-54 虾配合饲料维生素和微量元素添加量参考

名 称	含 量	名 称	含 量
维生素 A/（IU/kg）	15.000	叶泛酸/（mg/kg）	20
维生素 D/（IU/kg）	7500	维生素 B_{12}/（mg/kg）	0.1
维生素 E/（mg/kg）	400	抗坏血酸/（mg/kg）	1 200
维生素 K/（mg/kg）	20	钙/（mg/kg）	10 000
硫胺素 B_1/（mg/kg）	150	磷/（mg/kg）	5 000 ~ 10 000
核黄素 B_2/（mg/kg）	100	钾/（g/m^3	1
吡哆醇 B_6/（mg/kg）	50	镁/（mg/kg）	1 200
泛酸/（mg/kg）	100	锌/（mg/kg）	200
烟酸/（mg/kg）	300	铜/（mg/kg）	30 ~ 32
生物素/（mg/kg）	1	硒/（mg/kg）	0.2 ~ 0.4
肌醇（mg/kg）	300	碘/（mg/kg）	30
胆碱（mg/kg）	600	钴/（mg/kg）	50 ~ 70

3. 虾饲料原料的选择

对虾消化道的淀粉消化酶活性较低，因而对虾对糖的利用率较低，饲料中适宜含量不超过 26%。对虾对不同种类糖的利用率依次为淀粉 > 蔗糖 > 葡萄糖。甲壳质是对虾外骨骼的主要成分，对虾在蜕皮生长期间对甲壳质的需要很多，建议添加量为 0.54 %以上。对虾饲料中脂肪含量为 4% ~ 8%。亚油酸、亚麻酸和 EPA、DHA、花生四烯酸是对虾生长所必需的。对虾增重率、存活率受饲料中必需脂肪酸含量影响较大，饲料中应适量添加，一般为 1% ~ 2%。胆固醇是南美白对虾饲料中必需添加的营养物质，这可能是甲壳动物脂肪营养最为独特的一个方面。饲料胆固醇需要量随养殖条件有所变化，一般在 0.5 % ~ 1.5 %。

常用的动物性原料，包括鱼粉、肉粉、乌贼内脏粉、肝脏粉、虾粉、蚕蛹等，这些原料都有一个共同的特点，不易保存，在使用时要注意原料的新鲜度，防止因原料腐败而产生有毒有害物质，但效果优于植物性原料；植物性原料包括豆粕、花生粕、面粉、棉粕、菜粕、玉米蛋白粉等，这些原料有的价位高，大部分含有抗营养因子，还有部分含有毒性或霉菌毒素，面粉不但有高的消化率，还能作为黏结剂使用，在饲料组成中占 18% ~ 30%；常用油脂包括鱼油、豆油、混合油、乌贼膏、玉米油、棕榈油、亚麻籽油等，对虾的生长而言，鱼油效果最好，油脂效果排序为鱼油 > 亚麻籽油 > 豆油 > 玉米油 > 硬脂酸油 > 椰子油 > 红花油。晶体氨基酸因为在虾体内吸收较快，与蛋白质氨基酸不能同步吸收，因此其利用率较低，尽量在饲料中少添加。矿物质添加剂中磷酸二氢钠生物利用率 68.2%，而磷酸二氢钾为 68.1%，磷酸二氢钙为 46.3%，磷酸氢钙为 19.1%，过磷酸钙为 9.9%，因此磷酸二氢钠或钾最适合使用于虾料中，但考虑成本问题，经常选用磷酸二氢钙作为磷源和钙源。

4. 虾饲料配方计算与实例说明

虾料配方计算与其他动物配方计算相同，根据产品需要，设定各营养参数的标准，然后采用试差法或配方软件进行计算。注意配方中某些原料的添加比例限制。表 2-55 为虾配合饲料配方实例。

表 2-55　虾配合饲料配方及营养参数

原　料	含　量	营养指标	含　量
小麦/%	45.3	水分/%	12.5
鱼粉/%	24.5	粗蛋白/%	35
豆粕/%	10.5	代谢能/%	3.95
啤酒酵母/%	3.0	赖氨酸/%	2.32
大豆卵磷脂/%	3.0	蛋氨酸/%	0.96
鱼油/%	3.0	苏氨酸/%	2.12
鱿鱼粉/%	2.7	精氨酸/%	1.44
小麦麸/%	2.0	钙/%	2.3
磷虾水解产物/%	2.0	总磷/%	0.8
面粉/%	2.0	钾/%	0.9
磷酸一钙/%	0.69	钠/%	0.6
磷酸二氢钾/%	0.69		
预混料/%	0.4		
氯化胆碱/%	0.12		
维生素 C（35%）/%	0.07		
合计/%	100		

复习思考题

1. 饲料产品设计基本程序包括哪几个步骤，简要概述各个步骤的意义。

2. 猪饲料产品主要分为哪几大类，简述每类产品各有什么样的特征。如何选择饲料原料设计各阶段饲料？

3. 饲料产品设计中哪几个指标最为关键。

4. 简述仔猪产品原料的特点，产品的质量要求。

5. 蛋鸡产蛋期饲料如何定位？蛋鸡产蛋期饲养阶段如何划分？如何选择饲料原料设计各阶段饲料？

6. 肉仔鸡饲料如何定位？肉仔鸡饲养阶段如何划分？如何选择饲料原料设计各阶段饲料？

7. 分别指出猪、鸡、牛、羊、鱼、虾饲料中哪些氨基酸是限制性氨基酸。

8. 牛饲料产品主要分别几类，每类共有哪几种形式的产品。如何选择饲料原料设计各阶段饲料？

9. 简述牛饲料精料原料的选择依据。

10. 简述奶牛精饲料配方结构，各原料所占比例的范围。

11. 简述鱼配合饲料原料的选择需要注意哪些问题。

12. 概述虾配合饲料的营养参考水平。

项目三　饲料原料采购

【知识目标】

掌握常用饲料原料采购的基本知识和流程。

【技能目标】

能够制定常见饲料原料的接受标准。
会对常见的能量饲料与蛋白质饲料适宜价格做出评估。
能拟订原料的采购合同和签订采购合同。

饲料原料是生产配合饲料的物质基础，饲料成本占生产总成本的 60%～80%。饲料原料的品质及其配合在很大程度上影响畜禽的生产力和畜产品的质量。原料采购是保证原料质量的关键环节。原料采购的质量与价格决定了企业产品的质量和生产成本，因此，饲料企业应严格执行饲料原料的采购原则，确保原料的质量。

任务一　饲料原料接受标准制定

饲料企业采购原料首先要有原料的接受标准，目前一般都参照中国饲料工业标准或企业自己制定的原料的接受标准，它是原料采购是否合格的依据。

一、能量原料接受标准制定

能量原料分为谷实类、糠麸类、草籽树实类、块根块茎和瓜类、油脂类、糖蜜类等。是全价配合饲料使用量最大的一类原料，其品种繁多，常用的有玉米、高粱、大麦、小麦、稻谷、小麦麸、次粉、米糠、糖蜜、饲料用乳清粉、油脂等。

1. 玉　米

玉米接受标准可参照我国质量标准 GB/T 1353—2009 制定。接受的玉米要求籽粒饱满、均匀，具有正常的色泽与气味，无发酵、变质、霉变、结块、异味、异臭等；水分≤14%；杂质≤1%；生霉粒≤2%；粗蛋白质（干基）≥8.0%；一级饲料用玉米的脂肪酸值（KOH≤60 mg/100 g）。GB/T 1353—2009 以容重、不完善粒为定等级标准，见表 3-1。

表 3-1 饲用玉米等级质量标准（GB/T 1353—2009）

指　标	一　级	二　级	三　级	四　级	五　级
容重（g/L）	≥720	≥685	≥650	≥620	≥590
不完善粒/%（质量分数）	≤4.0	≤6.0	≤8.0	≤10.0	≤15.0

在表中，容重是指玉米籽粒在单位容积内的质量，作为玉米商品品质的重要指标，能够真实反映玉米的成熟度、完整度、均匀度和使用价值，是玉米定等的依据，容重小于 590 g/L 为等外玉米。不完善粒是指受到损伤但尚有饲用价值的玉米粒，包括虫蚀粒、病斑粒、破损粒、生芽粒、生霉粒、热损伤粒等。

2. 高　梁

高粱的接受标准可参照我国饲用高粱质量标准（NY/T 115—1989）。接受的高粱要求籽粒饱满、均匀，具有正常的色泽与气味，无发酵、变质、霉变、结块、异味、异臭等；以粗蛋白质、粗纤维与粗灰分为定等级标准，我国饲料用高粱质量标准见表 3-2。

表 3-2 饲料用高粱质量标准（NY/T 115—1989）

指　标	一　级	二　级	三　级
粗蛋白质/%（质量分数）	≥9.0	≥7.0	≥6.0
粗纤维/%（质量分数）	< 2.0	< 2.0	< 3.0
粗灰分/%（质量分数）	< 2.0	< 2.0	< 3.0

3. 大　麦

大麦根据品种分为皮大麦和裸大麦两大类。皮大麦的接受标准可参照饲料用皮大麦的质量标准 NY/T 118—1989；裸大麦可参照 NY/T 210—1992。接受的大麦要求籽粒饱满、均匀，具有正常的色泽与气味，无发酵、变质、霉变、结块、异味、异臭等；以粗蛋白质、粗纤维与粗灰分为定等级标准，我国饲料用高粱皮大麦和裸大麦的质量标准见表 3-3，3-4。

表 3-3 饲料用皮大麦质量标准（NY/T 118-1989）

指　标	一　级	二　级	三　级
粗蛋白质/%（质量分数）	≥11.0	≥10.0	≥9.0
粗纤维/%（质量分数）	< 5.0	< 5.5	< 6.0
粗灰分/%（质量分数）	< 3.0	< 3.0	< 3.0

表 3-4 饲料用裸大麦质量标准（NY/T 210-1992）

指　标	一　级	二　级	三　级
粗蛋白质/%（质量分数）	≥13.0	≥11.0	≥9.0
粗纤维/%（质量分数）	< 2.0	< 2.5	< 3.0
粗灰分/%（质量分数）	< 2.0	< 2.5	< 3.5

4. 小　麦

接受的小麦要求籽粒饱满、均匀，具有正常的色泽与气味，无发酵、变质、霉变、结块、异味、异臭等；水分≤12.5%；杂质≤1%，其中矿物质≤0.5%。以容重、不完善粒为定等级指标，分为五个等级，其中三级为中等，低于五级的为等外小麦。饲料用小麦的接受标准按 GB 1351—2008 及国家相关标准执行，见表 3-5。

表 3-5　饲用小麦质量标准（GB/T 1351—2008）

指　标	一　级	二　级	三　级	四　级	五　级
容重（g/L）	≥790	≥770	≥750	≥730	≥710
不完善粒/%（质量分数）	≤6.0	≤7.0	≤8.0	≤9.0	≤10.0

5. 稻　谷

接受的稻谷要求籽粒饱满、均匀，具有正常的色泽与气味，无发酵、变质、霉变、结块、异味、异臭等；以粗蛋白质、粗纤维与粗灰分为定等级标准，饲料用稻谷的接受标准按 NY/T 116—1989 及国家相关标准执行，见表 3-6。

表 3-6　饲料用稻谷质量标准（NY/T 116—1989）

指　标	一　级	二　级	三　级
粗蛋白质/%（质量分数）	≥8.0	≥6.0	≥5.0
粗纤维/%（质量分数）	<9.0	<10.0	<12.0
粗灰分/%（质量分数）	<5.0	<6.0	<8.0

6. 小麦麸

接受的小麦麸要求水分≤13.0%，色泽新鲜一致，无发酵、霉变、结块、异味、异臭等；不得掺入小麦麸以外的物质。若加入抗氧化剂、防霉剂等添加剂，应做相应的说明。以粗蛋白质、粗纤维与粗灰分为定等级标准，分为三个等级，其中二级为中等，低于三级为等外品。饲用小麦麸接受标准可参照 GB/T 10368—1989 制定，见表 3-7。

表 3-7　小麦麸等级质量标准（GB/T 10368—1989）

指　标	一　级	二　级	三　级
粗蛋白质/%（质量分数）	≥15.0	≥13.0	≥11.0
粗纤维/%（质量分数）	<9.0	<10.0	<11.0
粗灰分/%（质量分数）	<6.0	<6.0	<6.0

7. 次　粉

接受的次粉要求水分≤13.0%，色泽新鲜一致，无发酵、发酸、发霉、异味、结块、发热现象，无生虫等；不得掺入次粉以外的物质。若加入抗氧化剂、防霉剂等添加剂，应做相应的说明。以粗蛋白、粗纤维与粗灰分为等级标准，分为三个等级，其中二级为中等，低于三级为等外品。饲用次粉接受标准可参考 NY/T 211—1999 制定，见表 3-8。

表 3-8　饲料用次粉质量标准（NY/T 211—1999）

指　标	一　级	二　级	三　级
粗蛋白质/%（质量分数）	≥14.0	≥12.0	≥10.0
粗纤维/%（质量分数）	<3.5	<5.5	<7.5
粗灰分/%（质量分数）	<2.0	<3.0	<4.0

8. 米　糠

接受的米糠水分为≤13%；色泽新鲜一致，无发酵、霉变、结块、异味、异臭、发酸、发热现象，无生虫等；不得掺入米糠以外的物质。若加入抗氧化剂、防霉剂等添加剂，应做相应的说明。以粗蛋白质、粗纤维与粗灰分为定等级标准，饲料用稻谷的接受标准按 NY/T 122—1989 及国家相关标准执行，见表 3-9。

表 3-9　我国饲料用米糠质量标准（NY/T 122—1989）

指　标	一　级	二　级	三　级
粗蛋白质/%（质量分数）	≥13.0	≥12.0	≥11.0
粗纤维/%（质量分数）	<6.0	<7.0	<8.0
粗灰分/%（质量分数）	<8.0	<9.0	<10.0

9. 糖　蜜

糖蜜以糖原汁不同，大致分为甘蔗糖蜜、甜菜糖蜜、柑橘糖蜜及淀粉糖蜜。甘蔗糖蜜是甘蔗制造蔗糖或精制时的副产品；甜菜糖蜜是甜菜制糖时的副产品；柑橘糖蜜是柑橘压榨脱水的汁液；淀粉糖蜜是玉米或高粱的淀粉用酶或酸水解以后，用其制造葡萄糖的副产品。糖蜜接受标准可参照表 3-10 制定。

表 3-10　糖蜜参考质量标准

指　标	甘蔗糖蜜	甜菜糖蜜	柑橘糖蜜	淀粉糖蜜
水分/%（质量分数）	20.0~30.0	18.0~28.0	29.0~36.0	27.0
粗蛋白质/%（质量分数）	2.5~4.0	6.0 ~8.0	4.1~6.1	微量
粗灰分/%（质量分数）	8.0~12.5	8.0~12.0	4.3~4.7	9.0~13.0
钙/%（质量分数）	0.4 ~0.75	0.05~0.15	0.8	—
磷/%（质量分数）	0.05~0.15	0.01~0.06	0.6	—
总糖/%（质量分数）	48.0~51.0	49.0	>45.0	>50.0

10. 饲料用乳清粉

接受的饲料用乳清粉要求为均匀一致的淡黄色粉末；具有乳清固有的滋味和气味；无不良滋味和气味；无结块。不得掺入淀粉类物质，淀粉试验结果为阴性。具体要求：

水分≤5.0%，乳糖≥61.0%，粗蛋白质≥2.0%，粗脂肪≤1.5%，灰分≤8.0%，酸度（乳酸）≤0.12%，砷（以 As 计）≤1.0 mg/kg，铅（以 Pb 计）≤0.3 mg/kg，汞（以 Hg 计）≤0.02 mg/kg，DDT≤0.1 mg/kg，六六六≤0.2 mg/kg，硝酸银≤4 mg/kg，细菌总数≤15 000（cpu/g），大肠菌群≤40（MPN/100 g），霉菌总数≤50（cpu/g），致病菌不得检出。饲料用乳清粉接受标准可按 NY/T 1563—2007 与 GB/T 11674—2005 制定执行。

11. 油　脂

饲用油脂种类较多，按照来源可分为动物性油脂、植物性油脂和混合油脂。接受的油脂应透明、油亮；具有特定油脂本身固有的色、香、味，没有其他的气味、滋味和哈喇味；油脂中不得掺有其他食用油和非食用油；不得添加任何香精和香料；原油不能直接用来作饲料原料。

一般来说，油脂新鲜度可用酸值、过氧化值指标，以酸值不超过 5 mgKOH/g，过氧化物值以不超过 7.5 mmoL/kg 为宜。油脂稳定性可采用水分及挥发物、铜与铁的含量、不溶性杂质指标。水分及挥发物以不超过 1%为宜，最好控制在 0.2%以内；铜以不超过 0.4 mg/kg 为宜，最好控制在 0.2 mg/kg 以内；铁以不超过 5.0 mg/kg，最好控制在 1.5 mg/kg 以内；不溶性杂质建议控制在 0.5%以内。安全性可用溶剂残留量、苯并〔a〕芘、游离棉酚、黄曲霉毒素 B1、铅、砷、BHA、BHT 指标。溶剂残留量指 1 kg 油脂中残留溶剂的毫克数，压榨油要小于 10 mg/kg，浸出油要小于 50 mg/kg；苯并〔a〕芘为油脂的过热产物，具有高致癌性，无公害植物油要小于 5 μg/kg；饲用混合油要求小于 10 μg/kg；黄曲霉毒素 B1 要求小于 5 μg/kg；铅、砷要求小于 5 mg/kg；BHA 要求小于 150 mg/kg，BHT 要求小于 50 mg/kg，BHA+BHT 要求小于 150 mg/kg。无公害棉籽油的游离棉酚小于 0.1 g/kg，饲用混合油的游离棉酚小于 0.02%。

植物性油脂可参照以下标准制定：豆油（GB 1535—2003）、棉籽油（NY 5306—2005），菜籽油（含低芥酸菜籽油，GB 1536—2004）、花生油（GB 1534—2003）、芝麻油（GB 8233—2008）、葵花籽油（NY 5306—2005）、玉米油（NY/T 1272—2007）、棕榈油（GB/T 15680—2009）、米糠油（NY 5306—2005）、油茶籽油（NY 5306—2005）、葡萄籽油（GB/T 22478—2008）、红花籽油（GB/T 22465—2008）、橄榄油与油橄榄果榨油（GB 22347—2009）。饲料级混合油可参照 NY/T 913—2004 制定，鱼油可参照 SC/T 3504—2006 制定。

二、蛋白质原料接受标准制定

蛋白质饲料分为植物性蛋白质饲料、动物性蛋白质饲料、单细胞蛋白饲料和非蛋白氮饲料，常用的有全脂大豆、大豆饼和大豆粕、棉籽饼和棉籽粕、菜籽饼和菜籽粕、花生饼和花生粕、玉米蛋白粉、鱼粉、肉骨粉、血制品、羽毛粉、蚕蛹粉、乳清蛋白粉等。

1. 全脂大豆

接受的饲料用全脂大豆要求具有正确的色泽与气味，无发酵、变质、霉变、结块、异味、异臭等；水分≤13.0%；杂质≤1.0%；生霉粒≤2.0%。以不完善粒和粗蛋白质为定等级指标，分为三个等级，其中二级为中等，低于三级为等外饲料用大豆。饲料用全脂大豆卫生指标按 GB 13078 中的规定执行。

饲料用全脂大豆接受标准可参考 GB/T 20411—2006 制定，见表 3-11。

表 3-11　饲料用全脂大豆的质量标准（GB/T 20411—2006）

指　标	一　级	二　级	三　级	指　标	一　级	二　级	三　级
不完善粒/%（质量分数）	≤5	≤15	≤30	粗蛋白质/%（质量分数）	≥36	≥35	≥34
其中：热损伤粒/%（质量分数）	≤0.5	≤1.0	≤3.0				

2. 大豆饼和大豆粕

以全脂大豆为原料，经压榨法所得饲料用产品为大豆饼，经有机溶剂提油或预压-浸提取油后所得饲料用产品为大豆粕。

接受的大豆饼呈黄褐色饼状或小片状，色泽一致，无发酵、霉变、结块、虫蛀及异味异臭等；水分≤13%，不得掺入饲料用大豆以外的物质，如加入抗氧化剂、防腐剂、抗结块剂等添加剂，要具体说明加入的品种与数量。饲料用大豆饼接受标准参照 NY/T 130—1989 制定，见表 3-12。

表 3-12 饲用大豆饼质量标准（NY/T 130—1989）

指　标	一　级	二　级	三　级
粗蛋白质/（%）（质量分数）	≥41.0	≥39.0	≥37.0
粗脂肪/（%）（质量分数）	＜8.0	＜8.0	＜8.0
粗纤维/（%）（质量分数）	＜5.0	＜6.0	＜7.0
粗灰分/（%）（质量分数）	＜6.0	＜7.0	＜8.0

饲料用大豆粕分为带皮大豆粕与去皮大豆粕，要求接受的大豆粕呈黄褐色或淡黄色，为不规则的碎片状或粗粉状，色泽一致，无发酵、霉变、结块、虫蛀及异味异臭等；不得掺入饲料用大豆以外的物质，如加入抗氧化剂、防腐剂、抗结块剂等添加剂，要具体说明加入的品种与数量。饲料用大豆粕接受标准可以参考 GB/T 19541—2004 制定，见表 3-13。

饲料用大豆饼和大豆粕卫生指标按 GB 13078 中的规定进行。

表 3-13 饲料用大豆粕质量标准（GB/T 19541—2004）

指标	带皮大豆粕		去皮大豆粕	
	一　级	二　级	一　级	二　级
水分/%（质量分数）	≤12.0	≤13.0	≤12.0	≤13.0
粗蛋白质/%（质量分数）	≥44.0	≥42.0	≥48.0	≥46.0
粗纤维/%（质量分数）	≤7.0	≤7.0	≤3.5	≤4.5
粗灰分/%（质量分数）	≤7.0	≤7.0	≤7.0	≤7.0
尿素酶活性（以氨态氮计）（mg/（min · g）	≤0.3	≤0.3	≤0.3	≤0.3
氢氧化钾蛋白质溶解度/%（质量分数）	≥70.0	≥70.0	≥70.0	≥70.0

注：粗蛋白质、粗纤维、粗灰分三项指标，均以 88%或者 87%干物质为基础计算。

3. 棉籽饼和棉籽粕

接受的棉籽饼应呈黄褐色饼状或小片状，棉籽粕应呈金黄色小碎片或粗粉状，有时夹杂小颗粒，色泽均匀一致，无发酵、霉变、结块及异味；不得掺有饲料用棉籽饼（粕）以外的物质（非蛋白氮等），若加入抗氧化剂、防霉剂、抗结块剂等添加剂，要具体说明加入的品种和数量；其水分含量≤12.0%，饲料用棉籽饼的接受标准参照 NY/T 129—1989 制定，见表 3-14。

表 3-14 饲用棉籽饼质量标准（NY/T 129-1989）

指　标	一　级	二　级	三　级
粗蛋白质/%（质量分数）	≥40.0	≥36.0	≥32.0
粗纤维/%（质量分数）	＜10.0	＜12.0	＜14.0
粗灰分/%（质量分数）	＜6.0	＜7.0	＜8.0

饲料用棉籽粕根据游离棉酚（FG）含量不同，可分为低酚、中酚与高酚棉籽粕。低酚棉籽粕是指 FG≤300（mg/kg）的棉籽粕；中酚棉籽粕是指 FG 大于 300（mg/kg）但不超过

750（mg/kg）的棉籽粕，高酚棉籽粕是指 FG 大于 750（mg/kg）但不超过 1 200（mg/kg）的棉籽粕。饲用棉籽粕的接受标准可参考 GB/T 21264—2007 制定。水分≤12.0%；粗脂肪≤2.0%；其质量分级与技术指标见表 3-15。

饲料用棉籽饼和棉籽粕卫生指标按 GB 13078 中的规定执行。

表 3-15 饲料用棉籽粕标准（GB/T 21264—2007）

指 标	一 级	二 级	三 级	四 级	五 级
粗蛋白质/%（质量分数）	≥50.0	≥47.0	≥44.0	≥41.0	≥38.0
粗纤维/%（质量分数）	≤9.0	≤12.0	≤14.0	≤14.0	≤16.0
粗灰分/%（质量分数）	≤8.0	≤8.0	≤9.0	≤9.0	≤9.0

4. 菜籽饼和菜籽粕

接受的饲料用菜籽饼应为褐色、黄褐色小瓦片装、片状或饼状，饲料用菜籽粕应呈褐色、黄褐色或金黄色小碎片或粗粉状，有时夹杂小颗粒。色泽均匀一致，无发酵、霉变、结块及异味、异臭；不得掺有饲料用菜籽饼（粕）以外的物质（非蛋白氮等），若加入抗氧化剂、防霉剂、抗结块剂等添加剂，要具体说明加入的品种和数量；饲料用菜籽饼水分含量≤12%，以粗蛋白、粗脂肪、粗纤维、粗灰分为定等级标准，饲料用菜籽饼的接受标准参照 NY/T 125—1989 制定，见表 3-16。

表 3-16 饲用菜籽饼质量标准（NY/T 125—1989）

指 标	一 级	二 级	三 级
粗蛋白质/%（质量分数）	≥37.0	≥34.0	≥30.0
粗脂肪/%（质量分数）	＜10.0	＜10.0	＜10.0
粗纤维/%（质量分数）	＜14.0	＜14.0	＜14.0
粗灰分/%（质量分数）	＜12.0	＜12.0	＜12.0

饲料用菜籽粕根据异硫氰酸酯（ITC）含量不同，可分为低、中、高含量异硫氰酸酯菜籽粕。低含量异硫氰酸酯菜籽粕是指以 88%干物质为基础计算，ITC≤750（mg/kg）的菜籽粕；中含量异硫氰酸酯是指以 88%干物质为基础计算，ITC 大于 750（mg/kg）但不超过 2 000（mg/kg）的菜籽粕；高含量异硫氰酸酯菜籽粕是指以 88%干物质为基础计算，ITC 大于 2 000（mg/kg）但不超过 4 000（mg/kg）的菜籽粕。饲料用菜籽粕接受标准可参考 GB/T 23736—2009 制定。水分≤12.0%；粗脂肪≤3.0%；其质量分级与技术指标见表 3-17。

饲料用菜籽饼和菜籽粕卫生指标按 GB 13078 中的规定执行。

表 3-17 饲料用菜籽粕标准（GB/T 23736—2009）

指 标	一 级	二 级	三 级	四 级
粗蛋白质/%（质量分数）	≥41.0	≥39.0	≥37.0	≥35.0
粗纤维/%（质量分数）	≤10	≤12.0	≤12.0	≤14.0
赖氨酸/%（质量分数）	≥1.7	≥1.7	≥1.3	≥1.3
粗灰分/%（质量分数）	≤8.0	≤8.0	≤9.0	≤9.0

注：各项质量指标含量除水分以原样为基础计算外，其他均以 88%干物质为基础计算。

5. 花生饼与花生粕

接受的饲料用花生饼应呈小瓦片或圆扁块状，呈色泽新鲜一致的黄褐色，无发霉、霉变、虫蛀、结块及异味、异臭等；不得掺入花生饼以外的物质（非蛋白氮等），如加入抗氧化剂、防霉剂等添加剂，应做相应说明；水分≤12.0%；以粗蛋白质、粗纤维及粗灰分为定等级标准。饲料用花生饼接受标准可以参考 GB 10381—1989 制定，见表 3-18。

表 3-18 饲料用花生饼质量标准（GB 10381—1989）

指 标	一 级	二 级	三 级
粗蛋白质/%（质量分数）	≥48.0	≥40.0	≥36.0
粗纤维/%（质量分数）	＜7.0	＜9.0	＜11.0
粗灰分/%（质量分数）	＜6.0	＜7.0	＜8.0

接受的饲料用花生粕应呈碎屑状，色泽呈新鲜一致的黄褐色或浅褐色，无发酵、霉变、虫蛀、结块及异味、异臭；不得掺入花生粕以外的物质（非蛋白氮等），如加入抗氧化剂、防霉剂等添加剂，应做相应说明；水分≤12.0%；以粗蛋白质、粗纤维及粗灰分为定等级标准。饲料用花生粕接受标准可参考 GB 10382—1989 制定，见表 3-19。

饲料用花生饼和花生粕卫生指标按 GB13078 中的规定执行。

表 3-19 饲料用花生粕质量标准（GB 10382—1989）

指 标	一级	二级	三级
粗蛋白质/%（质量分数）	≥51.0	≥42.0	≥37.0
粗纤维/%（质量分数）	＜7.0	＜9.0	＜11.0
粗灰分/%（质量分数）	＜6.0	＜7.0	＜8.0

6. 玉米蛋白粉

玉米蛋白粉为湿磨法制造玉米淀粉或玉米糖浆时，原料玉米除去淀粉、胚芽与玉米外皮所剩下的产品。接受的玉米蛋白粉应为淡黄色、金黄色或橘黄色，色泽均匀，多数为颗粒状，少数为粉状，具有发酵的气味；不得掺入玉米蛋白粉以外的物质（非蛋白氮等），如加入抗氧化剂、防霉剂等添加剂，应做相应说明；水分≤12.0%；以粗蛋白质、粗脂肪、粗纤维和粗灰分为定等级标准。玉米蛋白粉的接受标准可参考 NY/T 685—2003 制定，其质量分级与技术指标见表 3-20。

表 3-20 饲料用玉米蛋白粉质量标准（NY/T 685—2003）

指 标	一 级	二 级	三 级
粗蛋白质/%（质量分数）	≥60.0	≥55.0	≥50.0
粗脂肪/%（质量分数）	≤5.0	≤8.0	≤10.0
粗纤维/%（质量分数）	≤3.0	≤4.0	≤5.0
粗灰分/%（质量分数）	≤2.0	≤3.0	≤4.0

玉米蛋白粉卫生指标按 GB 13078 中的规定执行。建议在质量分级及技术指标中增加蛋氨酸、真蛋白质和叶黄素指标。

7. 鱼　粉

饲料用鱼粉指以鱼、虾、蟹类等水产动物及其加工的废弃物为原料，经蒸煮、压榨、烘干、粉碎等工序制成的饲料用产品。生产饲料用鱼粉的原料只能是鱼、虾、蟹类等水产动物及其加工的废弃物，不得使用受到石油、农药、有害金属或其他化合物污染的原料加工鱼粉。必要时原料应进行分拣，并除去砂石、草木、金属等杂物。原料应保持新鲜，不得使用已腐败变质的原料，依据加工方法，鱼粉可分为蒸干鱼粉和脱脂鱼粉。原料通过转筒干燥得到蒸干鱼粉；原料通过蒸煮、压榨、干燥得到脱脂鱼粉；脱脂鱼粉压榨得到的液体成分经过浓缩得到鱼膏，压榨得到的液体浓缩后通过吸附剂吸附、干燥得到鱼精粉。

接受的红鱼粉应呈黄棕色、黄褐色等鱼粉正常颜色；白鱼粉呈黄白色。粉碎应均匀一致，96%以上能通过筛孔为 2.8 mm 的标准筛；不含非鱼粉原料的含氮物质（植物油饼粕、皮革粉、羽毛粉、尿素、血粉、肉骨粉等）以及加工鱼露的废渣；水分≤10%；砷、铅、汞、亚硝酸盐、六六六、滴滴涕指标应符合 GB 13078 的规定；霉菌≤3×10^3（cfu/g），沙门菌与寄生虫不得检出。

鱼粉接受标准可参考 GB/T 19164—2003 制定。质量分级与技术指标见表 3-21。

表 3-21　鱼粉的理化指标（GB/T 19164—2003）

指　标	特级品	一级品	二级品	三级品
色泽	红鱼粉呈黄棕色、黄褐色；白鱼粉呈黄白色			
组织	蓬松、纤维状组织明显、无结块、无霉变	较蓬松、纤维状组织较明显、无结块、无霉变		松软粉状物、无结块、无霉变
气味	有鱼香味，无焦灼味和油脂酸败味		具有鱼粉正常气味，无异臭、无焦灼味和明显油脂酸败味	
粉碎粒度	≥96（通过筛孔为 2.80 mm 的标准筛）			
粗蛋白质/%（质量分数）	≥65	≥60	≥55	≥50
粗脂肪/%（质量分数）	≤11（红鱼粉） ≤9（白鱼粉）	≤12（红鱼粉） ≤10（白鱼粉）	≤13	≤14
盐分（以 Nacl 计）/%（质量分数）	≤2	≤3	≤3	≤4
灰分/%（质量分数）	≤16（红鱼粉） ≤18（白鱼粉）	≤18（红鱼粉） ≤20（白鱼粉）	≤20	≤23
砂分/%（质量分数）	≤1.5	≤2	≤3	≤4
赖氨酸/%（质量分数）	≥4.6（红鱼粉） ≥3.6（白鱼粉）	≥4.4（红鱼粉） ≥3.4（白鱼粉）	≥4.2	≥3.8
蛋氨酸/%（质量分数）	≥1.7（红鱼粉） ≥1.5（白鱼粉）	≥1.5（红鱼粉） ≥1.3（白鱼粉）	≥1.3	≥1.3
胃蛋白酶消化率/%（质量分数）	≥90（红鱼粉） ≥88（白鱼粉）	≥88（红鱼粉） ≥86（白鱼粉）	≥85	≥85
挥发性氨基氮（VBN/mg/100 g）	≤110	≤130	≤150	≤150
油脂酸价（KOH）/（mg/g）	≤3	≤5	≤7	≤7
尿素/%	≤0.3	≤0.7	≤0.7	≤0.7
组胺/（mg/kg）	≤300（红鱼粉） ≤40（白鱼粉）	≤500（红鱼粉） ≤40（白鱼粉）	≤1000（红鱼粉） ≤40（白鱼粉）	≤1500（红鱼粉） ≤40（白鱼粉）
铬（以六价铬计）/（mg/kg）	≤8	≤8	≤8	≤8

8. 肉骨粉

饲料用肉骨粉是以新鲜无变质的动物废弃组织及骨经高温高压、蒸煮、灭菌、脱脂、干燥、粉碎后的产品。接受的饲料用肉骨粉为黄色至黄褐色油性粉状物，具有肉骨粉固有气味，无腐败气味。除不可避免的少量混杂外，不应添加毛发、蹄、羽毛、血、皮革、胃肠内容物及非蛋白氮等物质。不得使用发生疫病的动物废弃组织及骨加工饲料用肉骨粉。加入抗氧化剂时应标明其名称。卫生指标应符合《动物源性饲料产品安全卫生管理办法》(中华人民共和国农业部令〔2004〕第40号)的有关规定；应符合国家检疫有关规定；应符合GB 13078的规定。沙门菌不得检出。铬含量≤5 mg/kg；水分≤10.0%；总磷≥3.5%；钙含量为总磷量的180%～220%；粗脂肪≤12.0%；粗纤维含量≤3.0%。

以粗蛋白质、赖氨酸、胃蛋白酶消化率、酸价、挥发性盐基氮、粗灰分为定等级指标，分为三级。饲料用肉骨粉接受标准可参照GB/T 20193—2006制定。质量分级与技术指标见表3-22。

表3-22 饲料用肉骨粉质量标准（GB/T 20193—2006）

指 标	一 级	二 级	三 级
粗蛋白/%（质量分数）	≥50	≥45	≥40
赖氨酸/%（质量分数）	≥2.4	≥2.0	≥1.6
胃蛋白酶消化率/%（质量分数）	≥88	≥86	≥84
酸价（KOH）/（mg/g）	≤5	≤7	≤9
挥发性盐基氮/（mg/100 g）	≤130	≤150	≤170
粗灰分/%（质量分数）	≤33	≤38	≤43

9. 血制品

饲料用血制品主要有全血粉（血粉）、血浆粉（血清蛋白粉）与血细胞粉（血细胞蛋白粉）三种。血粉（全血粉）是往屠宰动物的血中通入蒸汽后，凝集成块。排除水后，用蒸汽加热干燥，粉碎形成。根据工艺可分为喷雾干燥血粉、滚筒干燥血粉、蒸煮干燥血粉、发酵血粉和膨化血粉五种。

喷雾干燥血粉主要工序：屠宰猪→收集血液→血液储藏罐→搅拌除去纤维蛋白→压送至喷雾系统→喷雾干燥→包装→低温储存。

滚筒干燥血粉主要工序：畜禽血液于热交换容器中通入60～65.5 °C水蒸气使血液凝固，经过压辊粉碎包装。血细胞破坏率低。

蒸煮干燥血粉主要工序：把新鲜血液倒入锅中，加入相当于血量1%～1.5%的生石灰，煮熟使之形成松脆的团块。捞出团块，摊放在水泥地上晒干至棕褐色，再用粉碎机粉碎成粉末状。血细胞破坏率低。

发酵血粉主要工序：家畜屠宰血加入糠麸及菌种混合发酵后低温干燥粉碎。

膨化血粉主要工序：畜禽血液于热交换器中通入60～65.5 °C水蒸气使血液凝固，膨化机膨化后通过压辊粉碎包装。

血粉的接受标准可参照SB/T 10212—1994制定，建议增加赖氨酸、蛋氨酸和胃蛋白消化率指标，另外要同时符合卫生标准，且大肠杆菌、志贺菌不得检出。质量标准见表3-23。

表 3-23 饲料用血粉质量标准（SB/T10212—1994）

指 标	一 级	二 级	指 标	一 级	二 级
性状		干燥粉粒状物	杂质		不含砂石等杂质
气味		具有血制品固有气味；无腐败变质气味	粗蛋白质/%（质量分数）	≥80	≥70
			水分/%（质量分数）	≤10	≤10
色泽		暗红色或褐色	粗纤维/%（质量分数）	<1	<1
粉碎粒度		能经过 2～3 mm 孔筛	灰分/%（质量分数）	≤4	≤6

血浆蛋白粉是将健康动物新鲜血液温度在 2 h 内降至 4 °C，并保持 4～6 °C，经过抗凝处理，从中分离出的血浆经喷雾干燥后得到的粉末，故又称为喷雾干燥血清粉。血浆蛋白粉的种类按血液的来源主要有猪血浆蛋白粉（SDPP）、低灰分猪血浆蛋白粉（LAPP）、母猪血浆蛋白粉（SDSPP）和牛血浆蛋白粉（SDBP）等。一般情况下，喷雾干燥血浆蛋白粉主要是指猪血浆蛋白粉，其接受标准可参照表 3-24 制定，建议增加赖氨酸、蛋氨酸和胃蛋白酶消化率指标。

表 3-24 喷雾干燥血浆蛋白粉参考质量标准

指 标	一 级	二 级	指 标	一 级	二 级
性状	干燥粉粒状物，无块状物		粗蛋白质/%（质量分数）	≥72	≥70
气味	具有血制品固有气味，无腐败变质气味		粗灰分/%（质量分数）	≤14	≤17
色泽	淡红色至中等黄色		水分/%（质量分数）	≤8	≤10
质地	无杂质，均匀一致		挥发性氨基氮/（mg/kg）	≤25	≤35

注：符合卫生标准，且大肠杆菌、志贺菌不得检出。

血球蛋白粉是指动物屠宰后血液在低温处理条件下，经过一定工艺分离出血浆经过喷雾干燥后得到的粉末。血球蛋白粉又称为喷雾干燥血细胞粉，接受标准可参照表 3-25 制定，建议增加赖氨酸、蛋氨酸和胃蛋白酶消化率指标。

表 3-25 血球蛋白粉参考质量标准

指 标	一 级	二 级	指 标	一 级	二 级
性状	干燥粉粒状物，无块状物		粗蛋白质/%（质量分数）	≥91	≥88
气味	具有血制品固有气味，无腐败变质气味		粗灰分/%（质量分数）	≤5	≤6
色泽	暗红色，红褐色		水分/%（质量分数）	≤8	≤10
质地	无杂质，均匀一致		挥发性氨基氮/（mg/kg）	≤25	≤35

注：符合卫生标准，且大肠杆菌、志贺菌不得检出。

10. 水解羽毛粉

饲料用水解羽毛粉为家禽屠体脱毛的羽毛及作羽绒制品筛选后的毛梗，经清洗、高温高压水解处理、干燥和粉碎制成的细粉粒状物质。接受的羽毛粉应呈淡黄色、褐色、深褐色、黑色的干燥粉粒状，具有水解羽毛粉正常气味，无异味；饲料用羽毛粉接受标准可参照 NY/T 915—2004 制定，具体要求见表 3-26。

表 3-26 水解羽毛粉质量标准（NY/T 915—2004）

指 标	一 级	二 级
粉碎粒度	通过的标准筛孔不大于 3 mm	
未水解的羽毛粉	≤10.0	≤10.0
水分/%（质量分数）	≤10.0	≤10.0
粗脂肪/%（质量分数）	≤5.0	≤5.0
胱氨酸/%（质量分数）	≥3.0	≥3.0
粗蛋白质/%（质量分数）	≥80.0	≥75.0
粗灰分/%（质量分数）	≤4.0	≤6.0
砂分/%（质量分数）	≤2.0	≤3.0
胃蛋白酶-胰蛋白酶复合酶消化率	≥80.0	≥70.0

注：卫生要求：原料羽毛或水解羽毛粉不得检出沙门菌；每百克水解羽毛粉中大肠菌群（MPN/100 g）允许量小于 1×10^4；每千克水解羽毛粉中砷的允许量不大于 2 mg。

11. 蚕蛹粉

蚕蛹是蚕丝工业副产物，分为桑蚕蛹和柞蚕蛹。接受的蚕蛹粉应呈淡黄色、褐色、深褐色的干燥粉粒状，具有蚕蛹的正常气味，无异味；不含有非蚕蛹粉的物质（非蛋白氮等），如加入抗氧化剂、防霉剂等添加剂，应做相应说明；水分≤12.0%；以粗蛋白质、粗纤维和粗灰分为定等级标准，饲用桑蚕蛹粉的接受标准参照 NY/T 218—1992 执行，见表 3-27。

表 3-27 饲料用桑蚕蛹粉质量标准（NY/T 218—1992）

指 标	一 级	二 级	三 级
粗蛋白/%（质量分数）	≥50.0	≥45.0	≥40.0
粗纤维/%（质量分数）	< 4.0	< 5.0	< 6.0
粗灰分/%（质量分数）	< 4.0	< 5.0	< 6.0

12. 乳清蛋白粉

乳清浓缩蛋白粉是用过滤机脱水或其他处理以去除乳清中的水分、乳糖及（或）矿物质后的产品。接受标准可参照表 3-28 制定。

表 3-28 乳清蛋白粉营养成分参考标准

指 标	要 求	指 标	要 求
粗蛋白/%（质量分数）	16.0 ~ 26.0	粗灰分/%（质量分数）	16.0 ~ 24.0
粗纤维/%（质量分数）	0	乳糖/%（质量分数）	35.0 ~ 58.0

13. DDGS 饲料

DDGS 饲料，是酒糟中蛋白饲料的商品名，即含有可溶固形物的干酒糟。在以玉米为原料经发酵制取乙醇的过程中，其中的淀粉被转化成乙醇和二氧化碳，其他营养成分如蛋白质、脂肪、纤维等均留在酒糟中。同时由于微生物的作用，酒糟中蛋白质、B 族维生素及氨基酸含量均比玉米有所增加，并含有发酵中生成的未知促生长因子。

市场上的玉米酒糟蛋白饲料产品有两种：一种为 DDG（Distillers Dried Grains），是将玉米酒糟做简单过滤，滤渣干燥，滤清液排放掉，只对滤渣单独干燥而获得的饲料；另一种为 DDGS（Distillers Dried Grains with Soluble），是将滤清液干燥浓缩后再与滤渣混合干燥而获得的饲料。后者的能量和营养物质总量均明显高于前者。

接受的 DDGS 呈黄褐-深褐色，可溶物含量高并且烘干温度高，颜色加深。有发酵的气味，含有机酸，口感有微酸味。美国 DDGS 的典型营养价值为：含粗蛋白质 26%以上，粗脂肪 10%以上，0.85%赖氨酸和 0.75%的磷。国产的 DDGS 养分变异较大，并且由于在发酵前脱去了玉米的胚芽，产品脂肪含量较低，因而能量含量也比较低。国产的 DDGS 蛋白质利用率低可能主要是在干燥过程中过度加热所造成的。

三、矿物质原料接受标准制定

1. 饲料级磷酸一二钙

饲料级磷酸一二钙的接受标准可参照 HG/T 3776—2005 制定，见表 3-29。

表 3-29　饲料级磷酸一二钙质量标准（HG/T 3776—2005）

项　目	指　标	项　目	指　标
外观	白色或灰白色粉末（颗粒）	氟化物（以 F 计）/%（质量分数）	≤0.18
		砷（As）/%（质量分数）	≤0.003
总磷（P）/%（质量分数）	≥21.0	铅（Pb）/%（质量分数）	≤0.003
水溶性磷占总磷的比例/%（质量分数）	≥40.0	细度（通过 2 mm 网孔的分析筛）/%（质量分数）	≥90
钙（Ca）/%（质量分数）	15.0～20.0	pH 值（10 g/L 溶液）	3.5～4.5

注：用户对细度和水分有特殊要求时，由供需双方协商。

2. 饲料级磷酸氢钙

饲料级磷酸氢钙为工业磷酸与石灰乳或碳酸钙中和生产的饲料级产品。该产品是作为饲料工业中钙和磷的补充剂。本品为白色、微黄色、微灰色粉末或颗粒状。主成分分子式为 $CaHPO_4 \cdot 2H_2O$，相对分子量 172.10。按生产工艺不同分成Ⅰ型、Ⅱ型、Ⅲ型三种型号。饲料级磷酸氢钙接受标准可参照 GB/T 22549—2008（见表 3-30）与 QB/T 2355—2005（见表 3-31）制定。其中，QB/T 2355—2005 适用于明胶生产企业由动物骨制取明胶时所得到的磷酸氢钙（$CaHPO_4 \cdot 2H_2O$）。

表 3-30 饲料级磷酸氢钙质量标准（GB/T 22549—2008）

指　标	Ⅰ型	Ⅱ型	Ⅲ型
外观	白色或略带微黄色粉末或颗粒		
总磷（P）含量/%（质量分数）	≥16.5	≥19.0	≥21.0
枸溶性磷（P）含量/%（质量分数）	≥14.0	≥16.0	≥18.0
水溶性磷（P）含量/%（质量分数）	—	≥8	≥10
氟（F）含量/%（质量分数）	≤0.18	≤0.18	≤0.18
钙（Ca）含量/%（质量分数）	≥20.0	≥15.0	≥14.0
砷（As）含量/%（质量分数）	≤0.003	≤0.003	≤0.003
铅（Pb）含量/%（质量分数）	≤0.003	≤0.003	≤0.003
镉（Cd）含量/%（质量分数）	≤0.001	≤0.001	≤0.001
细度粉状通过 0.5 mm 分析筛/%（质量分数）	≥95	≥95	≥95
粒状通过 2 mm 分析筛/%（质量分数）	≥90	≥90	≥90

注：用户对细度有特殊要求时，由供需双方协商。

表 3-31 饲料级磷酸氢钙质量标准（骨制，QB/T 2355—2005）

项　目	指　标	项　目	指　标
外观	白色粉末	钙（Ca）/%（质量分数）	≥21.0
细度（通过 0.5 mm 网孔的分析筛）/%（质量分数）	≥95	氟化物（以 F 计）/%（质量分数）	≤0.18
胶原蛋白/%（质量分数）	0.2～1.0	砷（As）/%（质量分数）	≤0.001
磷（P）/%（质量分数）	≤16.0	重金属（以 Pb 计）/%（质量分数）	≤0.003

3. 饲料级磷酸二氢钙

饲料级磷酸二氢钙分子式为 $Ca(H_2PO_4)_2 \cdot H_2O$。相对分子质量 252.06。饲料级磷酸二氢钙接受标准可参照 GB/T 22548—2008 制定，见表 3-32。

表 3-32 饲料级磷酸二氢钙质量标准（GB/T 22548—2008）

项　目	指　标
外观	白色或略带微黄色粉末或颗粒
总磷（P）含量/%（质量分数）	≥22.0
水溶性磷（P）含量/%（质量分数）	≥20.0
氟（F）含量/%（质量分数）	≤0.18
钙（Ca）含量/%（质量分数）	≥13.0
砷（As）含量/%（质量分数）	≤0.003
重金属（以 Pb 计）含量/%（质量分数）	≤0.003
铅（Pb）含量/%（质量分数）	≤0.003
游离水分含量/%（质量分数）	≤4.0
细度（通过 0.5 mm 网孔的分析筛）/%（质量分数）	≥95
pH 值（2.4 g/L 溶液）	≥3.0

注：用户对细度有特殊要求时，由供需双方协商。

4. 石　粉

石粉是天然的碳酸钙，一般含钙 35%以上，是补充钙最廉价、最方便的矿物质原料。石粉的粒度以中等为好，一般猪为 26 ~ 36 目，禽为 26 ~ 28 目。饲料级轻质碳酸钙的接受标准可参照 HG 2940—2000 执行（见表 3-33）。

表 3-33　饲料级轻质碳酸钙质量标准（HG 2940-2000）

项　目	指　标	项　目	指　标
碳酸钙（以干物质计）/%（质量分数）	≥98.0	钡盐（以 Ba 计）/%（质量分数）	≤0.03
碳酸钙（以 Ca 计）/%（质量分数）	≥39.2	重金属（以 Pb 计）/%（质量分数）	≤0.003
盐酸不溶物/%（质量分数）	≤0.2	砷（As）/%（质量分数）	≤0.000 2
水分/%（质量分数）	≤1.0		

5. 骨　粉

骨粉是以禽畜骨骼为原料加工而成的，因加工方法不同，成分含量及名称也各不相同，化学式为 $3Ca_3(PO_4)_2 \cdot Ca(OH)_2$，是补充家畜钙、磷的良好来源。

饲料用骨粉应为浅灰褐色至浅黄褐色粉状物，具有骨粉固有气味，无腐败气味；除含有少量油脂、结缔组织以外，不得添加骨粉以外的物质；不得使用发生疫病的动物骨加工饲料用骨粉；加入抗氧化剂时应标明其名称；卫生指标应按 GB 13078 中的规定执行。沙门菌不得检出；水分≤5.0%；总磷≥11.0%；钙含量应为总磷量的 180% ~ 220%；粗脂肪≤3.0%；酸值≤3（KOH mg/g）。

6. 食　盐

食盐主要成分为氯化钠，含有不低于 0.007%的碘，碘分布应均匀。食盐接受标准可参考以下指标制定：外观应呈白色细颗粒；氯化钠含量≥99.0%，水分≤1.0%；全部通过孔径为 0.60 mm（30 目）的分析筛。

7. 硫酸钠

硫酸钠接受标准可参考以下制定：纯度≥99.52%，钠≥32%，硫≥22%，鎳 0.000 9%，氯 0.147%，铁 0.000 6%，镁 0.044%，钼 0.000 2%，全部通过孔径为 0.60 mm（30 目）的分析筛。

8. 碳酸氢钠

碳酸氢钠又名小苏打，接受标准可参考以下制定：纯度≥99.0%，钠 27% ~ 27.4%，砷≤2.8 mg/kg，氯化物≤0.04%，重金属≤10 mg/kg。全部通过孔径为 0.60 mm（30 目）的分析筛。

9. 硫酸镁

硫酸镁接受标准可参考 HG 2933—2000 制定，外观应为无色结晶或白色粉末；$MgSO_4 \cdot 7H_2O$≥99.0%；镁≥9.7%，重金属（以 Pb 计）≤0.001%；砷≤0.000 2%，氯化物（以 Cl^- 计）≤0.014%；粒度（孔径 0.40 mm 分析筛通过率）≥95.0%。

10. 膨润土

膨润土是以蒙脱石为主要成分的黏土，属含水硅酸盐，主要有含钙膨润土和含钠膨润土两种。含钙膨润土接受标准可参考以下制定：钙 0.5% ~ 2.6%，钠 0 ~ 0.4%，钾 0.08% ~ 0.5%，镁 1% ~ 3%，铁 0.6% ~ 5%，铝 8% ~ 11%，硅 22% ~ 27.5%，水分 6% ~ 13%。含钠膨润土接受标准可参考以下制定：钙 0.1% ~ 0.8%，钠 1% ~ 2%，钾 0.1% ~ 0.3%，镁 1% ~ 1.9%，铁 1.7% ~ 2.7%，铝 9% ~ 11%，硅 27% ~ 29.5%，水分 6% ~ 13%。

11. 沸石粉

沸石粉接受标准可参考 GB/T 21695—2008 制定，见表 3-34。

表 3-34 沸石粉质量标准（GB/T 21695—2008）

指 标	一 级	二 级
感官性状	无臭无味，具有矿物本身自然色泽的粉末或颗粒	
吸氨量/（mmoL/100 g）	≥100.0	≥90.0
干燥失重/%（质量分数）	≤6.0	≤10.0
砷（As）/%（质量分数）	≤0.002	≤0.002
汞（Hg）/%（质量分数）	≤0.000 1	≤0.000 1
铅（Pb）/%（质量分数）	≤0.002	≤0.002
镉（Cd）/%（质量分数）	≤0.001	≤0.001
细度（通过孔径为 0.9 mm 分析筛）/%（质量分数）	≥95.0	≥95.0

四、饲料添加剂接受标准制定

1. 氨基酸添加剂

配合饲料生产企业常用的氨基酸添加剂主要有赖氨酸、蛋氨酸、色氨酸与苏氨酸。

（1）L-赖氨酸盐酸盐。接受标准可参照 GB 8245—1987 制定。具体要求是：应为白色或淡褐色粉末；无味或唯有特殊气味，易溶于水，难溶于乙醇及乙醚，有旋光性；含量（以 $C_6H_{14}N_2O_2$·HCl 干基计）≥98.5%；干燥失重≤1.0%；比旋光度：+18.0° ~ +21.5°；灼烧残渣≤0.3%；铵盐（以 NH_4^+计）≤0.04%；重金属（以 Pb 计）≤0.003%；砷（以 As 计）≤0.000 2%。

（2）L-赖氨酸硫酸盐。L-赖氨酸硫酸盐产品还没有国家或行业标准颁布，目前主要执行的是企业标准。接受标准可参照 Q/CDSH 01—2004（长春大成生化工程开发有限公司企业标准）制定。具体要求是：应为褐色或淡褐色颗粒。L-赖氨酸≥51.0%；其他氨基酸≥10.0%；干燥失重≤3.0%；灼烧残渣≤4.0%；铵盐（以 NH_4^+计）≤1.0%；重金属（以 Pb 计）≤0.003%；砷（以 As 计）≤0.000 2%；硫酸盐（以 SO_4^{2-}计）≤15%；粒度：通过筛孔直径 1.5 mm 分析筛≥90%。

（3）DL-蛋氨酸。接受标准可参照 GB/T 17810—2009 制定。具体要求是：应为白色或浅灰色粉末或片状结晶；DL-蛋氨酸≥98.5%；干燥失重≤0.5%；氯化物（以 NaCl 计）≤0.2%；重金属（以 Pb 计）≤20 mg/kg；砷（以 As 计）≤2 mg/kg。

（4）羟基蛋氨酸钙。接受标准可参照 GB/T 21034—2007 制定。具体要求是：应为浅灰色粉末颗粒，有硫基的特殊气味；羟基蛋氨酸钙含量（以干基计）≥95.5%；羟基蛋氨酸含量（以干基计）≥84.0%；钙 11.0%～15.0%；干燥失重≤1.0%；铅（以 Pb 计）≤20 mg/kg；砷（以 As 计）≤2 mg/kg；粒度：1.168 mm 孔径（14 目）分析筛上物≤1%，0.105 mm 孔径（140 目）分析筛上物≥75%。

（5）液体蛋氨酸羟基类似物。接受标准可参照 GB/T 19371.1—2003 制定。具体要求是：应为褐色或棕色黏稠液体，有硫基的特殊气味，溶于水；液体蛋氨酸羟基类似物含量≥88%；铅（以 Pb 计）≤5 mg/kg；砷（以 As 计）≤2 mg/kg；铵盐（以 NH^{4+}计）≤1.5%；氰化物不得检出；pH≤1。

（6）DL-色氨酸。DL-色氨酸目前还没有国家标准，接受标准可参照企业标准制定。具体要求是：应为白色至淡黄色粉末，无臭，味微苦，难溶于水，极难溶于乙醇和乙醚，溶于稀盐酸和氢氧化钠溶液。含量（以 $C_{11}H_{12}N_2O_2$ 干基计）≥98.5%；干燥失重≤1.0%；灼烧残渣≤0.5%；氯化物（以 Cl 计）≤0.2%；铵盐（以 NH_4^+计）≤0.04%；重金属（以 Pb 计）≤0.002%；有害元素（以 As 计）≤0.000 2%。

（7）L-苏氨酸。L-苏氨酸添加剂接受标准可参照 GB/T 21979—2008 制定。具体要求是：应为白色至浅褐色的结晶或结晶性粉末，味微甜，能溶于水，难溶于甲醇、乙醚和三氯甲烷，有旋光性；含量（以干基计）：一级≥98.5%，二级≥97.5%；干燥失重≤1.0%；比旋光度：－26.0°～－29.0°；灼烧残渣≤0.5%；重金属（以 Pb 计）≤20 mg/kg；砷（以 As 计）≤2 mg/kg。

2. 微量元素添加剂

配合饲料企业常用的微量元素添加剂主要使用的是含有一个结晶水的硫酸盐，此外尚有有机形式的微量元素添加剂。

（1）一水硫酸亚铁。饲料用一水硫酸亚铁接受标准可参照 HG/T 2935—2006 制定。具体要求是：应为灰白色粉末；硫酸亚铁（以 $FeSO_4 \cdot H_2O$ 计）≥98.0%；铁（Fe）≥30.0%；砷（As）≤0.000 2%；铅（Pb）≤0.002%；细度（0.18 mm 分析筛通过率）≥95%。

（2）蛋氨酸铁。蛋氨酸铁是一类生物学效价较高的饲料添加剂，接受标准可参照 NY/T 1498—2008 制定。具体要求是：应为浅灰黄色粉末，无结块、发霉、变质现象，具有蛋氨酸铁特有气味；粉碎粒度要求过 0.25 mm 孔径分析筛，筛上物不得大于 2%；蛋氨酸占标示量的百分比≥93%；铁（Ⅱ）占标示量的百分比≥90%；水分≤5.0%；铅≤30 mg/kg；总砷≤10 mg/kg。

（3）甘氨酸铁络合物。甘氨酸铁络合物是以甘氨酸、硫酸亚铁为主要原料，经化学合成制得的、分子结构为链状的络合物，相对分子量 634.10，接受标准可参照 GB/T 21996—2008 制定。具体要求是：应为淡黄色至棕黄色晶体或结晶性粉末，易溶于水；甘氨酸铁络合物≥90.0%；铁（Fe^{2+}）≥17.0%；三价铁（Fe^{3+}）≤0.50%；总甘氨酸≥21.0%；游离甘氨酸≤1.30%；干燥失重≤10.0%；铅含量≤0.002%；总砷≤0.000 5%；粒度（孔径 0.84 mm 分析筛通过率）≥95.0%。

（4）硫酸铜。常用的硫酸铜含有 5 个结晶水，相对分子量 249.68，其接受标准可参照 HG 2932—1999 制定。具体要求是：应为浅蓝色结晶颗粒；硫酸铜（$CuSO_4 \cdot 5H_2O$）含量≥98.5%；硫酸铜（以 Cu 计）含量≥25.06%；水不溶物含量≤0.2%；砷（As）含量≤0.000 4%，铅（Pb）含量≤0.001%；细度（通过 0.80 mm 分析筛）≥95%。

（5）碱式氯化铜。碱式氯化铜是一种新型的饲料添加剂，是饲料企业常用且价格较贵的一种添加剂，相对分子量 213.57，其接受标准可参照 GB/T 21696—2008 制定。具体要求是：应为墨绿色或浅绿色粉末或颗粒，不溶于水，溶于酸和氨水，空气中稳定；碱式氯化铜（$Cu_2(OH)_3Cl$）≥98.0%；铜（以 Cu 计）≥58.12%；砷（As）≤0.002%，铅（Pb）≤0.002%；镉（Cd）≤0.000 3%；酸不溶物≤0.2%；细度（通过孔径为 0.25 mm 分析筛）≥95%。

（6）蛋氨酸铜。蛋氨酸铜由可溶性铜盐和蛋氨酸络合形成，接受标准可参照 GB/T 20802—2006 制定。具体要求是：2∶1 型蛋氨酸铜应为蓝紫色粉末，1∶1 型蛋氨酸铜应为蓝灰色粉末；无结块、发霉、变质现象，具有蛋氨酸铜特殊气味；粉碎粒度要求 100%通过 0.42 mm（40 目）分析筛，0.2 mm（80 目）分析筛筛上物≤20%；干燥失重≤5%；总砷≤10 mg/kg；铅≤30 mg/kg；其他指标符合 GB 13078 的要求；铜（Ⅱ）含量不得低于标示量的 95.0%；蛋氨酸含量不得低于标示量的 95.0%。

（7）氯化钴。氯化钴接受标准可参照 HG 2938—2001 制定。具体要求是：应为红色或红紫色结晶；氯化钴（$CoCl_2 \cdot 6H_2O$）≥96.8%；钴（Co）≥24.0%；水不溶物≤0.03%；砷（As）≤0.000 5%；铅（Pb）≤0.001%；细度（通过 0.80 mm 分析筛）≥95.0%。

（8）硫酸钴。常用的是一水硫酸钴，接受标准可参照 HG/T 3775—2005 制定。具体要求是：应为粉红色结晶粉末或红棕色结晶；硫酸钴（以钴（Co）计）≥33.0%；砷（As）≤0.000 5%；铅（Pb）≤0.002%；细度（通过 0.28 mm 分析筛）≥95.0%。

（9）硫酸锰。硫酸锰添加剂接受标准可参照 HG 2936—1999 制定。具体要求是：应为白色、略带粉红色的结晶粉末；硫酸锰（$MnSO_4 \cdot H_2O$）含量≥98.0%；硫酸锰（以 Mn 计）含量≥31.8%；砷（AS）含量≤0.000 5%；铅（Pb）含量≤0.001%；水不溶物含量≤0.05%；细度（通过 0.25 mm 分析筛）≥95.0%。

（10）蛋氨酸锰。蛋氨酸锰为可溶性锰盐与蛋氨酸合成的摩尔比为 2∶1 或 1∶1 的产品，摩尔比为 2∶1 的蛋氨酸锰产品，分子式是 $C_{10}H_{22}N_2O_8S_3Mn$，相对分子质量 449.49；摩尔比为 1∶1 的蛋氨酸锰产品，分子式为 $C_5H_{11}NO_6S_2Mn$，相对分子量为 300.17。接受标准可参照 GB/T 22489—2008 制定。具体要求是：蛋氨酸锰（2∶1）应为白色或类白色粉末，微溶于水，略有蛋氨酸特有气味，无结块、无发霉现象；蛋氨酸锰（1∶1）应为白色或类白色粉末，易溶于水，略有蛋氨酸特有气味，无结块、无发霉现象。粉碎粒度：过 0.25 mm 孔径分析筛，筛上物不得大于 2%；摩尔比为 2∶1 产品：锰≥8.0%；蛋氨酸≥42.0%；螯合率≥93.0%；水分≤5%；总砷≤5 mg/kg；铅≤10 mg/kg；镉≤5 mg/kg。摩尔比为 1∶1 的产品：锰≥15.0%；蛋氨酸≥40.0%；螯合率≥83.0%；水分≤5%；总砷≤5.0 mg/kg；铅≤10.0 mg/kg；镉≤5.0 mg/kg。

（11）硫酸锌。常用的是含有一个结晶水的化合物，接受标准可参照 HG 2934—2000 制定。具体要求是：应为白色粉末；硫酸锌含量≥94.7%；锌（Zn）含量≥34.5%；砷（As）含量≤0.000 5%；铅（Pb）含量≤0.002%；镉（Cd）含量≤0.003%；细度通过 0.25 mm 分析筛≥95.0%。

（12）氧化锌。氧化锌接受标准可参照 HG 2792—1996 制定。具体要求是：应为白色或微黄色粉末；氧化锌（以 ZnO 计）含量≥95.0%；氧化锌（以 Zn 计）含量≥76.3%；铅（Pb）含量≤0.005%；镉（Cd）含量≤0.001%；砷（As）含量≤0.001%；细度（通过 0.15 mm 分析筛）≥95.0%。

（13）蛋氨酸锌。蛋氨酸锌添加剂接受标准可参照 GB/T 21694—2008 制定。具体要求是：蛋氨酸锌（2∶1）应为白色或类白色粉末，极微溶于水，质轻，略有蛋氨酸特有气味，无结块、发霉现象。蛋氨酸锌（1∶1）应为白色或类白色粉末，易溶于水，略有蛋氨酸特有气味，无结块、发霉现象；粉碎粒度：过 0.25 mm 孔径分析筛，筛上物不得大于 2%；摩尔比为 2∶1 产品：锌≥17.2%；蛋氨酸≥78.0%；螯合率≥95.0%；水分≤5.0%；总砷≤8.0 mg/kg；铅≤10.0 mg/kg；镉≤10 mg/kg。摩尔比为 1∶1 产品：锌≥19.0%；蛋氨酸≥42.0%；水分≤5%；总砷≤8.0 mg/kg；铅≤10.0 mg/kg；镉≤10.0 mg/kg。

（14）碱式氯化锌。碱式氯化锌接受标准可参照 GB/T 22546—2008 制定。具体要求是：应为白色细小晶状粉末，无成团结块现象；碱式氯化锌（$Zn_5Cl(OH)_8 \cdot H_2O$）≥98.0%，锌（Zn）≥58.5%；氯（Cl）：12.00%～12.86%；水溶性氯化物（以 Cl 计）≤0.65%；砷（As）≤0.000 5%；铅（Pb）≤0.000 8%；镉（Cd）≤0.000 5%；细度（通过孔径为 0.1 mm 分析筛）≥99.0%。

（15）碘化钾。碘化钾接受标准可参照 HG 2939—2001 制定。具体要求是：应为白色结晶；碘化钾（KI）（以干基计）≥98.0%；碘化钾（以 I 计）（以干基计）≥74.9%；砷（As）≤0.000 2%；重金属（以 Pb 计）≤0.01%；钡（Ba）≤0.001%；干燥失重/%≥1.0；细度（通过 0.80 mm 分析筛）≥95%。

（16）碘酸钾。碘酸钾接受标准可参照 NY/T 723—2003 制定。具体要求是：应为无色或白色结晶粉末，无臭，溶于水，难溶于乙醇；碘酸钾（KIO_3）≥99.0%；碘酸钾（以 I 计）≥58.7%；总砷（As）≤0.000 3%；重金属（以 Pb 计）≤0.001%；氯酸盐≤0.01%；干燥失重≤0.5%。

（17）碘酸钙。碘酸钙接受标准可参照 HG 2478—1993 制定。具体要求是：应为白色结晶或结晶性粉末；碘酸钙（以 $Ca(IO_3)_2$ 计）≥95.0%；碘酸钙（以 I 计）≥61.8%；砷（As）含量≤0.001%；细度（通过 0.18 mm 分析筛）≥95.0%。

（18）亚硒酸钠。亚硒酸钠接受标准可参照 HG 2937—1999 制定。具体要求是：应为无色结晶粉末；亚硒酸钠（Na_2SeO_3）含量（以干基计）≥98.0%；亚硒酸钠（Se）含量（以干基计）≥44.7%；干燥失重≤1.0%；硒酸盐及硫酸盐含量≤0.03%。

（19）吡啶甲酸铬。吡啶甲酸铬接受标准可参照 NY/T 916—2004 制定。具体要求是：应为紫红色、结晶性小粉末，流动性良好；吡啶甲酸铬含量≥98.0%；总铬含量 12.2%～12.4%；干燥失重≤2.0%；铅≤0.002%；砷≤0.000 5%。

3. 维生素添加剂

饲料企业常用的维生素添加剂主要是单体，常用的有 21 种。

（1）维生素 A 乙酸酯微粒。接受标准可参照 GB/T 7292—1999 制定。具体要求是：应为淡黄色至棕褐色颗粒状粉末，易吸潮，遇热、酸、日光或吸潮后易分解，并使含量下降；应 100%通过 0.84 mm 孔径（20 目）的筛网；含量（以 $C_{22}H_{32}O_2$ 计）应为标示量的 90.0%～120.0%；干燥失重≤5.0%。

（2）维生素 D_3（胆钙化醇）油。接受标准可参照 NY/T 1246—2006 制定。具体要求是：应为黄色至褐色、澄清液体，几乎不溶于水，略溶于乙醇，可溶于油脂，温度较低时可发生部分凝固或结晶析出现象；含量（以 $C_{27}H_{44}O$ 计）应为标示量的 90.0%～110.0%，酸价≤2.0；过氧化值≤20.0 mmoL/kg。

（3）维生素D_3微粒。接受标准可参照 GB/T 9840—2006 制定。具体要求是：应为米黄色至黄棕色微粒，具有流动性；遇热、见光或吸潮后易分解降解，使含量下降；维生素D_3的含量应为标示量的 90.0% ~ 120.0%；100%通过孔径为 0.85 mm 的分析筛，85%以上通过孔径为 0.425 mm 的分析筛；干燥失重≤5.0%。

（4）维生素AD_3微粒。接受标准可参照 GB/T 9455—2009 制定。具体要求是：应为黄色至棕色微粒。遇热、见光或吸潮后易分解降解，使含量下降；维生素 A 乙酸酯（以$C_{22}H_{32}O_2$计）应为标示量的 90.0% ~ 120.0%；维生素D_3（以$C_{27}H_{44}O$计）含量应为标示量的 90.0% ~ 120.0%；干燥失重≤5.0%；重金属（以 Pb 计）≤10.0 mg/kg；砷≤2.0 mg/kg；97%以上通过孔径为 0.6 mm 的分析筛。

（5）维生素 E 粉（原料）。接受标准可参照 GB/T 9454—2008 制定。具体要求是：应为微绿黄色或黄色的黏稠液体，几乎无臭，遇光色渐变深；在无水乙醇、丙酮、乙醚或石油醚中易溶，在水中不溶；含量（以$C_{31}H_{52}O_3$计）≥92.0%；折光率 1.494 ~ 1.499；吸光系数：41.0 ~ 45.0；酸度（消耗 0.01 mol/L 氢氧化钠液）≤2.0 mL；生育酚（消耗 0.01 mol/L 硫酸铈液）≤1.0 mL；重金属（以 Pb 计）≤0.001%。

（6）维生素 E 粉。接受标准可参照 GB/T 7293—2006 制定。具体要求是：应为类白色或淡黄色粉末或颗粒状粉末，易吸潮；干燥失重≤5.0%；90%通过孔径为 0.84 mm 的分析筛；含量（以$C_{31}H_{52}O_3$计）≥50.0%；重金属（以 Pb 计）≤0.001%；砷（As）≤0.000 3%。

（7）维生素K_3（亚硫酸氢钠甲萘醌）。接受标准可参照 GB/T 7294—2009 制定。具体要求是：应为白色结晶性粉末，无臭或微有特殊气味，有吸湿性，遇光易分解；在水中易溶，在乙醇中微溶，在乙醚或苯中几乎不溶。产品规格分为甲萘醌（$C_{11}H_8O_2$）含量≥50.0%和甲萘醌（$C_{11}H_8O_2$）含量≥51.0%两种。甲萘醌含量≥50.0%的产品：维生素K_3含量（以甲萘醌计）≥50.0%；游离亚硫酸氢钠（$NaHSO_3$）含量≤10.0%；水分≤13.0%；重金属（以 Pb 计）≤0.002%；砷（As）≤0.000 5%；铬≤50 mg/kg。甲萘醌含量≥51.0%的产品：维生素K_3含量（以甲萘醌计）≥51.0%；游离亚硫酸氢钠（$NaHSO_3$）含量≤8.0%；水分≤13.0%；重金属（以 Pb 计）≤0.002%；砷（As）≤0.000 5%；铬≤50 mg/kg。

（8）维生素B_1（盐酸硫胺）。接受标准可参照 GB/T 7295—2008 制定。具体要求是：应为白色结晶或结晶性粉末，有微弱的特殊气味，味苦；易溶于水，略溶于乙醇，不溶于乙醚。干燥品在空气中迅速吸收 4%的水分；维生素B_1含量（以$C_{12}H_{17}ClN_4OS \cdot HCl$干基计）98.5% ~ 101.0%；干燥失重≤5.0%；灼烧残渣≤0.1%；酸度：2.7 ~ 3.4；硫酸盐（以SO_4^{2-}计）≤0.03%。

（9）维生素B_1（硝酸硫胺）。接受标准可参照 GB/T 7296—2008 制定。具体要求是：应为白色或微黄色结晶或结晶性粉末，有微弱的特殊气味。在水中略溶，在乙醇或三氯甲烷中微溶；维生素B_1含量（以$C_{12}H_{17}N_4OS$干基计）98.5% ~ 101.0%；干燥失重≤1.0%；灼烧残渣≤0.2%；铅≤10 mg/kg；酸度：6.0 ~ 7.5；氯化物（以 Cl 计）≤0.06%。

（10）维生素B_2（核黄素）。接受标准可参照 GB/T 7297—2006 制定。具体要求是：应为黄色至橙色粉末，微臭；含维生素B_2 96%的产品：含量（以$C_{17}H_{20}N_4O_6$计，占标示量的百分比）：96.0% ~ 102.0%；含维生素B_2 98%的产品：含量（以$C_{17}H_{20}N_4O_6$计，占标示量的百分比）：98.0% ~ 102.0%；比旋光度：－115° ~ －135°；感光黄素（吸收值）≤0.025；最少 90%通过 0.28 mm 分析筛；干燥失重≤1.5%；灼烧残渣≤0.3%，铅≤10 mg/kg；砷≤3.0 mg/kg。

（11）D-泛酸钙。接受标准可参照 GB/T 7299—2006 制定。具体要求是：应为白色至类白色粉末，无臭，味微苦，有吸湿性；水溶液显中性或弱碱性，在水中易溶，在乙醇中极微溶解，在三氯甲烷或乙醚中几乎不溶；泛酸钙（$C_{18}H_{32}CaN_2O_{10}$以干燥品计）98.0%～101.0%；钙含量（Ca，以干燥品计）8.2%～8.6%；氮含量（以干燥品计）5.7%～6.0%；比旋光度（$[a]_D^t$，以干燥品计）+25.0°～+28.5°；重金属（以Pb计）≤0.002%；干燥失重≤5.0%；甲醇≤0.3%。

（12）烟酸。接受标准可参照GB/T 7300—2006制定。具体要求是：应为白色至类白色粉末，无臭或有微臭，味微酸，水溶液显酸性反应；含量（$C_6H_5NO_2$，以干燥品计）99.0%～100.5%；熔点234.0～238.0 °C；氯化物（以Cl计）≤0.02%；硫酸盐（以SO_4^{2-}计）≤0.02%；重金属（以Pb计）≤0.002%；干燥失重≤0.5%；灼烧残渣≤0.1%。

（13）烟酰胺。接受标准可参照GB/T 7301—2002制定。具体要求是：应为白色结晶性粉末或白色颗粒状粉末；无臭或几乎无臭，味苦；含量≥99.0%；熔点：128.0～131.0 °C；pH值（10%溶液）5.5～7.5；水分≤0.10%；重金属（以Pb计）≤0.002%；灼烧残渣≤0.1%。

（14）维生素B_6。接受标准可参照GB/T 7298—2006制定。具体要求是：应为白色至微黄色的结晶性粉末，无臭，味酸苦，遇光渐变质；在水中易溶，在乙醇中微溶，在三氯甲烷或乙醚中不溶；含量（以$C_4H_{11}NO_3 \cdot HCl$干燥品计）98.5%～101.0%；熔点（熔融同时分解）205.0～209.0 °C；酸度（pH值）2.4～3.0；重金属（以Pb计）≤0.03%；干燥失重≤0.5%；灼烧残渣≤0.1%。

（15）2% D-生物素。接受标准可参照GB/T 23180—2008制定。具体要求是：应为白色或微黄色的流动性粉末；含量（以$C_{10}H_{16}N_2O_3S$计）≥2%；干燥失重≤8%；砷≤3.0 mg/kg；重金属（以Pb计）≤10.0 mg/kg；95%通过孔径为0.18 mm（80目）分析筛。

（16）叶酸。接受标准可参照GB/T 7302—2008制定。具体要求是：应为黄色或橙黄色结晶性粉末，无臭，无味；叶酸含量（以$C_{19}H_{19}N_7O_6$干基计）95.0%～102.0%；干燥失重≤8.5%；灼烧残渣≤0.5%。

（17）维生素B_{12}（氰钴胺）粉剂。接受标准可参照GB/T 9841—2006制定。具体要求是：应为浅红色至棕色细微粉末，具有吸湿性；含量（以$C_{63}H_{88}CoN_{14}O_{14}P$计）为标示量的90%～130%；干燥失重：以玉米淀粉等为稀释剂≤12.0%，以碳酸钙为稀释剂≤5.0%；铅≤10.0 mg/kg；砷≤3.0 mg/kg；全部通过0.25 mm孔径分析筛。

（18）氯化胆碱。接受标准可参照HG/T 2941—2004制定。具体要求是：饲料级氯化胆碱水剂应为无色透明的黏稠液体，稍具特异臭味；饲料级氯化胆碱粉剂应为白色或黄褐色干燥流动性粉末或颗粒，具有吸湿性，有特异臭味；饲料级氯化胆碱中不得检出六次甲基四胺；水剂：氯化胆碱含量≥70%或≥75%；pH值6.0～8.0；乙二醇含量≤0.5%；总游离胺/氨（以$(CH_3)_3N$计）含量≤0.1%；灰分≤0.2%；重金属（以Pb计）含量≤0.002%；粉剂：氯化胆碱含量≥50%或≥60%；总游离胺/氨（以$(CH_3)_3N$计）含量≤0.1%；重金属（以Pb计）含量≤0.002%；干燥失重≤4.0%；细度（通过0.85 mm分析筛）≥90%。

（19）肌醇。接受标准可参照GB/T 23879—2009制定。具体要求是：应为白色晶体或结晶状粉末，无臭，味甜，在空气中稳定；溶于水，不溶于乙醚和三氯甲烷；肌醇含量（以$C_6H_{12}O_6$计）≥97.0%；干燥失重≤0.5%；灼烧残渣≤0.1%；重金属（以Pb计）≤0.002%；砷（As）≤0.000 3%；熔点：224.0～227.0 °C。

（20）维生素C（L-抗坏血酸）。接受标准可参照GB/T 7303—2006制定。具体要求是：应为白色或类白色结晶性粉末，无臭，味酸，久置色渐变微黄，水溶液呈酸性反应；含量（以

$C_6H_8O_6$计）99.0%～101.0%；熔点（分解点）189.0～192.0 °C；比旋光度+20.5°～+21.5°；铅≤10.0 mg/kg；灼烧残渣≤0.1%。

（21）L-肉碱盐酸盐。接受标准可参照 GB/T 23876—2009 制定。具体要求是：应为白色或类白色结晶性粉末，微有鱼腥味，有吸湿性；含量（以干物质计）98.0%～102.0%；比旋光度（以干物质计）－21.3°～+23.5°；干燥失重≤0.5%；氯化物（以 Cl 计）：17.0%～18.5%；重金属（以 Pb 计）≤10 mg/kg；砷盐（以 As 计）≤2 mg/kg；灼烧残渣≤0.3%。

4. 非蛋白氮添加剂

（1）饲料级缩二脲。接受标准可参照 NY/T 935—2005 制定。具体要求是：应为白色或微黄色粉末，无可见机械杂质；缩二脲含量≥55%；总含氮量（以干基计）35%～43%；尿素含量≤15%；水分含量≤5%；缩三脲和三聚氰胺含量≤25%；重金属含量（以 Pb 计）≤10 mg/kg；砷含量（以 As 计）≤2 mg/kg；水不溶物含量≤0.05%；通过 0.80 mm 孔径分析筛的筛下物≥95%。

（2）磷酸脲。接受标准可参照 NY/T 917—2004 制定。具体要求是：应为白色或无色透明的结晶体，易溶于水，水溶液呈酸性，无结块，无可见机械杂质；一级：总磷（P）≥19.0%；总氮（N）≥17.0%；水分≤3.0%；水不溶物≤0.5%；氟（F）≤0.18%；砷（As）≤0.002%；铅（Pb）≤0.003%。二级：总磷（P）≥18.5%；总氮（N）≥16.5%；水分≤4.0%；水不溶物≤0.5%；氟（F）≤0.18%；砷（As）≤0.002%；铅（Pb）≤0.003%。

5. 防霉防腐剂和酸度调节剂

（1）丙酸。丙酸是饲料企业常用的一种防霉防腐剂，其接受标准可参照 GB/T 22145—2008 制定。具体要求是：应为无色或微黄色液体，有刺激性气味；无杂质，无沉淀；丙酸含量≥99.5%；相对密度（20 °C）0.993～0.997；沸腾范围（≥95%）：138.5～142.5 °C；水分≤0.3%；铅≤0.001%；砷≤0.000 3%。

（2）甲酸。接受标准可参照 NY/T 930—2006 制定。具体要求是：应为无色透明、无悬浮物液体；甲酸含量≥85.0%；氯化物（以 Cl 计）≤0.0004%；硫酸盐（以 SO_4^{2-} 计）≤0.001%；蒸发残渣≤0.002%；铅（Pb）含量≤2.0 mg/kg。

（3）苯甲酸。接受标准可参照 NY/T 1447—2007 制定。具体要求是：应为白色晶体，微有安息香酸或苯甲醛气味；苯甲酸≥99.5%；熔点为 121.0～123.0 °C；水分≤0.5%；邻苯二甲酸≤100 mg/kg；联苯类≤100 mg/kg；氯化物（以 Cl 计）≤0.014%；砷含量（以 As 计）≤2 mg/kg；重金属（以 Pb 计）含量≤0.001%。

（4）富马酸。接受标准可参照 NY/T 920—2004 制定。具体要求是：应为白色晶体粉末或细粒，无臭，溶于乙醇，微溶于水和二乙醚；富马酸≥99.0%；干燥失重≤0.5%；灼烧残渣≤0.1%；熔点 282.0～302.0 °C；砷含量（以 As 计）≤0.000 3%；重金属（以 Pb 计）含量≤0.001%。

（5）双乙酸钠。双乙酸钠是一种新型的添加剂，接受标准可参照 NY/T 1421—2007 制定。具体要求是：应为白色结晶，具有乙酸气味，吸潮，易溶于水；乙酸钠含量≥56.0%；水分≤4%；砷（以 As 计）≤3 mg/kg；重金属（以 Pb 计）含量≤10 mg/kg；醛类：合格；甲酸及易氧化物：合格。

6. 抗氧化剂

（1）乙氧基喹（乙氧基喹林）。乙氧基喹林是饲料企业常用的一种抗氧化剂，其接受标准可参照 HG 3694—2001 制定。具体要求是：应为黄色至褐色黏稠液体，在光、空气中放置色泽逐渐转深，低温储存的产品易形成膏状物，稍有特殊气味；乙氧基喹林的含量≥95.0%；砷含量（以 As 计）≤0.000 2%；重金属（以 Pb 计）含量≤0.001%；灼烧残渣含量≤0.2%。

（2）二丁基羟基甲苯（BHT）。BHT 是一种重要的油溶性抗氧化剂。我国尚未制定饲料级国家标准，但已有食品级 BHT 质量的国家标准，其接受标准可参照食品级的质量标准 GB 1900—80 制定。具体要求是：应为白色结晶或粉末，无味无臭，熔点为 69.0 ~ 70.5 °C，不溶于水及甘油，易溶于甲醇、乙醇、丙酮、棉籽油及猪油等。对热稳定，与金属离子作用不会着色。水分≤0.1%；硫酸盐≤0.002%；砷含量（以 As 计）≤0.000 1%；重金属（以 Pb 计）含量≤0.000 4%；灼烧残渣含量≤0.01%。

7. 着色剂

（1）1%β-胡萝卜素。接受标准可参照 GB/T 19370—2003 制定。具体要求是：应为橘红色均匀细微粉末，略有香味；其有效成分溶于三氯甲烷，石油醚，微溶于环己烷，几乎不溶于水；β-胡萝卜素含量（以 $C_{40}H_{56}$ 计）≥1.0%；铅≤10.0 mg/kg；砷（以 As 计）≤3.0 mg/kg；灼烧残渣≤8.0%；干燥失重≤10.0%；全部通过 0.85 mm 孔径分析筛。

（2）10% β,β-胡萝卜素-4, 4-二酮（10%斑蝥黄）。接受标准可参照 GB/T 18970—2003 制定。具体要求是：应为紫红色到红紫色的流动性粉末；应 100%通过 0.84 mm 孔径（20 目）的分析筛；干燥失重≤8%；含量（以 $C_{40}H_{52}O_2$ 计）≥10%；铅≤10 mg/kg。

（3）β-阿朴-8′-胡萝卜素醛（粉剂）。接受标准可参照 NY/T 1462—2007 制定。具体要求是：应为红、棕色结晶性细微粉末，流散性好；不溶于水，能分散于热水中；易溶于氯仿，微溶于植物油、丙酮；其晶体对氧和光不稳定，需保存在遮光容器内；β-阿朴-8′-胡萝卜素醛（以 $C_{30}H_{40}O$ 计）含量≥10%，干燥失重≤8%；100%通过孔径为 0.84 mm 的分析筛；砷（以 As 计）≤0.000 3%；铅（以 Pb 计）≤0.001%。

（4）10%虾青素。接受标准可参照 GB/T 23745—2009 制定。具体要求是：应为紫红色至紫褐色的流动性微粒或粉末，无明显异味，易吸潮，对空气、热、光敏感；虾青素的含量≥10%；100%通过孔径为 0.84 mm 的分析筛；≥85%通过孔径为 0.425 mm 的分析筛；干燥失重≤8.0%；重金属（以 Pb 计）≤10 mg/kg；总砷（以 As 计）≤3 mg/kg。

（5）叶黄素。接受标准可参照 GB/T 21517—2007 制定。具体要求是：应为自由流动的橘黄色细微粉末或橘黄色液体，易氧化，不溶于水，溶于乙醇；粉末：叶黄素含量（以 $C_{40}H_{56}O_2$ 计）≥90.0%；砷≤3.0 mg/kg；铅≤10.0 mg/kg；水分≤8.0%；应 100%通过 0.84 mm 孔径的分析筛。

液体叶黄素含量（以 $C_{40}H_{56}O_2$ 计）≥90.0%；砷≤3.0 mg/kg；铅≤10.0 mg/kg；pH 值：5.0 ~ 8.0。

（6）10%β-阿朴-8′-胡萝卜素酸乙酯（粉剂）。接受标准可参照 GB/T 21516—2008 制定。具体要求是：应为棕红色流动性颗粒；β-阿朴-8′-胡萝卜素酸乙酯（以 $C_{32}H_{44}O_{22}$ 计）≥10%；干燥失重≤8%；100%通过孔径为 0.84 mm 的分析筛，通过孔径为 0.15 mm 的分析筛≤20%；砷（以 As 计）≤0.000 3%；重金属（以 Pb 计）≤0.001%。

8. 低聚木糖

接受标准可参照 GB/T 23747—2009 制定。具体要求是：应为白色、微黄色、棕色的流动性粉末或颗粒，无异味、无结块、无发霉、无变质现象；粉碎粒度：98%通过 0.5 mm 孔径分析筛；低聚木糖含量（以干物质计）≥35.0%；水分≤8.0%；pH 值：3.0 ~ 6.0；灼烧残渣≤15.0%；砷（以 As 计）≤1.0 mg/kg；铅（以 As 计）≤5.0 mg/kg；细菌总数≤10 000 cfu/g；霉菌总数≤500 cfu/g；沙门菌不应检出。

9. 糖精钠

糖精钠接受标准可参照 GB/T 23746—2009 制定。具体要求是：应为无色结晶或白色结晶性粉末；无臭或略有香味，味浓甜带苦；易风化；干燥失重≤15%；$C_7H_4NNaO_3S$ 含量（以干燥品计）99.0% ~ 101.0%；铵盐（以 NH_4^+ 计）≤0.0025%；砷盐（以 As 计）≤0.000 2%；重金属（以 Pb 计）≤0.001%。

10. 其　他

（1）酶制剂。依据农业部（2008）1126 号公告，允许作为饲料添加剂使用的酶有淀粉酶（产自黑曲霉、解淀粉芽孢杆菌、地衣芽孢杆菌、枯草芽孢杆菌、长柄木霉 3、大麦芽、米曲霉）、支链淀粉酶（产自酸解支链淀粉芽孢杆菌）、α-半乳糖苷酶（产自黑曲霉）、纤维素酶（产自长柄木霉 3、黑曲霉、孤独腐质霉、绳状青霉）、β-葡聚糖酶（产自黑曲霉、枯草芽孢杆菌、长柄木霉 3、解淀粉芽孢杆菌、绳状青霉、棘孢曲霉）、葡萄糖氧化酶（产自特异青霉、黑曲霉）、脂肪酶（产自黑曲霉、米曲霉）、麦芽糖酶（产自枯草芽孢杆菌）、甘露聚糖酶（产自迟缓芽孢杆菌、黑曲霉、长柄木霉 3）、果胶酶（产自黑曲霉、棘孢曲霉）、植酸酶（产自黑曲霉、米曲霉、长柄木霉 3、毕赤酵母）、蛋白酶（产自黑曲霉、米曲霉、枯草芽孢杆菌、绳状青霉）、角蛋白酶（产自地衣芽孢杆菌）和木聚糖酶（产自米曲霉、黑曲霉、孤独腐质霉、枯草芽孢杆菌、长柄木霉 3、绳状青霉、毕赤酵母）13 类。除了植酸酶，其他多以复合酶的形式出现。接受标准的制定应考虑以下几个方面：一是感官性状要求；二是剂型和加工质量要求；三是水分要求；四是酶活性定义要求；五是酶活性要求，应规定最低保证值；六是产品稳定性要求；七是安全性要求。

（2）天然甜菜碱。接受标准可参照 GB/T 21515—2008 制定。具体要求是：应为白色或淡褐色结晶性粉末，可自由流动，微甜；甜菜碱（以干基计）≥96.0%；干燥失重≤1.5%；灼烧残渣≤0.5%；硫酸盐（以 SO_4^{2-} 计）≤0.1%；氯（以 Cl 计）≤0.01%；抗结块剂（硬脂酸钙）≤1.5%；重金属（以 Pb 计）≤0.001%；砷（以 As 计）≤0.000 2%。

（3）大豆磷脂。接受标准可参照 GB/T 23878—2009 制定。具体要求是：应为棕褐色，呈塑状或黏稠状，质地均匀，无霉变；气味：具有磷脂固有的气味，无异味；水分及挥发物≤1.0%；己烷不溶物≤1.0%；丙酮不溶物≥55.0%；磷脂酰胆碱+磷脂酰乙醇胺+磷脂酰肌醇≥35.0%；酸价（以 KOH 计）≤30.0 mg/g；过氧化物值：1.5 ~ 6.0 mmoL/kg；残留溶剂量≤50.0 mg/kg；砷（As）≤3.0 mg/kg；重金属（以 Pb 计）≤10.0 mg/kg。

（4）大蒜素（粉剂）。接受标准可参照 NY/T 1497—2007 制定。具体要求是：应为类白色流动性粉末，具有大蒜的特殊气味；二烯丙基二硫醚含量和二烯丙基三硫醚含量总和≥标示量的 80%；干燥失重≤5.0%；氯丙烯≤0.5%；砷≤3.0 mg/kg；铅≤30.0 mg/kg。

（5）饲料用微生物。依据农业部（2008）1126号公告，允许作为饲料添加剂使用的微生物有地衣芽孢杆菌、枯草芽孢杆菌、两歧双歧杆菌、婴儿双歧杆菌、长双歧杆菌、短双歧杆菌、青春双歧杆菌、粪肠球菌、屎肠球菌、乳酸肠球菌、嗜酸乳杆菌、干酪乳杆菌、乳酸乳杆菌、植物乳杆菌、罗伊氏乳杆菌、动物双歧杆菌、黑曲霉、米曲霉、迟缓芽孢杆菌、短小芽孢杆菌、纤维二糖乳杆菌、发酵乳杆菌、戊糖片球菌、乳酸片球菌、产朊假丝酵母、酿酒酵母、沼泽红假单胞菌、保加利亚乳杆菌共28种。生产上使用的活菌制剂，少量是单一菌株，多数是复合型菌株。制定接受标准应考虑以下几个方面：一是感官性状，应有正常的颜色、气味与质地；二是加工质量，应有良好的粒度和混合均匀度；三是水分含量，应有一个约束值，一般保持在5%～8%；四是产品理化特性，一般要求pH值为6.5～7.5；五是菌株来源与作用特性；六是有效活菌最低值，常以亿个/g表示；七是杂菌最大值。常以cfu/g表示；八是杂菌病原性鉴定，应无致病菌检出；九是安全试验，应为合格；十是产品稳定性。

任务二　能量与蛋白质原料适宜价格评估

一、适宜价格评估原理

配合饲料中使用量最大的是能量与蛋白质原料，决定其价格的关键因素是可利用能值和蛋白质含量及品质。蛋白质品质的差异主要表现在赖氨酸与蛋氨酸含量及可利用性方面。把原料价格分解为可利用能值、蛋白质含量与蛋白质品质3部分。选用典型的能量饲料——GB2级玉米、典型的蛋白质原料——GB/T2级豆粕、合成蛋氨酸与赖氨酸为参照物，求得单位可利用能值与蛋白质价格，然后再求得评价原料能量与蛋白质系数，最后以能量系数乘以玉米校正价格加上蛋白质系数乘以豆粕校正价格，再加上校正赖氨酸含量乘以合成赖氨酸价格以及加上校正蛋氨酸含量乘以合成蛋氨酸价格，即为原料的适宜价格。原料的适宜价格与市场价格相比较，如果前者大于后者，说明使用该种原料与参照物相比，可节省成本，差值越大，能够降低的成本越多；如果前者与后者相等，说明和使用参照物相比，不能节省成本；如果前者小于后者，说明与使用参照物相比，可增加成本，差值越大，增加成本越多，使用该原料在经济上越不划算。

1. 禽用原料适宜价格的评定

$$P = E \times C' + P_r \times S' + L \times A + M \times B$$

式中　P——评价原料适宜价格，元/kg；

E——评价原料能量系数；

P_r——评价原料粗蛋白质系数。

$$E = (a_n b_2 - a_2 b_n)/(a_1 b_2 - a_2 b_1)$$

$$P_r = (a_1 b_n - a_n b_1)/(a_1 b_2 - a_2 b_1)$$

式中　a_1——参照物玉米粗蛋白质含量，%；

a_2——参照物豆粕粗蛋白质含量，%；

b_1——参照物玉米代谢能，mJ/kg；

b_2——参照物豆粕代谢能，mJ/kg；

a_n——评价原料粗蛋白质含量，%；

b_n——评价原料代谢能，mJ/kg。

式中　C'——参照物玉米校正价格，元/kg；

$$C' = C - L_c \times A - M_c \times B$$

式中　C——参照物玉米价格，元/kg；

L_c——参照物玉米的赖氨酸含量，g/kg；

A——合成赖氨酸的市场价格，元/kg；

A = 商品赖氨酸盐酸盐的市场价格/0.78

M_c——参照物玉米蛋氨酸含量，g/kg；

B——合成蛋氨酸的市场价格，元/kg。

B = 商品 DL－蛋氨酸的市场价格/0.985

式中　S'——参照物豆粕校正价格，元/kg；

$$S' = S - L_s \times A - M_s \times B$$

式中　S——参照物豆粕市场价格，元/kg；

L_s——参照物豆粕赖氨酸含量，g/kg；

M_s——参照物豆粕蛋氨酸含量，g/kg；

式中　L——评价原料校正赖氨酸含量，g/kg。

L = 评价原料赖氨酸利用率/参照物赖氨酸利用率 × 评价原料赖氨酸含量，g/kg。

参照物赖氨酸利用率能量饲料以玉米为参照物，蛋白质饲料以豆粕作为参照物，下同。

式中　M——评价原料校正蛋氨酸含量，g/kg。

M = 评价原料蛋氨酸利用率/参照物蛋氨酸利用率 × 评价原料蛋氨酸含量，g/kg。

2. 猪用原料适宜价格评定

$$P = E \times C' + P_r \times S' + L' \times A$$

与禽用原料价格公式中的不同点为：能量采用 DE 指标。

二、评估需要的材料与设备

（1）饲料原料的营养成分及营养价值表或者实测值。

（2）饲料原料的市场价格。

（3）带有 Microsoft office 软件的计算机。

三、评估方法与步骤

（一）借助计算器计算禽用棉籽粕的适宜价格

（1）查饲料营养成分和营养价值表或通过实测参照物玉米、豆粕及评价原料的蛋白质含量和代谢能值，知：

a_1（参照物玉米蛋白质含量，%）= 8.7；

b_1（参照物玉米代谢能含量，mJ/kg）= 14.27；

L_c（参照物玉米赖氨酸含量，g/kg）= 2.4；

M_c（参照物玉米蛋氨酸含量，g/kg）= 1.7；

a_2（参照物豆粕粗蛋白质含量，%）= 43；

b_2（参照物豆粕代谢能含量，mJ/kg）= 13.18；

L_s（参照物豆粕赖氨酸含量，g/kg）= 24.5；

M_s（参照物豆粕蛋氨酸含量，g/kg）= 6.4；

a_n（棉籽粕蛋白质含量，%）= 42.5；

b_n（棉籽粕代谢能含量，mJ/kg）= 9.46；

L（棉籽粕校正赖氨酸含量，g/kg）= 棉籽粕赖氨酸消化率/豆粕赖氨酸消化率 × 棉籽粕赖氨酸含量 = 11.1；

M（棉籽粕校正蛋氨酸含量，g/kg）= 棉籽粕蛋氨酸消化率/豆粕蛋氨酸消化率 × 棉籽粕蛋氨酸含量 = 6.2。

（2）通过市场调查了解合成赖氨酸、蛋氨酸，参照物豆粕与玉米，评价原料棉籽粕的市场价格，知：

A（合成赖氨酸单价）= 商品赖氨酸盐酸盐市场价格（元/g）/0.78 = 0.02；

B（合成蛋氨酸单价）= 商品 DL-蛋氨酸市场价格（元/g）/0.985 = 0.03；

C（参照物玉米市场价格，元/kg）= 1.24；

S（参照物豆粕市场价格，元/kg）= 2.00；

评价原料棉籽粕市场价格（元/kg）= 1.3。

（3）计算评价原料棉籽粕的能量系数、蛋白质系数与参照物的校正价格。

E（棉籽粕能量系数）= $(42.5 \times 13.18 - 43 \times 9.46)/(8.7 \times 13.18 - 43 \times 14.27) = -0.3074$；

P_r（棉籽粕蛋白质系数）= $(8.7 \times 9.46 - 42.5 \times 14.27)/(8.7 \times 13.18 - 43 \times 14.27) = 1.05$；

$C' = C - L_c \times A - M_c \times B = 1.24 - 2.4 \times 0.02 - 1.7 \times 0.03 = 1.141$（元/kg）；

$S' = S - L_s \times A - M_s \times B = 2.00 - 24.5 \times 0.02 - 6.4 \times 0.03 = 1.318$（元/kg）。

（4）求出棉籽粕的适宜价格。

$$\begin{aligned} P &= E \times C' + P_r \times S' + L \times A + M \times B \\ &= -0.3074 \times 1.141 + 1.050 \times 1.318 + 11.1 \times 0.02 + 6.2 \times 0.03 = 1.441 \end{aligned}$$

（5）分析棉籽粕市场价格的合理性。

通过计算得知，棉籽粕适宜价格为 1.441 元/kg，而市场价格为 1.3 元/kg，适宜价格高于市场价格，说明在现有合成赖氨酸与蛋氨酸市场价格的情况下，使用棉籽粕代替豆粕作为禽用蛋白质原料可以降低饲料配方成本。

（二）借助 Microsoft Excel 2003 表格计算棉籽粕原料的适宜价格

用改良的皮特逊法评价原料的适宜价格克服了皮特逊法未考虑蛋白质差异的缺陷，提高了评价原料适宜价格的准确性，但也存在计算工作量大的缺陷。若利用 Excel 电子表格的功能计算原料的适宜价格，将会减少计算工作量，并且计算模型建立后，将可根据原料价格的变动，快速计算出原料的适宜价格，为选购原料提供依据。

1. 基础数据的录入

启动 Excel 2003 程序，进入 Excel 2003 界面。以表 3-35 的格式，在电子表格中输入参照物及评价原料营养成分与市场价格。

表 3-35　禽用饲料适宜价格评价表 （元/kg，MJ/kg，g/kg，%）

A	*B*	*C*	*D*	*E*	*F*	*G*	*H*	*I*	*J*	*K*	*L*	*M*	*N*	*O*
1.原料	特征	市价	*P*	*S'*	*E*	P_r	*L*	*M*	*ME*	*CP*	L_n	DL_n	M_n	DM_n
2.玉米	标准	1.24							14.27	8.7	2.4	78	1.7	84
3.豆粕	标准	2.00							13.18	43	24.5	90	6.4	92
4.赖氨酸	0.78	20												
5.蛋氨酸	0.985	30												
6.棉籽粕	GB2 级	1.3							9.46	42.5	15.9	82	4.5	87
7.玉米	GB1 级	1.28							14.28	9.4	2.6	79	1.8	85

2. 计算公式的输入

在 3-35 中的单元格中输入对应的公式，具体见表 3-36。

表 3-36　在相应单元格输入的表达式

单元格	表达式
E2=	C2－(L2*C4)/(1000*B4)－(N2*C5)/(1000*B5)
E3=	C3－(L3*C4)/(1000*B4)－(N3*C5)/(1000*B5)
F6=	(K6*J3—K3*J6)/(K2*J3－K3*J2)
G6=	(K3*J6－K6*J2)/(K2*J3－K3*J2)
H6=	M6/M3*L6
I6=	O6/O3*N6
D6=	F6*E2+G6*E3+H6*C4/(1000*B4)+I6*C5/(1000*B5)

注：单元格 E2 是指 E 列 2 行对应的单元格，其余类同。

3. 适宜价格的计算与显示

在计算公式输入后，计算机自动运算并显示评价原料棉籽粕的适宜价格。

由此可见，使用电子表格评价原料适宜价格既直观又清晰，既简单又便捷。

四、注意事项

（1）针对皮特逊法未考虑原料蛋白质品质的缺陷，引入评价原料校正赖氨酸含量、校正蛋氨酸含量两项指标后，能更精确地评价蛋白质品质差的原料的适宜价格。例如，棉籽粕在参照玉米、豆粕价格分别为 1.16 元/kg、1.82 元/kg 时，采用皮特逊法得到的适宜价格为豆粕的 84.7%，而利用本法得到的适宜价格（禽）仅为豆粕的 54.8%。另外，考虑到实用猪饲料中主要是赖氨酸缺乏，而对于禽类赖氨酸、蛋氨酸同时缺乏的情况，评价时对猪禽原料采用不同的校正因子予以处理，以反映其实际特点。

（2）适用本法评价禽用原料的适宜价格时，也可用校正含硫氨基酸含量代替校正蛋氨酸含量指标予以评价。尤其在评价如羽毛粉含蛋氨酸低、而胱氨酸高的一类饲料时，更应如此。这有利于反映其胱氨酸含量高这一特点的特殊贡献。

（3）同种原料在猪、禽氨基酸利用率之间存在着明显差异，在编制参数时应予以考虑，并分别列出。采用这种处理方法，就可以分析某种原料用在哪类家畜中更为有利。如小麦麸作为禽用原料时，其适宜价格为参照物玉米的 67.9%，而作为猪用原料时，其适宜价格则高达 80%。

（4）在应用本法时，应考虑如下事项：

① 原料中如含有大量矿物质，应注意价值上的特别贡献，如磷为高价值的矿物质来源，对含磷高的原料另附加其特别价值。

② 一些原料可提供色素，未知生长因子，应考虑其额外价值贡献。

③ 其他如原料的适口性、色泽、产品稳定性、有害物质含量等均影响原料价值的判断，应适当予以考虑。

任务三　饲料原料采购

一、原料采购部门职责

原料采购部门负责采购配合饲料生产所需的原材料，以保证生产经营活动正常进行。具体职责是：

（1）做好市场调研，了解并分析原料市场信息，判断市场动态，为企业决策提供依据。

（2）根据生产计划，编制原料采购计划并组织实施。

（3）选择、评审、管理原料供应商，建立供应商档案，优化进货渠道，降低采购费用。

（4）组织供货合同评审，签订供货合同。

（5）配合技术部，挖掘新货源。

（6）处理采购过程中的退、换货事宜。

（7）参与制定原料采购标准和质量管理计划，控制产品质量和卫生安全。

（8）保守企业秘密。

二、原料采购操作规程

掌握原料采购流程，是保障采购工作顺利进行的基础。

1. 原料行情预测与上报

采购部门必须每天了解原料行情，应每天对主要原料做出原料行情预测并汇报总经理，以便让总经理及时做出决策，尽量降低采购成本和价格风险。

2. 采购计划编制

原料采购部门应会同仓储部、财务部、销售部和生产部，根据原料库存、产品生产销售计划、资金状况和原料行情合理编制原料采购计划。每周应将采购计划报送给总经理、财务部和生产部。

3. 原料接受

（1）供应商送货前，应先送样品做检查；只有当质量符合接受标准后，才能填写采购订单，并和供应商签订送货合同或协议。采购订单和送货合同由总经理签字后才能通知供应商送货。

（2）采购订单的办理：采购订单由主办人负责填写，由主办人、采购部经理和总经理签字后方能执行。采购订单的内容包括：采购的品种、数量和质量标准；供应商名称、地址；送货数量、规格和包装规格，是标准包装的需注明标准包装质量，计件称重必须注明不含破损袋和不标准袋；送货时间、送货方式、运费承担方式、原料付款方式、付款时间。采购订单一式五份：存根、财务部、生产部、化验室、仓管部各一份。采购订单和采购合同应按月编号并存档。

三、原料采购合同

合同是平等主体的自然人、法人、其他经济组织之间设立、变更、终止民事权利义务之间关系的协议。合同法就是规范合同的法律，是为了保护合同当事人的合法权益，维护社会正常的经济秩序。饲料原料采购员必须掌握与合同有关的法律规定，以防范合同的风险，维护自己的合法利益。

（一）采购合同的一般知识

1. 合同主体（当事人）

（1）法人企业：有营业执照、税务登记证、经营许可证或生产许可证、经营范围等相应资质证书等，有固定场所。要求法人单位不能是进入破产清偿程序的企业，虽未进入破产程序，但不能是资不抵债没有履行能力的企业；企业各部/科/处/室等是不具备主体资格，不能签约的。

（2）自然人：提供身份证明，联系方式，家庭住址，明确职务和权力。自然人必须是具有完全民事行为能力的人。

2. 合同订立

平等协商，充分沟通，真实意思表达，把防范风险作为合同谈判的重点，确保实现合同目的。

（1）一般要采取书面形式，没有书面合同，有送货单、收货单、结算单、发票等且证明充分的，可视同合同关系存在；

（2）有对账确认函、债权确认书等函件、凭证没有记载债权人名称，证据充分可认定合同关系存在；

（3）签订认购书、订购书、预订书、意向书、备忘录等预约合同，要求一定期限内订立买卖合同。

3. 合同内容

（1）当事人的名称或者姓名和住所。

① 当事人的名称不能简写或缩写，一定要写全称，字迹正规清晰，要求与法人章名称一致；

② 住所必须填写，要求填写注册地，原则上不写履行地或交付地。

法人住所要明确到省（市、区）、市（地）、县（市、旗）、街道（乡、镇）、园区（路）、号；自然人住所要明确到省（市、区）、市（地）、县（市、旗）、街道（乡、镇）、社区（村庄）、大街（巷、弄）、楼、号。

（2）合同签订地点与时间。

① 采用书面形式订立合同，约定的签订地点为合同签订地点；

② 合同没有约定签订地点，双方签字或者盖章不在同一地点的，最后签字或者盖章的地点为合同签订地；

③ 采用电子意思表示形式订立合同的，规定以收到地点为合同成立的地点。

规定落款处一定要手填年月日以及具体时间，要同法人盖章或自然人摁手印一并完成。

（3）货物名称、规格型号、颜色、数量和价款。

① 货物名称要同招投标书中标的物名称一致；货物名称尽可能使用法定名称或标准中规定的名称和术语，防止因名称引起误会或风险；

② 规格型号是反映产品性质、性能、品质的一系列指标，采用总量加详单双方确认；

③ 颜色一定要在合同中约定清晰，比如按提供的样品颜色，或按照色板加以确定；

④ 数量是对单位个数、体积、面积、长度、容积、重量等的计量，注意计量单位和方法的使用；数量条款必须在合同中加以明确，合同约定的数量以及采用的计量单位，必须同发货、交货相一致；

⑤ 价款，又称买卖合同的价格，须利用大小写分别表示。价款作为合同的重要条款之一，规定合同价款构成要明确，单价、总价数额要确定，币种要界定。同时，保留投标时报价证据。

（4）标的物风险负担。

标的物毁损、灭失的“风险”，交付之前由卖方承担，交付之后由买方承担；合同中可以约定买方未履行支付价款的，标的物的所有权属于卖方。买卖合同的标的物必须是有体物，不包括其他财产权，如债权、知识产权等。

（5）产品质量及质量保证期限。

① 签订合同时把质量执行或依据的标准写明确，执行的什么标准，标准编号要一并写到合同里；产品质量主要指产品内在质量和外在质量。要求在谈判或签订合同时根据买方或卖方需求分别进行对应承诺，不能过分夸大质量现状，以免为今后埋下伏笔；

② 没有国家、行业标准的按照企业标准或通常技术标准或者符合合同目的的特定标准履行；

③ 质保期国家有规定的按其规定时间，没有规定的按照买卖双方约定确定质保期，一般情况下约定 12 个月以内。质保期时间以标的物转移完成后连续计算。

（6）履行期限、地点和交付方式。

① 履行期限的设定必须合理、准确，不容含糊，必须体现时间概念，体现标的物的制造和交付能力，体现运输过程和验收时间；要求在合同中规定总的履行时间或每个阶段的时间；

② 履行地点，是确定验收地点的依据，是确定履行费用由谁负担、风险由谁承担的主要依据，是确定标的物所有权是否移转、何时移转的依据，合同中必须签订明确；将交付标的物的详细地点和支付价款的详细地点，在合同中写明；

③ 履行方式，包括履行次数、交付货物方式、付款和结算方式等，根据方式不同分别约定清楚；如果履行为分期或数次完成的，应当在合同中载明每期或每次具体时间或期间；

④ 交付方式，主要有买方提货、卖方送货、卖方代为托运三种形式，按照约定界定明了。交付方式，要在合同条款中写明交货的日期、详细地点、联系人、装卸货人、单证收缴等信息。

（7）运输及费用承担、包装方式。

① 运输及费用，明确采用什么方式运输，什么时间开始交货，交到什么地方，费用由谁承担；一般约定由卖方负责送货并承担运输费用，也可以约定买方直接提货，无论谁负责运输均要明确各自承担的义务，尤其，卖方代为办理运输的费用在合同中加以说明；

② 包装形式，有约定的按照约定办理，无约定的按照卖方习惯执行。包装分为产品包装和运输包装；无论采用哪种包装方式，目的要满足质量需求和有利于后期保护。

（8）结算方式（付款方式）。

国内一般有：现金、支票、银行本票、承兑汇票（银行、商业）、汇兑（信汇、电汇）；要求在合同中写明是采取何种结算（付款）方式，违约责任的承担等；约定分期付款的次数与比例和具体付款期间以及提供发票的时间、挂账时间。分期付款的买方未支付到期价款的金额达到全部价款的 1/5，卖方可以要求买方支付全部价款或者解除合同。卖方解除合同的，可以向买方要求支付该标的物的使用费。

（9）检验标准、检测方法。

注明验收标准和依据，国家标准、行业标准、企业标准或检验规程可直接作为验收检验的依据，样品比照、法定的试验、测试、分析以及外观、物理检查均作为检测方法。验收约定可以由当事人共同验收或委托具有资质的第三方验收或设计、监理、建设方、承建方、买卖双方联合验收，但只可以选择一种方式；检验和验收时间、权限、期限一次性固定下来。

（10）违约责任。

违约责任可在交付时间、产品质量、货款支付、服务等方面加以约定；当事人一方不履行合同义务或者履行合同义务不符合约定的，应当承担继续履行、采取补救措施或者赔偿损失等违约责任；违约可约定违约金、赔偿金，其数额不能超过造成损失的 30%。

（11）不可抗力。

不可抗力是免责条款，注意使用，不能超出法定范围；下列情形不适用于不可抗力而免责：金钱债务的迟延责任；迟延履行期间发生的不可抗力。

（12）解决争议的方法。

解决争议的方法有：协商、仲裁、诉讼；采取仲裁或诉讼解决争议时，选择其一，不得两者兼顾，无论约定仲裁还是诉讼，写明提起仲裁机构或诉讼法院名称。一般诉讼时效期间为 2 年，从权利人知道或者应当知道之日起算。

4. 后合同义务

合同的权利义务终止后，当事人应当遵循诚实信用原则，根据交易习惯履行通知、协助、保密等义务。是一种法定义务。

（二）原料采购合同格式

原料采购一般合同格式见表 3-37。

表 3-37　原料采购合同（样本）

<table>
<tr><td colspan="6">原料购销合同书</td></tr>
<tr><td colspan="3">需方（买方）：</td><td colspan="3">供方（卖方）：</td></tr>
<tr><td colspan="3">签订时间：</td><td colspan="3">签订时间：</td></tr>
<tr><td colspan="3">委托代理人：</td><td colspan="3">委托代理人：</td></tr>
<tr><td colspan="3">地址：</td><td colspan="3">地址：</td></tr>
<tr><td colspan="3">电话：</td><td colspan="3">电话：</td></tr>
<tr><td colspan="6">供需双方经协商同意，供方按如下条款向需方提供原料：</td></tr>
<tr><td colspan="6">一、货品名称、数量金额</td></tr>
<tr><td>原料名称</td><td>数量</td><td>包装标准</td><td>单价</td><td>金额</td><td>产地</td></tr>
<tr><td></td><td></td><td></td><td></td><td></td><td></td></tr>
<tr><td></td><td></td><td></td><td></td><td></td><td></td></tr>
<tr><td></td><td></td><td></td><td></td><td></td><td></td></tr>
<tr><td colspan="6">二、质量标准</td></tr>
<tr><td>原料名称</td><td>粗蛋白</td><td>粗灰分</td><td>水分</td><td>…</td><td>感官指标</td></tr>
<tr><td></td><td></td><td></td><td></td><td></td><td></td></tr>
<tr><td></td><td></td><td></td><td></td><td></td><td></td></tr>
<tr><td></td><td></td><td></td><td></td><td></td><td></td></tr>
</table>

续表

三、交货时间、地点、运费	
1. 供方于××××年××月××日前发出本合同产品。	
2.交货地点：	
3.本产品采用汽车运输，运输费用由________承担，其他费用由________承担。	
四、质量安全保证书：供方必须在需方提供质量承诺书上签字盖章。	
五、结算方式：	
六、包装标准：编织袋包装标准，编织袋不计价，不计重，不回收。	
七、验收标准：按合同要求标准验收，达不到标准，不予接受；如有质量异议，双方共同抽取样品送至双方认可的质监部门检测，检测费用由双方协商解决。	
八、违约责任：违约方承担另一方因此造成的全部损失。	
九、解决纠纷方式：发生争议双方协商解决，协商不成由合同履行的人民法院裁决。	
十、本合同签订后，即具有法律效力，双方必须严格履行，任何一方不得无故终止合同，如有一方变更需得另一方同意，并按订立的合同所必需的手续签订变更合同协议书。	
十一、本合同一式两份，供需双方各执一份，传真件同样有效。	
十二、本合同当日回传有效。	
需方：签字（盖章）	供方：签字（盖章）
年 月 日	年 月 日

复习思考题

1. 了解饲料企业原料的采购标准的制定情况，分析现用标准是否合理，写出合理的建议书。

2. 了解饲料企业常用的能量和蛋白质原料的种类、价格以及质量，判断使用是否合理并给出合理化建议。

3. 为什么要进行能量和蛋白质原料的适宜价格评估？

4. 评价猪禽用能量饲料与蛋白质饲料适宜价格的原理是什么？

5. 对于能量饲料与蛋白质饲料决定其价格的主要因素是什么？

6. 用 Excel 表格计算猪用 GB1 级玉米、GB1 级豆粕的适宜价格、参照物玉米、豆粕、菜籽粕、次粉、麸皮的适宜价格。参照物玉米、豆粕的适宜价格有何特点？

7. 熟悉饲料企业原料采购管理流程和合同的签署。

项目四　饲料原料品质判断

【知识目标】

了解与饲料原料品质判断有关的营养、标准、规定和实验室基本知识。

【技能目标】

会设计饲料原料品质判断方案，能对常用原料进行品质判断。

任务一　能量原料品质判断

一、玉　米

1. 颜色与气味

玉米分为黄玉米、白玉米和混合玉米。黄玉米种皮为黄色，或略带红色的籽粒不低于95%；白玉米种皮为白色，或略带淡黄色或略带粉红色的籽粒不低于95%；混合玉米为不符合黄玉米与白玉米的玉米。应符合接受玉米颜色要求。无发酵、霉变、变质、结块、异味、异臭等。

2. 水　分

水分多少是玉米安全储藏的关键。因为玉米胚部较大，水分高易变质，影响饲用价值，所以接受玉米必须达到本地区安全水分，以保证其安全储存。水分测定按照GB/T 6435执行。生产中常通过看脐部、牙齿咬、手指掐、大把握及外观来快速判断水分的含量，见表4-1。

表4-1　玉米水分含量与感官特征

水　分	看脐部	牙齿咬	手指掐	大把握	外　观
14%～15%	明显凹下，有皱纹	震牙，清脆声	费劲	有刺手感	
16%～17%	明显凹下	不震牙，有响声	稍费劲		
18%～20%	稍凹下	易碎，稍有声	不费劲	有光泽	
21%～22%	不凹下，平	极易碎	掐后自动合拢	较有光泽	
23%～24%	稍凸起			强光泽	
25%～30%	凸起明显		挤脐部出水	光泽特强	
30%以上	玉米粒呈圆柱形		压胚乳出水		

3. 准确把握玉米不完善粒与杂质的含义

不完善粒指受到损伤但尚有饲用价值的玉米粒。包括虫蚀粒、病斑粒、破碎粒、生芽粒、生霉粒和热损伤粒。虫蚀粒是被虫蛀蚀，并形成烛孔或隧道的颗粒；病斑率指粒面带有病斑，伤及胚或胚乳的颗粒；破碎粒是籽粒破碎达到本颗粒体积 1/5（含）以上的颗粒；生芽率是指芽或幼根突破表皮，或芽或幼根虽未突破表皮但胚部表皮已破裂或明显隆起，有生芽痕迹的颗粒；生霉粒指粒面生霉的颗粒；热损伤粒指受热后显著变色或受到损伤的颗粒，包括自然损伤粒和烘干热损伤粒。自然热损伤粒指储存期间过度呼吸，胚部或胚乳显著变色的颗粒；烘干热损伤粒指加热烘干时，引起表皮或胚部或胚乳显著变色的颗粒。

杂质指除玉米以外的其他物质，包括筛下物、无机杂质和有机杂质。筛下物指能通过直径 3.00 mm 圆孔筛的物质；无机杂质指泥土、砂石、煤渣、砖瓦块等矿物质及其无机物质；有机杂质指无使用价值的玉米粒、异种粮粒及其他有机物质。

4. 容重测定

容重是一项重要的物理指标。容重值大通常籽粒饱满，密实，皮层所占总比例低，粗纤维含量低，品质好，加工费用低。重要的是要根据不同玉米的特点，筛选出具有较高营养价值的原料，为提高产品质量打下良好基础。

容重是指玉米籽粒在单位容积内的质量，以克/升（g/L）表示。当玉米水分≤18%时，按正常方法测定容重，每一样品测量两次，检测结果为整数，两次试验样品的允许差不得超过 3 g/L，取算术平均值为测定结果；如水分超过 18%，需要在温度为（120 ~ 130 °C）± 5 °C 条件下，控制在 30 min 以内将水分干燥至 18%以下再进行测定。一般要求是：原始水分≤23.0%，干燥时间≤10 min；原始水分≤28.0%，干燥时间≤15 min；原始水分≤33.0%，干燥时间≤20 min；原始水分>33%，干燥时间≤30 min。

二、小　麦

1. 颜色与气味

小麦分为硬质白小麦、软质白小麦、硬质红小麦、软质红小麦和混合小麦五种。硬质白小麦指种皮为白色或黄白色的麦粒不低于 90%，硬度指数不低于 60 的小麦；软质白小麦为白色或黄白色的麦粒不低于 90%，硬度指数不高于 45 的小麦；硬质红小麦指种皮为深红色或红褐色的麦粒不低于 90%，硬度指数不低于 60 的小麦；软质红小麦指种皮为深红色或红褐色的麦粒不低于 90%，硬度指数不高于 45 的小麦；混合小麦为不符合以上四种小麦的小麦。应符合接受小麦颜色要求。色泽要鲜艳，无发酵、霉变、变质、结块、异味、异臭等。

2. 水　分

水分要达到本地区的安全水分，以保证安全储存与使用。测定按照 GB/T 5497 执行。

3. 准确把握小麦不完善粒与杂质的含义

小麦不完善粒指受到损伤但尚有饲用价值的小麦颗粒，包括虫蚀粒、病斑粒、破损粒、生芽粒、生霉粒五种。虫蚀粒是被虫蛀蚀，伤及胚及胚乳的颗粒；病斑率指粒面带有病斑，伤及胚或胚乳的颗粒，包括黑胚粒与赤霉病粒；黑胚粒指籽粒胚部呈深褐色或黑色，伤及胚或胚乳的颗粒；赤霉病粒指籽粒皱缩，呆白，有的粒面呈紫色，或有明显的粉红色霉状物，间有黑色子囊壳；破碎粒是指压扁、破碎，伤及胚及胚乳的颗粒；生芽率是指芽或幼根虽未突破表皮但胚部表皮已破裂或明显隆起且与胚分离的颗粒，或芽或幼根突破表皮不超过本颗粒长度的颗粒；生霉粒指粒面生霉的颗粒。

杂质指除小麦以外的其他物质，包括筛下物、无机杂质和有机杂质。筛下物指能通过直径 1.50 mm 圆孔筛的物质；无机杂质指泥土、砂石、煤渣、砖瓦块等矿物质及其他无机物质；有机杂质指无使用价值的小麦、异种粮粒及其他有机物质。常见无使用价值的小麦有霉变小麦、生芽粒中芽超过本颗粒长度的小麦、线虫病小麦、腥黑穗病小麦等颗粒。

4. 小麦容重

小麦容重是指小麦粒在单位容积内的质量，以克/升（g/L）表示。容重测定可按照 GB/T 5498 执行。

5. 小麦粗蛋白质含量

因品种不同而有较大差异，注意检测。

三、小麦麸与次粉

1. 品质判断

（1）外观检查。小麦麸为小麦制粉过程中粗磨阶段分离出来的产品，包括小麦的种皮、珠心层、糊粉层等。颜色为淡褐色直至红褐色，依小麦品种、等级、品质而有差异。具有特有的甜香味，形状为粗细不等的碎屑状。次粉为小麦制粉过程中粗磨阶段所得的细麸与细磨阶段所得的粉头及少量面粉等的混合物。呈淡白色至淡褐色，受小麦品种、处理方法及其他因素的影响，具有香甜味及面粉味，粉末状。

接受的小麦麸与次粉色泽应新鲜一致，无发酵、异臭、发霉等异味，无结块、发热现象，无生虫等。

（2）小麦麸为片状，通气性差，不宜长期保存，水分不超过 14%，高温高湿时易变质、生虫。接受时，注意水分控制在 13%以下，以保证其储存及使用安全。同时，关注其气味，是否有酸败、发酵或有其他异味，已结块的麦麸，要看是否已变质。

（3）次粉是介于麦麸与面粉之间的产品，必须加以区分，不应把细麦麸与次粉相混淆，次粉含面粉多，颜色发白，而麦麸含麸皮多，颜色深，粒度粗。

（4）小麦麸与次粉粗蛋白质含量因小麦品种不同而有较大的差异，需要每批次都进行检测。

（5）受加工工艺的影响，小麦麸与次粉的灰分及粗纤维含量是影响小麦麸与次粉可利用能值高低的主要因素，应注意检测。

（6）因市场需求量大，经常缺货，可能有掺假现象，注意识别。

2. 麦麸与次粉的掺假识别

麦麸与次粉主要掺假一些石粉、贝粉、砂土、花生皮及稻糠等价格低廉的原料，识别方法如下：

（1）显微镜法。将待检样品均匀放在玻片上，在15倍的体视显微镜下观察，如果视野里看小麦麸两面发白发亮，移动多个视野都可看到，则认为掺有石粉。若视野中看到长而硬、没有白面的皮，有井字条纹，则认为有稻壳粉掺入。掺入贝粉、砂土、花生皮也可根据其显微特征通过显微镜观察。

（2）水浸法。此法对掺有贝粉、砂土、花生皮者较为明显。方法是：取5～10 g麸皮于小烧杯中，加入10倍的水搅拌，静置10 min，将烧杯倾斜，如掺假则看到底面有贝粉、砂土，上面浮有花生壳。

（3）盐酸法。取少量试样于小烧杯中，加入10%的盐酸，如出现发泡，则说明掺有贝粉、石粉。

（4）感官鉴别法。将手插入一堆麸皮中然后抽出，如果手指上粘有白色粉末且不易抖落则说明掺有滑石粉，如易抖落则是残余面粉。再用手抓起一把麦麸使劲攥，如果易成团，则为麸皮；如果手握时有胀的感觉，则可能掺有稻糠。

四、糖　蜜

（1）颜色气味要正常，不能有焦煳味。甘蔗糖蜜为暗褐色液体，略带甜味及糖香；甜菜糖蜜为暗褐色液体，略有味，带硫磺或焦糖味，尝之味道不佳；柑橘糖蜜为黄色、褐色液体，柑橘味，尝之略苦；淀粉糖蜜为深褐色液体，略带焦糖味。

（2）黏度要正常，太黏、太稀均影响用量的准确性。

（3）接受时，应以含水量和含糖量作为接受标准，至于灰分及含胶物质则越低越好。

五、乳清粉

乳清粉是乳清凝固后产生的液态产物（乳清），经低温浓缩和干燥后获得的产品，根据蛋白质含量分为低、中、高蛋白乳清粉。脱盐乳清粉是以制造干酪或干酪素所用的副产品为原料，经脱盐、浓缩、喷雾、干燥制得的粉末状产品。

1. 品质判断

（1）在感官检验室内，取适量样品于白色浅盘中检验样品的感官。正常的乳清粉为均匀一致的淡黄色，可能因人为添加色素而呈红色，也可能因干燥温度过高或在高温高湿条件下储存太久而带褐色；呈粉末状或细粒状，滚筒干燥者较粗，喷雾干燥者较细，酪蛋白乳清粉为细粒状，扬尘性高；具有新鲜乳清固有的滋味和气味；无酸味、异味等不良滋味和气味；无结块。

（2）乳清粉在水中悬浮性越好，品质越好。取3～4 g样品放入500 mL烧杯中，用65 °C的温水250 mL冲调，良好的乳清粉应不产生絮状及沉淀。

（3）乳清粉粗蛋白质一般在12%左右，加工乳清粉的原料若品质好，非蛋白氮含量不应超过CP总量的25%。

（4）一般乳清粉的灰分为7.5%～9.0%，10%水溶液pH为5.8～6.5。乳清若未及时干燥处理，则会产酸中和乳清，增加灰分的含量并降低适口性，经中和处理者，为11%左右，此类产品容易引起下痢。脱盐乳清粉的灰分只有3%～5%。应注意检测判断。

（5）乳清粉粗纤维含量应为0。如果存在粗纤维，可能掺有植物性饲料。

（6）有些乳清粉吸湿性很强，不利储存，且在配合饲料中易形成颗粒，影响混合均匀度。若为经脱盐处理而降低潮解性的产品，则无此顾虑。

2. 淀粉试验

（1）试剂与溶液。

碘溶液：称取0.75 g碘化钾和0.1 g碘溶于30 mL水中，储存于棕色瓶中。

（2）操作步骤。称取1 g乳清粉，加入5 mL水使其溶解，滴加碘溶液2 mL。如试样中含有淀粉，则呈蓝紫色。

六、油　脂

油脂质量不仅影响饲用价值，而且影响动物健康。考察油脂的质量一般从五个方面进行判断：一是新鲜度；二是产品稳定性与耐存性；三是利用率；四是安全性；五是提供的必需脂肪酸数量。

1. 品质判断

（1）颜色、气味、滋味与透明度。油脂应透明、清亮，具有特定油脂本身固有的色、香、味。没有其他的气味、滋味和哈喇味。

（2）水分及挥发物含量。水分及挥发物是指在一定温度条件下，油脂中所含有的微量水分及挥发物，常用质量百分数表示。水分与挥发物含量高低不仅影响油脂的饲用价值，更是油脂变质的重要诱导因子。需注意检测。

（3）酸值与过氧化值。酸值为中和1 g油脂中所含游离脂肪酸需要的氢氧化钾毫克数；过氧化物值为1 kg油脂中过氧化物的毫摩尔数。酸值与过氧化值是反映油脂新鲜度的重要指标，需要经常检测。

（4）不溶性杂质。不溶性杂质是指油脂中不溶于石油醚等有机溶剂的物质，常用质量百分数表示。它不仅影响油脂的饲用价值与稳定性，还可能会堵塞加油系统，影响加油的准确性，必要时进行检测。

（5）无掺杂物。不准混入其他植物油或非食用油；不得添加任何香精和香料；动物油脂不准留有残余原料（油渣）。

（6）注意使用油脂的安全性。必要时可对浸出油溶剂残留量、游离棉酚、铜、铁、含皂量、砷、铅、黄曲霉毒素 B_1、BHA、BHT 进行检测。尤其是使用餐饮业和食品工业用后的植物油与动物油的混合油时特别注意苯并〔a〕芘的检测，以确保使用油脂的安全性。

（7）注意油脂标示名称与实际油脂相吻合。如食用油均是经过脱胶、脱酸、脱色、脱臭处理的精炼油；低芥酸菜籽油是指芥酸含量不超过脂肪酸组成 3%的菜籽油。每种油脂都具有特定的脂肪酸组成，表现出特定的理化特性，如每种油脂具有特定的折光系数、相对密度、碘值、皂化值、熔点等。

2. 油脂感官鉴定法

感官检验包括色泽、气味、滋味和透明度、水分、杂质等。

（1）色泽检查。每种油脂都有其固有色泽，根据这一点可鉴别油脂是否具有该种油脂的正常色泽。按油脂组成而言，纯净的油脂是无色、透明，常温下略带黏性的液体。但因油料本身带有各种色素，在加工过程中，这些色素溶解在油脂中，而使油脂具有颜色。国家标准规定，色泽越浅，质量越好。方法是：吸取混合均匀的油脂 10 mL 于直径 25 mm 的试管中，在白色背景前反射光线下观察其色泽。冬季气温低，油脂容易凝固，可取油 250 g 左右，加热至 35 ~ 50 °C，使呈液态，并冷却至 20 °C 左右，按上述方法进行鉴别。

（2）气味检查。每种油脂都有固定气味，据此可鉴别油脂是否具有该种油脂的正常气味。一般取油样 50 mL 注入 100 mL 烧杯中，加热至 50 °C 用玻棒边搅边闻气味。

（3）滋味检查。每种油脂都有其固定的独特滋味。通过滋味鉴别可以知道油脂的种类、品质的好坏、酸败程度、能否使用等。用嘴尝油脂，不正常的变质油脂会带有酸、苦、辛辣等滋味和焦苦味，质量好的油脂则没有异味。方法是用玻璃棒取少许油样，点涂在已漱过口的舌头上，辨其滋味。

（4）透明度检查。品质正常的油脂应完全透明，如油脂中含磷脂、固醇、蜡质和含水量较大时，就会出现浑浊，使透明度降低。一般将盛试样的试管放入规定温度的水浴锅中，静置 24 h。用肉眼判断透明度，分出清晰透明、微浊、浑浊、有无悬浮物、悬浮物多少等。

（5）沉淀物检查。油脂在加工过程中混入杂质（泥沙、料柸粉末、纤维等）和磷脂、蛋白质、脂肪酸黏液、树脂、固醇等非油脂物质，在一定条件下沉入油脂的下层，称为沉淀物。品质优良的油脂，应没有沉淀物，一般用玻璃扦油管插入底部把油取出，即可看出有无沉淀物或沉淀物的多少。

（6）水分和杂质检查。油脂是一种疏水性物质，一般情况下不易和水混合，但油脂中常含有少量的磷脂、固醇和其他杂质等能吸收水分，这部分水分一般是在制油过程中混入的，同时还混入一些杂质。油脂中的水分和杂质含量过多时，不仅降低其品质，还会加快油脂的水解和酸败，影响油脂储存的稳定性。植物油脂水分和杂质的感官鉴别是按照油脂的透明、浑浊程度、悬浮物和沉淀物的多少，以及改变条件后所出现的各种现象等，凭人的感觉器官分析判断。鉴别方法为：

① 取样鉴别法。取干燥洁净的扦油管一支，用大拇指将玻璃管上口按住，斜插入装油容器内部至底部，然后放开大拇指，微微摇动，稍停后再用大拇指按住管口，提取观察油柱情况。在常温下，油脂清澈透明，水分杂质含量在 0.3%以下；如出现浑浊，水分杂质含量在 0.4%以上；若油脂出现明显的浑浊并有悬浮物，则水分杂质含量在 0.5%以上。把扦油管的油放回原容器，观察扦油管模糊不清，则油品水分在 0.3% ~ 0.4%。

② 钢精勺加热法。用普通的钢精勺一个，取有代表性的油样约 250 g，在炉火或酒精灯上加热到 150 ~ 160 °C，看起泡沫，听其声音和观察其沉淀情况（霉坏、冻伤的油料榨得的油除外），如出现大量泡沫，又发出“吱吱”响声，说明水分较大，在 0.5%以上；如有泡沫，

但很稳定，也不发出任何声音，表示水分较少，一般在 0.25%左右。加热后，撇去油沫，观察油的颜色，若油色没有变化，也没有沉淀，说明杂质一般在 0.2%左右；如油色变深，则说明杂质在 0.49%左右；如勺底有沉淀，说明杂质多，在 1%以上。用这种方法，加热温度不能超过 160 °C。

3. 油脂的定性鉴别与惨伪识别

油脂中不得掺有其他食用油和非食用油，不得添加任何香精和香料。

（1）大豆油的检出。量取混合试样 5 mL 于试管中，加入 2 mL 三氯甲烷和 3 mL 2%硝酸钾溶液，用力摇动试管，使溶液呈乳浊状。如乳浊液呈现柠檬黄色，表明有豆油存在。如乳浊液出现白色或微黄色，则说明有花生油、芝麻油和玉米油存在。本方法不适用一级、二级大豆油。

（2）花生油的检出。准确量取混合式样 1 mL 注入锥形瓶中，加入 1.5 mol/L 氢氧化钾-乙醇溶液 5 mL，连接空气冷凝管，在水浴中加热皂化 5 min，加 50 mL70%乙醇（无水乙醇 70 份加水 30 份）和 0.8 mL 盐酸（相对密度 1.16，量取浓盐酸 83 mL，加水至 100 mL），将出现的沉淀加热溶解后置于低温水浴中，不断搅拌，使降温速度达到每分钟约 1 °C，随时观察发生浑浊时的温度。橄榄油在 90 °C 以前；菜籽油在 22.5 °C 以前；棉籽油、米糠油和豆油在 13 °C 以前；芝麻油在 15 °C 以前发生浑浊，均表明有花生油存在。

（3）菜籽油的检出。称取混合试样 0.500 ~ 0.510 g 注入 150 mL 锥形瓶中，加入 50 mL 氢氧化钾乙醇溶液[25%氢氧化钾（相对密度 1.24）溶液 80 mL，加 95%乙醇稀释到 1000 mL]，连接冷凝管，置于水浴上加热 1 h，对已经皂化的溶液加入 20 mL 乙酸铅溶液（50 g 乙酸铅加 5 mL90%乙酸混合，用 80%乙醇稀释到 1 000 mL）和 1 mL90%乙酸，然后加热至铅盐溶解为止。取下锥形瓶，待溶液稍冷后，加水 3 mL 摇匀，置于 20 °C 保温箱中静置 14 h，将沉淀转入玻璃过滤坩埚（3 号）中，用 20 °C 的 70%乙醇 12 mL 分数次洗涤锥形瓶和沉淀。移坩埚于碘价瓶上，用 20 mL 热的乙醇乙酸混合溶液洗涤坩埚。吸取 0.2 mol/L 碘乙醇溶液（5.07 g 升华碘溶解于 200 mL95%乙醇中，临用时现配）20 mL 注入碘价瓶中，摇匀，立即加水 200 mL，再摇匀，在暗处静置 1 h，到时用 0.1 mol/L 硫代硫酸钠溶液滴定至溶液呈浅黄色时，加入 1 mL 淀粉指示剂，摇匀后，继续滴定至蓝色消失为止。

同时用乙醇乙酸混合液 30 mL 做空白试验。

结果计算：芥酸含量（x）按下式计算：

$$x = (V_1 - V_2) \times c \times 0.169 / m \times 100$$

式中　x——芥酸的含量（以质量分数计），%；

V_1——空白试验用去的硫代硫酸钠溶液体积，mL；

V_2——试样用去的硫代硫酸钠溶液体积，mL；

c——硫代硫酸钠溶液的摩尔浓度，mol/L；

0.169——每毫克当量硫代硫酸钠相当于芥酸的毫克数；

m——试样质量，g。

双实验结果允许差不超过 0.2%，求其平均数，即为测定结果。测定结果取小数点后第一位。

结果判断：芥酸含量在 4%以上，表明有菜籽油或芥子油存在。

注：本法不适用于低芥酸菜籽油的检出。

（4）芝麻油的检出。本法可检出 0.25%以上的芝麻油。

量取混合试样和浓盐酸各 5 mL 于比色管中，混匀，加入 0.1 mL 2%糠醛乙醇溶液（2 mL 糠醛加入 100 mL95%的乙醇中混匀），充分混合，摇动 30 s，静置 10 min 后，观察产生的颜色，如有深红色出现，加水 10 mL，再摇动，观察颜色。如红色消失，表明没有芝麻油存在。

注：① 试验深色油样时，可用碱漂白，并将油中的碱和水除净；② 必要时可用含有芝麻油的试样做对照试验。

（5）棉籽油的检出。量取混合试样和 1%硫磺粉二硫化碳溶液各 5 mL 注入试管中，加 2 滴吡啶（或戊醇）摇匀后，置于饱和食盐水浴中，缓慢加热至盐水开始沸腾后，经过 40 min，取出试管观察。如有深红色或橘红色出现，表明有棉籽油存在。颜色越深，表明棉籽油越多。

注：本法属于哈尔芬试验，可检出 0.3%以上的棉籽油。

（6）大麻籽油的检出。

① 试剂。苯；0.15%牢固蓝盐 B 溶液。

② 仪器。硅胶 G 薄层板；点样器；烘箱；紫外灯。

③ 方法。取被检试样和对照试样（已知含有大麻籽油）各 10 μl 分别点样于硅胶 G 薄层板（105 °C 活化 30 min）上。如点样有困难，可将试样用苯稀释 5 倍，各点样 10 ~ 20 μl。展开剂用苯，显色剂用 0.15%牢固蓝盐 B 溶液（临时用现配）。用紫外线灯观察被检样品，如出现红色斑点，色调和比移值与对照样一致，即为阳性，则说明有大麻籽油存在。亚麻油、芝麻油也呈现红色，但比移值比大麻籽油小。

（7）桐油的检出。

① 三氯化锑三氯甲烷溶液法（适用于菜籽油、花生油、茶油中混有的桐油的检出，检出限 0.5%）：量取油样 1 mL 于小试管中，沿管壁小心加入 1%三氯化锑三氯甲烷溶液 1 mL，使试管中溶液分为两层，将试管置于 40 °C 温水中加热 10 min。观察界面分层现象。在溶液分成的界面上，如出现紫红色至深咖啡色的环，则说明有桐油存在。本法实验结果与加热时间有关，随着加热时间延长，颜色加深。

② 亚硝酸钠法（适用于豆油、棉籽油及深色油中混杂的桐油的检出，检出限为 0.5%，芝麻油存在时，不适用于桐油的检验）：取 5 ~ 10 滴油样于试管中，加入 2 mL 石油醚，溶解油样（必要时过滤）。在溶液（或滤液）中加入 3 ~ 4 粒亚硝酸钠，加入 1 mL 1∶1 硫酸，摇匀静置，在 5 ~ 15 min 内观察石油醚（上层）。如石油醚层呈现浑浊，并有絮状团块析出，初为白色，放置后变成黄色，则说明有桐油存在。

③ 硫酸法：取油样数滴，置于白色点滴板凹穴中，加入 1 ~ 2 滴浓硫酸，观察现象。如呈现深红色并凝为固体，同时颜色逐渐加深，最后成为黑色凝块，则说明有桐油存在。

（8）蓖麻油的检出。

① 方法1：取少量混匀试样于镍蒸发皿中，加氢氧化钾一小块，慢慢加热使其熔融，嗅其气味。若呈现有辛醇气味，表明有蓖麻油存在。

② 方法2：将熔融物加水溶解，然后加过量的氯化镁，使脂肪酸沉淀、过滤，用稀盐酸将滤液调成酸性，观察现象。若滤液中有结晶析出，表明有蓖麻油存在。

（9）亚麻油的检出。取混匀过滤的试样 0.5 mL 注入带塞的 20 mL 比色管中，加 10 mL 乙醚和 3 mL 溴液（在四氯化碳中加足量的溴，使体积增加一半），溶解后加塞，反转混合，将溶液调温至 25 °C，观察 2 min 内的现象。另取正常试样做对照试验。如 2 min 内即呈现浑浊，则说明有亚麻油存在。

（10）矿物油的检出。用量筒量取混合试样 1 mL 于锥形瓶中，加 1 mL 氢氧化钾溶液（15 g 氢氧化钾溶于 10 mL 水中）和 25 mL 无水乙醇，连接冷凝管，回流煮沸约 5 min，多摇动，直至完全皂化为止。取下锥形瓶，加 25 mL 沸水，摇匀如出现明显的浑浊或有油状物析出，则说明有矿物油存在。本方法不适用于米糠原油和沙棘油。

（11）植物油中猪脂的检出。根据各种油脂晶体形状的不同，用镜检法检出猪脂。

① 试剂。乙醚；脱脂棉。

② 仪器。试管：20 mL；冰箱；显微镜：400 倍；玻璃管：内径 3 mm。

③ 方法。取 3 支 20 mL 试管洗净烘干，编成 1 号、2 号、3 号，各加入 10 mL 乙醚。1 号管加入 2 mL 被检油样；2 号管中加入 1 mL 已溶化的猪脂；3 号管中加入 2 mL 被检的纯油。3 支管各塞以脱脂棉，置于冰箱或冰水中，待晶体析出后（约 10 h）进行镜检观察；3 号管应无晶体析出（菜籽油）；2 号管有白色晶体析出；1 号管中如有猪脂也有白色晶体析出，其析出量与猪脂含量成正比。

猪脂晶体鉴别：在载玻片上滴一滴纯油，用内经 3 mm 的玻管吸取半滴结晶物加入油滴中，加盖玻片在显微镜下观察。结果判断：如晶体为细长针叶状，则说明有猪脂存在。

（12）植物油中掺入水或米汤的检验。

① 植物油中掺入米汤的检验。植物油中掺入米汤，冬季天冷不易识别，可将植物油加温，存放几天观察，会发现有分层现象，上层是油，下层则是掺入的米汤。夏季，植物油中掺入米汤后一时也不容易看出，可先用筷子放入油内，然后将油滴在白纸上，再滴碘液在油样上，如果油变成蓝色，就证明掺入了米汤。

② 植物油中掺水的检验。将植物油装入一个透明的玻璃瓶内，观察其透明度，水分含量如在 0.4%以上，油就浑浊不清，透明度差。或将油滴在干燥的纸上，小心点燃，点火燃烧时，如听到“叭叭”的爆炸声，说明油的含水量在 0.4%以上。

（13）植物油中掺盐水的实验。取 10 mL 样品置于分液漏斗中，用蒸馏水 30 mL、20 mL、10 mL 萃取，合并水相，用少量石油醚洗水相，将水相移入瓷蒸发皿中，加入 1 mL15%铬酸钾溶液，用 0.1 mol/L 硝酸银溶液滴定，求出氯化钠含量，同时取同种未掺入盐水的油做空白对照试验。

注：正常油中含少量的盐，故应做空白对照试验。

（14）动物油的掺假识别。植物油掺假在通常情况下较易发现，然而动物油不仔细观察或用化学方法检验，很难看出来。

① 掺水检验。在春、夏、秋季，可取一根比油桶略长的玻璃管，用拇指堵住上头插入桶底，放开拇指，然后再堵住，拔出，如观察到玻璃管底部有水柱，则说明桶底有水。而冬季，可取一根比桶略长的铁棒插入桶内，在插入过程中用力要均匀，如果突然遇到变硬，则停止插入，拔出铁棒，在桶外与桶比较，观察插入多少，如果铁棒没有插到底，则说明底部有水结冰。

② 掺盐的检验。从桶底部取出一点动物油，用嘴尝一尝，如果发咸则证明有盐。或从桶底部取出一点动物油，放入试管中加入 2 ~ 3 mL 水，加热至沸 1 ~ 2 min，过滤，滤液中滴入几滴硝酸银溶液，如果有白色沉淀物生成，则说明掺有盐。

③ 掺面粉的检验。按掺盐的检验方法同样制取滤液，在滤液中滴入几滴碘-碘化钾溶液，如果滤液变蓝，则说明掺有面粉。

（15）海产动物油脂的鉴别。可利用海产动物油特殊成分进行鉴别。如利用含高度不饱和脂肪酸；肝油中含大量的维生素 A，用维生素 A 呈色反应鉴别；还可利用含有的特殊不皂化物的性质鉴别。

① 溴化物法。海产动物油脂中含有高度不饱和脂肪酸，向其中加入溴水后能生成醚不溶的多溴化合物，而其他油脂则不能生成，此化合物不能溶于温苯溶液。也可利用其含有的亚油酸与溴反应生成温苯易溶的六溴化合物，用该法可鉴别。

② 紫外吸收光谱法。将海产动物油用乙醚溶解后，因含高度不饱和脂肪酸，所以在波长 300 nm 以上区域有明显吸收。

（16）动物油脂的判别。动物油脂是指提炼（熬油或萃取）自哺乳动物或禽类组织的脂肪，以甘油三酯为主。

① 色泽。取熔融动物油脂于干燥无色透明试管中（直径为 1.5 ~ 2 cm），置于冷水或冰水 1 ~ 2 h，至油脂凝固，在 15 ~ 20 °C 温度下用反射光观察，应为白色或略带淡黄色，牛、羊油脂为黄色或淡黄色。

② 气味与滋味。在室温下嗅或口尝其滋味，其味应正常无杂味。

③ 稠度。在 15 ~ 20 °C 时，猪脂应为软膏状；牛、羊脂应为坚实固体状。

④ 透明度。取油脂样品 100 g 于烧杯中，于水浴中加热融化，过滤于干燥无色透明的量筒中，用透过光线及反射光观察油脂，作出浑浊与否的判断。正常油脂应透明。

（17）毛油与精制油的鉴别。植物油的制备方法主要采用浸出法和压榨法，用这两种方法制得的油被称为毛油。因为毛油中含有许多杂质，故应对毛油进行脱胶、脱酸、脱臭、脱色等工艺加工，以便去除尘埃、蛋白质、胶质、黏质物、游离脂肪酸、色素及有臭味的物质。目前有毛油充当精制油出售，该油存放时间短，不易久储，并且水分高，鉴别方法如下。

① 感官鉴别法。将按标准方法扦取的油样放入烧杯中，扦取过程如发现油样浑浊，放置过夜后，烧杯底部有大量沉淀，则证明是毛油。

② 水分鉴别法。正常精制植物油水分含量小于 0.2%，而毛油水分多大于 0.5%，尽管仅

凭这一项不能判断为毛油，但可作为鉴别的依据之一。

③ 测定杂质鉴别法。均匀地取油样 20 g 置于 500 mL 烧杯中，准确称重至 0.1 g，加石油醚 200 mL 溶解样品。然后用干燥恒重的滤纸过滤，再用石油醚 20 mL 洗涤数次。残渣和滤纸于 105 °C ± 1 °C 下干燥 30 min，放于干燥器中冷却 30 min，称重，按下式计算：

$$杂质（\%）=残渣质量（g）/样品质量（g）\times 100\%$$

一般精制油杂质含量为 0.1% ~ 0.25%，毛油中杂质含量远超过此数。

注：测玉米油时不用石油醚，应改用苯。另外干燥后质量小于 0.3 mg 时可认为是恒重。

④ 加热试验鉴别法。油脂由于品质和杂质含量的不同，经过加热后其透明度和颜色均发生不同的变化。加热前后进行比较，可判断油脂的品质和含杂质情况。

280 °C 实验法：量取 100 mL 油样倒入烧杯中，将温度计的水银柱固定在样品中部，将烧杯放在砂浴锅内，以每分钟温度上升 10 °C 的速度加热至 280 °C 观察。因杂质焦化发烟的情况，冷却后观察油内杂质沉淀的多少和油色变浅变黑的情况。有机杂质使油色变深，杂质含量多且有酸败发生时则为黑色。注意按速度升温，达到 280 °C 时立即停止加热。

100 °C 实验法：在两个烧杯内各加 100 mL 油样。将一个烧杯放入水浴锅内，加热至 100 °C 后，立即取出与另一杯内的油样进行比较、观察，比较两者的浑浊情况。油样加热与冷却时，进行观察，如果油样浑浊在加热时消失，冷却后重新出现，说明油样水分含量过高，若浑浊在加热时仍不消失，则是杂质多所致，可判断为毛油。

任务二　蛋白质原料品质判断

一、饲用大豆

1. 颜色与气味

接受的大豆，需籽粒饱满、整齐，色泽新鲜一致，无发酵、霉变、结团及异味、异臭等。等级符合标准，否则不予接受。

2. 水　分

水分要达到本地区的安全水分要求，以保证安全储存与使用。测定按照 GB/T 5497 执行。大豆水分的快速感官检验方法如下：检验大豆水分时，主要应用齿碎法，并且根据不同季节而定；水分相同，由于季节不同，齿碎的感觉也不同，见表 4-2。

表 4-2　大豆水分含量的齿碎感觉

	冬　季	夏　季
12%下	齿碎后可成 4 ~ 5 瓣	能齿碎并有声响
12% ~ 13%	不能形成多瓣	不易破碎，豆粒艮，没有声响
14% ~ 15%	不能破碎，扁状，四周有裂口，豆粒上齿痕	

3. 准确把握饲用大豆不完善粒与杂质含义

不完善粒指受到损伤但尚有使用价值的大豆，包括未熟粒、虫蚀粒、病斑粒、生芽粒、胀大粒、生霉粒、冻伤粒、热损伤粒。未熟粒指未成熟籽粒不饱满，瘪缩达粒面 1/2 以上或子叶绿色达 1/2 以上（绿仁大豆除外），与正常粒显著不同的大豆粒；虫蚀粒指被虫蛀蚀，伤及子叶的大豆粒；病斑率指粒面带有病斑，伤及子叶的大豆粒；生芽粒与胀大粒指芽或幼根突破种皮或吸湿胀大未复原的大豆粒；生霉粒指粒面或子叶生霉的大豆粒；冻伤粒指籽粒透明或子叶僵硬呈暗绿色的大豆粒；热损伤粒指因受热而引起子叶变色和损伤的大豆粒；破损粒指子叶破损达本籽粒体积 1/4 以上的大豆粒。

杂质指能通过直径 3.0 mm 圆孔筛的物质，包括无饲用价值的大豆粒及大豆以外的其他物质。

此外，大豆粗蛋白质含量因产地、品种而有差异，注意检测。

二、饲用大豆粕

1. 品质判断

（1）色泽与气味。接受的大豆粕应呈浅黄褐色或淡黄色，色泽新鲜一致，具有烤黄豆的香味，不得变为深褐色，无发霉、结块、异味、异臭等。要控制好适合本地区安全储存的水分。

（2）豆粕不应有焦化或呈深褐色或有生豆味，否则为加热过度或烘烤不足。加热过度会导致赖氨酸、胱氨酸、蛋氨酸及其他必需氨基酸变性而失去利用性；烘烤不足，不足以破坏生长抑制因子，蛋白质利用差。因此必须正确进行鉴定，可用感官方法鉴别，也可用测定尿素酶法和氢氧化钾蛋白质溶解度进行鉴别。氢氧化钾蛋白质溶解度是指大豆粕样品在规定的条件下，可溶于 0.2%氢氧化钾溶液中的粗蛋白质含量占样品中的粗蛋白质含量的质量百分数。

（3）豆粕多数为碎片状，但粒度大小不一，豆粕皮大小不一。可依据豆粕皮所占比例，大致判断其品质好坏。

（4）黄豆在储存期间，如因保存不当而发热，甚至烧焦者，所制得的豆粕颜色较深，利用率也差，甚至生霉，产生毒素。接受时需认真检查。

2. 掺假识别

豆粕主要掺假有：玉米粉、玉米胚芽粕、豆饼、稻壳。识别方法如下：

（1）掺玉米粉的检查。取碘 0.3 g，碘化钾 1 g 溶于 100 mL 水中，然后用吸管滴一滴水在载玻片上，用玻璃棒头蘸取过 20 号筛的豆粕，放在载玻片上的水中展开，然后滴入 1 滴碘-碘化钾溶液，在显微镜下观察。纯豆粕的标准样品，可清楚地看到大小不同的棕色颗粒，含玉米粉的载玻片上，含有似棉花状的蓝色颗粒，并随玉米粉含量的增加，蓝色颗粒增加，棕色颗粒减少。

标准样品的制备：取过 20 号筛的纯豆粕 0.95 g、0.96 g、0.97 g、0.98 g、0.99 g，依次加入过 20 号筛的玉米面 0.05 g、0.04 g、0.03 g、0.02 g、0.01 g，各自混匀，5 种标准样品是分别含有 5%、4%、3%、2%、1%玉米的豆粕，按照上述步骤制成 5 个标准样品，以便半定量比较观察用。

（2）掺玉米胚芽粕的检查。豆粕中掺玉米胚芽粕可借助于显微镜进行检查。显微镜下观察豆粕可见豆粕皮，且豆粕皮外表面光滑，有光泽，并可见明显凹痕和针状小孔，内表面为白色多孔海绵状组织，并可观察到种脐，豆粕颗粒形状不规则，一般硬而脆，不透明，呈奶油色或黄褐色。而玉米胚芽粕显微镜下观察具油腻感，黄棕色，同时可见玉米皮特征，玉米皮显微镜下薄并且透明。所以，两者在显微镜下很易识别。

（3）掺豆饼碎的检查。豆粕中掺豆饼碎也可借助显微镜观察。因豆粕与豆饼碎加工工艺不同，显微镜下状态也不一样，豆粕显微镜下形状不规则，一般硬而脆，子叶颗粒无光泽，不透明，呈奶油色或黄褐色；豆饼碎子叶因挤压成团，这种颗粒状团块质地粗糙，颜色外深内浅。二者感官也可以大致区分，豆粕一般为碎片状，而豆饼碎成团块，颜色比豆粕深。

（4）掺稻壳、秸秆类物质鉴别。可品尝之，如掺有此类物质则很难咀嚼。

（5）掺泥沙、石粉的检查。豆粕常掺有泥沙、5%～10%的石粉，可用水浸法鉴别：取豆粕（饼）25 g，放入盛有 250 mL 水的玻璃杯中浸泡 2～3 h，然后用木棒轻轻搅动，若掺假，可以看出分层，上层为豆粕（饼），下层为泥沙或石粉。

三、饲用菜籽饼粕

1. 品质判断

（1）菜籽饼粕颜色因品种而异，有黑褐色、黑红色或黄褐色，小碎片状。种皮较薄，有些品种外表光滑，也有网状结构，种皮与种仁是相互分离的。

菜籽饼粕具有淡淡的菜籽压榨后特有的味道，但不应有酸味及其他气味，也不能发霉、结块。外观要新鲜。同时，确定本地区的安全水分，以确保安全储存及使用安全。

（2）菜籽饼粕含有配糖类硫苷葡萄糖苷（芥子苷），在芥子水解酶的作用下，产生挥发性芥子油，含有异硫氰酸丙烯酯和恶唑烷硫酮等毒物，引起菜籽饼粕的辣味而影响饲料的适口性，且具有强烈的刺激黏膜的作用。因此，长期饲喂菜籽饼粕可能造成消化道黏膜损害，引起下痢，因此必须对异硫氰酸丙烯酯进行检验。

（3）种皮的多少决定着其质量的好坏，根据皮的多少大致估测其结果。

（4）菜籽饼粕在生产过程中不能温度过高，否则，导致有焦煳味，影响蛋白质品质，使蛋白质溶解度降低。对这种产品除感官鉴别外，还可做蛋白质溶解度实验，以确保是否可以使用。

2. 菜籽饼粕的掺假识别

菜籽饼粕掺假主要掺杂一些低廉的原料，而且较重，如泥土、砂石等，具体检查方法如下：

（1）感官检查。正常的菜籽饼粕为黄色或浅褐色，具有浓厚的油香味，这种油香味较特殊，其他原料不具备。同时菜籽粕有一定的油光性，用手抓时，有疏松感觉。而掺假菜籽饼粕油香味淡，颜色也较淡，无油光性，用手抓时，感觉较沉。

（2）盐酸检查。正常的菜籽饼粕加入适量的 10%的盐酸，没有气泡产生，而掺假的菜籽饼粕有大量的气泡产生。

（3）粗蛋白质检查。正常的菜籽饼粕其粗蛋白质含量一般在33%以上，而掺假的菜籽饼粕其粗蛋白质含量较低。

（4）四氯化碳检查。四氯化碳的相对密度为1.59，菜籽饼粕的相对密度比四氯化碳小，所以菜籽饼粕可以漂浮在四氯化碳表面。其方法是：取一梨形的分液漏斗或小烧杯，加入5～10 g的菜籽饼粕，加入100 mL四氯化碳，用玻璃棒搅拌一下，静置10～20 min，菜籽粕应漂浮在四氯化碳的表面，而矿砂、泥土等由于密度相对较大，故下沉底部。将下沉的沉淀物分开，放在已知重量的称量瓶中，然后将称量瓶连同下层物放入110 °C烘箱中烘15 min，取出置于干燥器中冷却、称重，算出粗略的土砂含量。正常菜籽饼粕其土砂含量在1%以下，而掺假的菜籽饼粕其土砂含量高达5%～15%。

（5）灰分检查。正常菜籽饼粕的粗灰分含量应≤14%，而掺假的菜籽饼粕其灰分含量高达20%。

四、花生饼粕

（1）花生饼粕为淡褐色或深褐色，压榨饼色深，萃取粕色浅；压榨饼呈烤过的花生香，而萃取粕为淡淡的花生香。形状为块状或粉状，花生饼粕含有少量的壳。注意气味的检查，花生饼粕有特殊的香味，不应有酸味及哈喇味。色泽新鲜一致，无霉变等。同时确定本地区接受的安全水分，以保证储存安全。

（2）花生饼粕不可焦煳，否则降低赖氨酸等必需氨基酸的利用率，必须感官鉴别。

（3）花生饼粕易感染霉菌，产生黄曲霉毒素，接受及保管和使用过程中，必须非常小心，高温、高湿季节不应久储。特殊情况必须作黄曲霉毒素的检验。

（4）生产过程中，花生壳的混入量对成分影响很大，可根据花生壳的多少大致鉴别品质的好坏。

五、饲用棉籽饼粕

1. 品质判断

（1）因棉籽饼粕上存留有棉纤维，所以棉籽饼粕都粘附有棉纤维。棉籽饼粕一般为黄褐色、暗褐色至黑色，有坚果味，略带棉籽油味道，但浸提法提油者无类似坚果的味道，通常为粉状或碎块状（棉籽饼）。棉籽饼粕应新鲜一致，无发酵、腐败及异味，也不可有过热的焦味，进而影响蛋白质品质，必须认真用感官鉴别。若有条件，可做蛋白质溶解度试验，以确保是否掺假。同时确定本地区安全水分，以保证储存及使用安全。

（2）棉籽饼粕通常淡色者品质较佳，储存太久或加热过度均会加深色泽，注意进行鉴别。

（3）棉籽饼粕含有棉纤维及棉籽壳，它们所占比例的大小，直接影响其质量，所占比例大，营养价值相应降低，感官可大致估测。

（4）过热的棉籽饼粕，造成赖氨酸、胱氨酸、蛋氨酸及其他必需氨基酸的破坏，利用率很差，注意感官鉴别。

（5）棉籽饼粕感染黄曲霉毒素的可能性高，应留意，必要时可做黄曲霉毒素的检验。

（6）棉籽饼粕中含有棉酚，棉酚含量是品质判断的主要指标，含量太高，利用程度会受到很大限制。生产过程中需要脱毒处理。测定脱毒处理后残留的游离棉酚是否低于国家饲料卫生标准，以保证产品的安全性。

（7）掺杂物，主要检查是否掺有砂子等。可取少部分碎棉籽粕放于烧杯中，如杯底有沉淀物且不溶解，则掺有砂子或其他矿物质。

2. 游离棉酚简易快速目视比色测定法

（1）原理。用眼睛观察比较溶液颜色深浅来确定物质含量的分析方法称为目视比色法。其原理是：将标准溶液和被测溶液在同样条件下进行比较，当溶液厚度相同，颜色的深浅一样时，两者的浓度相等。根据朗伯-比耳定理，标准溶液和被测溶液的吸光度分别为：

$$A_{标准} = K_{标注} \times C_{标准} \times L_{标准}$$

$$A_{被测} = K_{被测} \times C_{被测} \times L_{被测}$$

当被测溶液颜色与标准溶液颜色相同时，

$$A_{标准} = A_{被测}$$

因为是同一种有色物质，同样的入射光，所以 $A_{标准}=A_{被测}$，而所用液层厚度相等，所以 $C_{标准} = C_{被测}$。

故可用目视比色法，来测定有色物质的浓度。

本试验用间苯三酚与棉酚作用生成紫红色化合物这一反应。此化合物颜色的深浅与棉酚的浓度在一定范围内呈线性关系。

（2）测定方法。

① 试剂。70%丙酮：分析纯 500 mL；95%乙醇：分析纯 500 mL；浓盐酸：分析纯 100 mL；间苯三酚：分析纯 1 g。

② 仪器和玻璃器皿。标准棉酚比色管 1 套，比色管 10 支，普通试管（10 mL）10 支；5 mL 深度吸管 2 支；试管架 1 个；多用振荡器 1 台；400 mL 烧杯一个；感量 0.01 的天平 1 台；漏斗 10 个（Φ5 cm）；滤纸若干；100 mL 量筒 1 个；100 mL 磨口三角烧瓶 2 个；温度计 1 支；恒温水浴或电炉。

③ 试剂配制。

a. 70%丙酮：量取 70 mL 丙酮，加 30 mL 蒸馏水摇匀。

b. 显色剂配制：用 100 mL 量筒量取 16.6 mL 浓盐酸（12 mol/L），加入 95%乙醇至 100 mL 刻度，即用 95%乙醇将 12 mol/L 浓盐酸稀释成 2 mol/L 稀盐酸，倒入 100 mL 三角烧瓶中，摇匀，再加入 1 g 间苯三酚，溶解后混匀至棕色瓶中，放入冰箱保存备用（颜色变黑则不能使用）。

④ 操作步骤。

a. 游离棉酚的提取：准确称取样品 0.01 g，加入 5 mL70%丙酮于试管振荡器上振荡 5 ~ 10 min，过滤或离心后取上清液于试管中备用。

b. 取 2 mL 样品提取液于比色管中，加入 2 mL 显色剂，摇匀后放入 50 ~ 55 °C 水浴中显色 5 min。

c. 量取 2 mL95%乙醇于另一比色管中，加 2 mL 提取液，摇匀同样放入 50 °C 水浴中，保持 5 min，作为空白对照管。

d. 将样品管和对照管插入比色架中，和标准比色管比较，选取颜色深浅相同的标准管。此管所标出的数字，即为样品中游离棉酚的含量。

结果计算：

样品中游离棉酚的含量%=标准管含量（mg/mL）×提取液体积（mL）/样品质量（mg）×100%

⑤ 操作注意事项。

a. 显色剂尽可能现用现配，在冰箱中，可保存 1 周，颜色变黄时，则不能使用。

b. 提取时间在 10 min 以上，时间过短，提取不安全。

c. 显色时水浴温度在 50～55 °C，不可过高，时间也不能过长，显色后应立即比色测定。

六、玉米蛋白粉

1. 品质判断

（1）玉米蛋白粉为湿法制玉米淀粉或玉米糖浆时，原料玉米除去淀粉、胚芽及玉米外皮后剩下的产品，其外观呈淡黄色、金黄色或橘黄色，带有烤玉米的味道，并具有玉米发酵的特殊气味，多数为颗粒状，少数为粉状。色泽要新鲜一致，有正常气味，无臭味等异味，无发霉变质、结块等。确定符合本地区的安全水分，保证安全储存及使用。

（2）含玉米皮者，粗蛋白质一般都低于 50%；脱皮的玉米蛋白粉的粗蛋白质含量基本在 60%以上。可根据玉米皮的多少鉴别其质量高低。

（3）玉米蛋白粉含有丰富的氨基酸和天然色素：叶黄素，是一种重要的饲料原料，尤其在鸡饲料中被广泛使用。大部分饲料厂检测条件有限，通常只凭外观、水分、粗蛋白质三个指标判定质量的好坏，氨基酸和叶黄素检测的概率很低。制假者利用常规检测上的不足来制造假玉米蛋白粉。一般假货的组成为：蛋白精、玉米粉、小米粉、色素及少量的真玉米蛋白粉。它们的作用为：用染成黄色的蛋白精（脲醛聚合物）来冒充粗蛋白质，用小米粉和玉米粉当填充物，再加少量的真玉米蛋白粉，根据饲料厂的质量要求，调整比例，就可以生产出不同规格的劣质玉米蛋白粉，以较低的价格卖给饲料厂，以次充好，以假乱真，造成饲料质量大幅度下降。

特别需要指出的是，这种伪劣的玉米蛋白粉中用来提高粗蛋白质含量的物质称作“蛋白精、蛋白粉”。它是一种浅黄色粉末，根本不含蛋白质，是尿素与甲醛的聚合物，含氮量在 30%左右（相当于粗蛋白质 187%左右），加入少量就能大幅度地提高粗蛋白质的含量。它不但没有任何营养价值，而且有毒，因为在酸性条件下（如胃酸）能分解产生甲醛，造成畜禽慢性中毒，引起一系列不明原因的症状。建议增加真蛋白指标检查。

2. 伪劣玉米蛋白粉的识别方法

假玉米蛋白粉中掺入大量的小米粉、玉米粉及蛋白精，会造成氨基酸的组成、总量以及叶黄素的变化很大，有条件的实验室检测一下样品中氨基酸、氨、叶黄素的含量就很容易鉴别真伪。普通的实验室可以采用以下方法来鉴别真伪。

（1）看外观，检查样品在水中的溶解情况。纯的玉米蛋白粉在水中不溶解，迅速沉淀，其水溶液是无色透明的（叶黄素不溶于水），伪劣的玉米蛋白粉在水中悬浮，沉淀很慢，其水溶液呈混浊状，甚至呈黄色（掺水溶性色素）。

（2）检查玉米蛋白粉在变色酸（1 g/L 浓硫酸溶液）中的颜色变化情况。蛋白精在硫酸的作用下分解生成甲醛，甲醛与变色酸生成一种紫色物质。淀粉、蛋白质、糖及铵均不干扰此反应。

取 0.1 ~ 0.2 g 样品于干燥的 50 mL 烧杯内，加约 1 mL 变色酸，在电炉上小心微热至刚产生微烟，取下烧杯，加入 10 mL 水，若溶液变成紫色，则样品中含蛋白精，属伪劣产品。

（3）检查玉米蛋白粉在稀酸稀碱中的变化情况。将约 5 g 样品放入烧杯内，加 50 mL 水，搅拌片刻，再慢慢加入 10 mL 稀盐酸（1+3），如样品表面变成红色，再慢慢加入氢氧化钠（30%）10 ~ 15 mL，红色变为黄色，则此样品属伪劣产品。这是因为某种蛋白精在合成时与掺入的染料反应，生成一种新物质，此物在酸或碱的作用下，分子内部发生了重排现象，产生的异构体在酸碱中呈不同的颜色。而真正的纯玉米蛋白粉在室温条件下与酸碱作用，外观无明显变化。

（4）显微镜检查。将样品置于体视镜下，放大 10 ~ 20 倍，若发现有黄色易碎的微粒，小心夹出数粒于 50 mL 的烧杯中，滴加约 0.5 mL 变色酸，电炉上微热至刚产生微烟，取下后慢慢加水 10 ~ 15 mL，若溶液变成紫色，则样品中含蛋白精，属于伪劣产品。

七、鱼　粉

鱼粉是一种优质的蛋白质饲料，氨基酸组成平衡，蛋白质利用率高，但市场上的产品因原料新鲜度、组成和加工方法、储存时间的差异，以及时常掺入大多是廉价且不易被吸收的羽毛粉、植物根茎粉、皮革物等，严重影响鱼粉品质。因此必须对鱼粉的质量进行评定。

1. 品质判断

（1）鱼粉的新鲜度。制造鱼粉的原料新鲜度差或鱼粉在运输、储存过程中，发生蛋白质分解、脂肪氧化酸败等，会使鱼粉产品营养价值下降，影响饲养效果。常从颜色、气味、黏性上鉴别。新鲜度好的鱼粉呈棕褐色（红鱼粉）或灰白色（白鱼粉），颜色均匀一致，具有正常的鱼腥味，而气味异常、带有哈喇味或腐臭味的则是新鲜度差的鱼粉。正常的鱼粉不应有酸味、氨味等异味，颜色不应有陈旧感。新鲜鱼肉的肌纤维富有黏着性，黏性上佳的鱼粉较新鲜。其判断方法为：以 75%鱼粉加 25%a-淀粉混合，加 1.2 ~ 1.3 倍水炼制，然后用手拉其黏弹性即可判断。需指出的是，这种判断方法简单易行，但缺乏客观性。如有条件，可通过测定挥发性盐基氮（VBN）、三甲胺（TMA）、组胺和酸值及过氧化物值判断新鲜度。

挥发性盐基氮（VBN）包括氨和低级胺类，是腐败鱼粉的主要成分，是细菌繁殖、氨基酸及其他含氮化合物的分解产物。它们的沸点低，具有挥发性，呈碱性。在鱼粉中会随鱼粉鲜度的下降而增加。鲜度好的鱼粉 VBN 小于 50 mg/100 g。VBN 测定较适宜于细菌刚开始繁殖、初期腐败时的检测。由于来自谷氨酸和天冬氨酸的氨氮是鱼粉中氨的主要来源，而谷氨酸和天冬氨酸是非必需氨基酸，因此 VBN 作为鱼粉品质的指标显得不那么贴切。

三甲胺（TMA）是腐败鱼粉的主要成分，一般在鲜鱼粉中并不存在。但一旦细菌繁殖，鱼粉中的氧化三甲胺会还原成 TMA，因此 TMA 比 VBN 可更清楚地反映细菌作用引起鲜度下降的情况。一般以 TMA 为 5 mg/100 g 作为鱼粉初期腐败的界限。

组胺是组氨酸的分解产物，是组氨酸在莫根变形杆菌、组胺无色杆菌等细菌存在的组氨酸脱羧酶作用下，脱去羧基后形成的一种胺类物质。它是一种毒素，动物摄入一定量的组胺后会引起中毒。因此，组胺含量可作为鱼粉鲜度下降的重要指标。新鲜鱼粉组胺含量小于 100 mg/kg。

鱼粉中的脂肪（主要由不饱和脂肪酸组成）含量较高，容易氧化变质，因此脂肪的氧化酸败是造成鱼粉鲜度下降和营养价值降低的重要原因。未饱和脂类自氧化后能产生大量的游离脂肪酸、过氧化物、醛和酮等。测定其含量就可衡量脂类氧化程度。酸值是表示油脂中所含游离脂肪酸的数量，过氧化物值则指油脂氧化后产生的过氧化物数量。一般认为，鲜度好的鱼粉酸值小于 20 mg/g，过氧化物值小于 5 mmoL/kg。

鱼粉水分要达到本地区的安全水分，便于安全储存及使用。

（2）鱼粉价格较高，特别是进口鱼粉，掺假使假情况时有发生，因此，在购进鱼粉时，必须对鱼粉进行掺假检验。掺伪的原料有血粉、羽毛粉、皮革粉、尿素、甲醛-尿素缩合物、肉骨粉、虾粉、粗糠、贝壳粉、棉籽饼、菜籽饼等。它们基本都是为了增加蛋白含量，有些是当增量剂使用，有些是用来改变成品特性，有些是为了调整风味、色泽用，有些兼有数种用途，但大多数是廉价而不能消化吸收的物质。

（3）焦化气味。进口鱼粉在长期运输过程中，鱼粉所含的磷量很高，容易引起自燃，所造成的烟或高温会使鱼粉呈烧焦状态。另外，鱼粉在加工过程中，温度过高，也会产生焦煳味，鸡食后容易引起食滞。因此检验时要多加注意，如有此味，可拒收。

（4）褐色化。鱼粉储存不良时，表面会出现黄褐色的油脂，味变涩，无法消化，此乃鱼油在空气中由于氧化作用而形成的醛类物质，若再与鱼粉变质所产生的氨及三甲胺等作用，会产生有色物质，必须认真鉴别，对这种情况的鱼粉，必须拒收。

（5）鱼粉可先用标准比重液（四氯化碳）进行组分分离，分离出有机物及无机物，由其含量可判别鱼粉品质，如无机物含量多，则品质等级较差。

（6）如鱼粉中掺有皮革粉、羽毛粉时，可把鱼粉用铝箔纸包上用火点燃，根据产生的气味来判断，也可进行镜检。

（7）粗蛋白质是鱼粉中含氮物质的总称，含量高低并不完全代表品质的优劣，但不失为判断的标准。一般全鱼鱼粉的粗蛋白质应在 60%～70%，太低可能属于原料为下杂鱼或杂质高所致，太高则可能为掺假所致。可通过测定纯/粗蛋白质、胃蛋白酶消化率来检验。掺有尿素以及甲醛-尿素聚合物等非蛋白氮的鱼粉，虽粗蛋白质含量很高，但真蛋白质含量却很低，一般认为用纯/粗蛋白质的比值 80%作为判断鱼粉是否掺有高氮化合物的指标。纯/粗蛋白质比值高于 80%即没有掺入高氮聚合物。掺入植物蛋白原料后，真蛋白质虽然很高，但胃蛋白酶消化率却降低，合格的鱼粉，其蛋白酶消化率不应低于 85%。

（8）鱼粉粗纤维几乎为零，太高则掺有纤维质原料，如粗糠、木屑等，可用水漂浮法检验。

（9）灰分高表明骨多肉少，反之骨少肉多。灰分在 20%以上表明是非全鱼所致。钙磷比例应一定，太多钙则是可能加入了廉价的钙原料，可用盐酸法检验。

2. 鱼粉的掺假识别

（1）感官检查。可通过视觉、嗅觉和触觉判断。通过视觉可见：优质纯鱼粉颜色一致，一般呈红棕色、黄棕色或黄褐色。也有少量白鱼粉、灰白鱼粉等，因鱼品种而有差别。应有新鲜的外观。细度均匀，颗粒细度为至少98%才能通过筛孔直径为2.80 mm的标准筛网。为粉状，含鳞片、鱼骨等，有可见的鱼肉丝。劣质鱼粉为浅黄色、青白色或黑褐色，细度和均匀度差。掺入风化土鱼粉色泽偏黄。通过嗅觉可知，优质鱼粉是烤过的鱼香味，并稍微带有咸鱼腥味，加入鱼溶浆者，腥味较重；劣质鱼粉为腥臭味或腐臭味；掺假鱼粉有淡腥味、油脂味或氨味等异味。掺有棉籽粕和菜籽粕的鱼粉，有棉籽粕和菜籽粕味，掺有尿素的鱼粉，略具氨味，掺入油渣的鱼粉，有油脂味。通过触觉可感受到：优质鱼粉手捻质地柔软呈鱼松状，无砂粒感；劣质鱼粉和掺假鱼粉手捻有砂粒感，手感较硬，质地粗糙磨手。如结块发黏，说明已酸败，强捻散后呈灰白色说明已发霉。

（2）显微镜检查。鱼粉为黄褐色或黄棕色等轻质物，按鱼肉、鱼骨和鳞的特征可以鉴别。鱼肉显微镜下表面粗糙，具有纤维结构，类似肉粉，只是颜色浅。鱼骨为半透明或不透明的银色体，一些鱼骨块呈琥珀色，其空隙呈深色的流线型波状线段，似鞭状葡萄枝，从根部沿着整个边缘向外伸出。鱼鳞为平坦或弯曲的透明物，有同心圆，以深色或浅色交替排列。鱼鳞表面有轻微的十字架。鱼鳞表面破裂，形成乳白色的玻璃珠。鱼粉长期堆放，通过空气氧化而自行燃烧的烧焦鱼粉，呈褐色。从镜下看不到油星，且颗粒碎小。鱼骨由半透明的银色体变为褐黄色的半透明体。鱼肉粗糙。纤维结构看不清楚或根本看不到。

① 掺大豆粉的显微镜检查。鱼粉中掺大豆粉显微镜下可见豆皮、黄色或淡黄色块状物。豆皮有凹形斑点，稍有弯曲，并可见种脐。白色海绵淀粉像水珠一样附在块状物表面。

② 掺菜籽饼粕的显微镜检查。鱼粉中掺菜籽饼粕显微镜下可见菜籽饼粕的种皮特征，种皮为深棕色并且薄，外表面有蜂窝状网孔，表面有光泽，内表面有柔软的半透明白色薄片附着。菜籽饼粕的种皮和籽仁碎片不连在一起，籽仁呈淡黄色，形状不规则，无光泽，质脆。

③ 掺花生饼粕的显微镜检查。鱼粉中掺花生饼粕显微镜下可见花生种皮、外壳存在，种皮为红色、粉红色、深紫色或黄棕色。外壳破碎呈不规则的片状，分层，内层呈白色海绵状，有长条短纤维交织，外壳表面有突筋呈网状，外壳皮厚不均，有韧性。

④ 掺棉籽饼粕的显微镜检查。鱼粉中掺棉籽饼粕显微镜下可见棉絮纤维附着在外壳上及饼粕颗粒上，棉絮纤维为白色丝状物，中空、扁平、卷曲、半透明、有光泽，棉籽壳碎片为棕色或红棕色，厚且硬，沿其边缘方向有淡褐色和深褐色的不同层次，并带有阶梯似的表面。棉籽仁碎片为黄色或黄褐色，含有许多圆形扁平的黑色或红褐色油腺体或棉酚色腺体。棉籽壳和棉籽仁是连在一起的。

⑤ 掺芝麻饼粕的显微镜检查。鱼粉中掺芝麻饼粕显微镜下可见芝麻种皮特征，芝麻种皮带有微小的圆形突起，芝麻皮薄，黑色、褐色或黄褐色，因品种而异。

⑥ 掺稻谷壳粉的显微镜检查。鱼粉中掺稻谷壳粉显微镜下可见具有光泽的表面，有井字条纹，并可见到绒毛。

⑦ 掺麦麸的显微镜检查。鱼粉中掺麦麸显微镜下可见淡黄色或棕色片状麸皮。麸皮外表面有细皱纹，内表面黏附有许多不透明的白色淀粉粒。

⑧ 掺肉骨粉的显微镜检查。鱼粉中掺肉骨粉，显微镜下可见肉骨粉的特征。肉骨粉为浅黄色至深褐色。脂肪含量高的色泽深，颗粒有油腻感，表面粗糙，并可见肌肉纤维。肌纤维

较细，但相互连接。骨质为较硬的白色、灰色或浅棕黄色的块状颗粒，不透明或半透明，带斑点，边缘圆钝。此外还可见毛发、蹄角等附着物，经常可见混有血粉的特征。

⑨ 掺血粉的显微镜检查。鱼粉中掺血粉显微镜下可见血粉的特征。血粉颗粒形状各异，有的边缘锐利，有的边缘粗糙不整齐。颜色有紫黑色似沥青状，或者颜色为血红色晶亮的小珠。

⑩ 掺水解羽毛粉的显微镜检查。鱼粉中掺水解羽毛粉显微镜下可见半透明像松香一样的碎颗粒，有些反光。同时可见羽毛管和羽毛轴，似空心面。也可见生羽毛。

⑪ 掺皮革粉的显微镜检查。鱼粉中掺皮革粉显微镜下可见绿色、深褐色及砖红色的块状物或丝状物，像锯末似的，没有水解羽毛粉那样透明。

⑫ 掺虾仁粉的显微镜检查。鱼粉中掺虾仁粉显微镜下可见虾须、虾眼、虾壳和虾肉等。虾壳类似卷曲的云母薄片形状，半透明。少量的虾肉和虾壳连在一起。虾眼为黑色球形颗粒，较硬，为虾仁粉中较易辨认的特征。虾须在显微镜下观察以断片存在，长圆管状，带有螺旋形平行线。虾腿为断片宽管状，半透明，带毛或不带毛。

⑬ 掺蟹壳粉的显微镜检查。鱼粉中掺蟹壳粉显微镜下可见蟹壳的特征。蟹壳为小的不规则的几丁质壳的形状，壳外层多为橘红色，多孔，并有蜂窝状的圆形凹斑或小盖状物。

⑭ 掺贝壳粉的显微镜检查。鱼粉中掺有贝壳粉显微镜下可见贝壳粉的特征。贝壳粉颗粒很硬，表面光滑，颜色因贝壳种类不同而有较大的差异，有的为白色或灰色，也有的为粉红色。有些颗粒外表面具有同心的或平行的线纹或者带暗淡交错的线束，有些碎片边缘呈锯齿状。

⑮ 掺海带粉的显微镜检查。鱼粉中掺海带粉显微镜下可见海带粉的特征。海带粉呈浅灰色并掺杂有淡黄色，与国产鱼粉颜色相近，粒度不等，粒度大的呈片状，形状极不规则。

（3）物理检查。

① 鱼粉中植物蛋白质的检验。取适量鱼粉用火燃烧，如发出与纯毛燃烧后相同的气味，则为鱼粉，而具有炒谷物的香味，则说明其中混杂了植物蛋白质。

② 鱼粉中掺有麸皮、花生壳粉、稻壳粉的检验。取 3 g 鱼粉样品，置于 100 mL 玻璃烧杯中，加入 5 倍的水，充分搅拌后，静置 10 ~ 15 min，麸皮、花生壳粉、稻壳粉因相对密度小，浮在水面上。

③ 鱼粉中掺砂子的检验。取 3 g 鱼粉样品，置于 100 mL 的玻璃烧杯中，加入 5 倍的水，充分搅拌后，静置 10 ~ 15 min，鱼粉、砂子均存于底部，再轻轻搅动，鱼粉即浮动起来，随水流转动而旋转，而砂子相对密度较大，稍旋转即沉于杯底，此刻可观察到砂子的存在。

④ 鱼粉中掺羽毛粉的检验。将 10 g 样品放入四氯化碳与石油醚的混合液（100 ∶ 41.5，$d = 1.326\ g/cm^3$）中搅拌，静置，上浮物多为羽毛粉。

⑤ 测容重法。粒度为 1.5 mm 的纯鱼粉，容重为 500 ~ 600 g/L，如果容重偏大或偏小，均不是纯鱼粉。

（4）化学检验。

① 鱼粉中掺入淀粉类物质的检验。可用碘蓝反应来鉴别。其方法是：取样品 2 ~ 3 g 置于烧杯中，加入 2 ~ 3 倍水后，加热 1 min，冷却后加入碘-碘化钾溶液（取碘化钾 5 g，溶于 100 mL 水中，再加碘 2 g），若鱼粉中掺有淀粉类物质，则颜色变蓝，随掺入淀粉量的增加，颜色由蓝变紫。

② 鱼粉中掺杂锯末（木质素）的检验。

a. 方法 1：将少量鱼粉置于培养皿中，加入浓度为 95%的乙醇浸泡样品，再滴入几滴浓盐酸，若出现深红色，加水以后深红色物质附着于水面，则说明鱼粉中掺有锯末类物质。

b. 方法 2：称取鱼粉样品 1 ~ 2 g，置于试管中，再加入 10%的间苯三酚 10 mL，再滴入几滴浓盐酸，观察样品的颜色变化，如其中有红色颗粒产生，则为木质素，即说明鱼粉中掺有锯末类物质。

③ 鱼粉中掺入纤维类物质的检验。如果鱼粉中掺入纤维类物质，可采用下述方法检验：取试样 2 ~ 5 g，分别用 1.25%硫酸和 1.25%氢氧化钠溶液煮沸过滤，干燥后称重。纯鱼粉纤维含量极少，通常不超过 1.0%。

④ 鱼粉中掺入碳酸钙、石粉、贝粉、蛋壳粉的检验。可利用盐酸对碳酸盐的反应产生二氧化碳气体来判断。其方法是：取样品 10 g，放入烧杯中，加入 2 mL 盐酸，如立即产生了大量气泡，即为掺入了上述物质。

⑤ 鱼粉中掺入血粉的检验。取被测鱼粉 1 ~ 2 g 于试管中，加入 5 mL 蒸馏水，搅拌，静置数分钟后，另取一支试管，先加联苯胺粉末少许，然后加入 2 mL 冰醋酸，振荡溶解，再加入 1 ~ 2 mL 过氧化氢溶液，将被检鱼粉的滤液徐徐注入其中，如两液接触面出现绿色或蓝色的环或点，表明鱼粉中含有血粉，反之，鱼粉中不含血粉。

本法如不用滤液，而用被检鱼粉直接徐徐注入溶液面，在液面上及液面以下可见绿色或蓝色的环或柱，表明有血粉掺入，否则没有血粉掺入。

所需试剂：冰醋酸、联苯胺粉末、3%过氧化氢（现用现配）。

本方法原理：血粉中铁质有类似过氧化酶的作用，可分解过氧化氢，放出新生态氧，使联苯胺氧化为苯胺蓝，而呈绿色或蓝色。

⑥ 鱼粉中掺羽毛粉的检验。称取 1 g 试样于 2 个 500 mL 三角烧杯中，一个加入 1.25%硫酸溶液 100 mL，另一个加入 5%氢氧化钠溶液 100 mL，煮沸 30 min 后静置，吸收上清液，将残渣放在 50 ~ 100 倍显微镜下观察。

如果试样中有羽毛粉，用 1.25%硫酸处理残渣在显微镜下会出现一种特殊形状，而 5%氢氧化钠溶液处理后的残渣没有这种特殊形状。

⑦ 鱼粉中掺皮革粉的检验。

a. 方法 1：取少量鱼粉样品于培养皿中，加入几滴钼酸铵溶液（以溶液浸没鱼粉为宜），静置 5 ~ 10 min，如不发生颜色变化则为掺入了皮革粉，如呈现绿色则为鱼粉。

钼酸铵溶液的配制：称取 5 g 钼酸铵，溶解于 100 mL 蒸馏瓶中，再加入 35 mL 浓硝酸即可。

b. 方法 2：取 2 g 鱼粉样品，置于坩埚中，经高温灰化，冷却后用水浸润，加入 2 mol/L 硫酸 10 mL，使之呈酸性。滴加数滴二苯基卡巴腙溶液，如有紫红色物质产生，则有铬存在，即说明鱼粉中有皮革粉。

2 mol/L 硫酸的配制：量取 55 mL 浓硫酸，倾入有 20 mL 左右的蒸馏水的玻璃烧杯中，再转入 1 000 mL 容量瓶中，稀释定容。

二苯基卡巴腙溶液的配制：称取 0.2 g 二苯基卡巴腙，溶解于 100 mL95%的乙醇中。

本测定方法的原理：基于皮革鞣制过程中，采用铬制剂，通过灰化后，有一部分转化为六价铬。在强酸溶液中，六价铬与二苯基卡巴腙反应，生成紫红色的水溶性二硫代卡巴腙化合物。

⑧ 鱼粉中掺尿素的检验。

a. 方法 1：称取 10 g 样品于烧杯中，加入 100 mL 蒸馏水中，搅拌过滤，取滤液 1 mL 于点滴板中，加 2 ~ 3 滴甲基红指示剂，再滴加 2 ~ 3 滴尿素酶溶液，约经 5 min，如点滴板上呈深红色，则说明样品中掺有尿素。

尿素酶溶液的配制：称取 0.2 g 尿素酶，溶解于 100 mL95%乙醇中。

甲基红指示剂的配制：称取 0.1 g 甲基红，溶解于 100 mL95%乙醇中。

b. 方法 2：无尿素酶药品时，则可用此法检验。取两份 1.5 g 鱼粉于 2 支试管中，其中一支加入少许黄豆粉，两管各加蒸馏水 5 mL，振荡，置于 60 ~ 70 °C 恒温水浴中 3 min，滴 6 ~ 7 滴甲基红指示剂，如加黄豆粉的试管中出现较深紫红色，则说明鱼粉中有尿素。

c. 方法 3：称取 10 g 鱼粉样品，置于 150 mL 三角瓶中，加入 50 mL 蒸馏水，加塞用力振荡 2 ~ 3 min，静置，过滤，取滤液 5 mL 于 20 mL 的试管中，将试管放酒精灯上加热灼烧，当溶液蒸干时，可嗅到强烈的氨臭味。同时把湿润的 pH 试纸放在管口处，试纸立即变成红色，此时 pH 值高达近 14。如果是纯鱼粉则无强烈的氨臭味，置于管口处的 pH 试纸稍有碱性反应，显微蓝色，离开管口处则慢慢褪去。

⑨ 鱼粉中掺入双缩脲的检验。称取鱼粉试样 2 g，加 20 mL 蒸馏水，充分搅拌，静置 10 min，用干燥滤纸过滤，取滤液 4 mL 于试管中，再加入 1.5%硫酸钙溶液 1 mL，摇匀，立即观察，溶液呈蓝色者，则鱼粉没有掺入双缩脲，若呈紫红色，则说明鱼粉中掺有双缩脲，红色越深，掺入双缩脲的比例越大。

八、饲用肉粉及肉骨粉

肉骨粉是哺乳动物废弃组织经干式熬油后的干燥产品。肉粉的定义与肉骨粉相同，唯一区别在于磷含量，含磷在 4.4%以上者称为肉骨粉，含磷在 4.4%以下者称为肉粉。肉骨粉主要的质量控制点是原料类型，有无掺假使假，新鲜度如何，主要成分是否达标。为降低成本，很多厂商加入较多的羽毛粉、毛粉、蹄角粉、皮革粉，还有加入各种非蛋白含氮物质等。建议检测项目为：镜检、粗蛋白、氨基酸、酸价或挥发性盐基氮。必要时增加胃蛋白酶消化率、沙门菌检查。目前最难达到的是新鲜度指标（酸价、VBN）。其次是不掺羽毛、畜毛的太少。对于肉粉目前无国家标准，基本情况与肉骨粉差不多，只是含磷量小于 3%。

（1）肉粉 、肉骨粉为油状，金黄色至淡褐色或深褐色，脂肪含量较高时，色较深，过热处理时颜色也会加深。一般用猪肉骨制成者颜色较浅。肉粉、肉骨粉具有新鲜的肉味，并具有烤肉香及牛油或猪油味。正常情况下为粉状，肉骨粉内含粗骨。

肉粉、肉骨粉颜色、气味及成分均匀一致，不可含有过多的毛发、蹄、角及血液等（肉骨粉可包括毛发、蹄、角、血粉、皮、胃的内容物及家禽的废弃物或血管等，检验时除可用含磷区别外，还可从毛、蹄、角及骨等方面区别）。

（2）肉骨粉与肉粉所含的脂肪含量高，易变质，必须重点嗅其气味，看是否有腐臭味等异味，最好通过测定酸值、过氧化物值及挥发性盐基氮测定判断新鲜度。酸值测定按照 GB/T 19164—2003 中附录 B 执行；挥发性盐基氮测定按照 GB/T 5009.44 执行。

（3）肉骨粉掺假的情形相当普遍，最常见的是掺水解羽毛粉、血粉等，较恶劣者则添加生羽毛、贝壳粉、蹄、角及皮革粉等。因此要做掺假检查，方法与鱼粉掺假水解羽毛粉、血粉、贝壳粉、皮革粉等的检验方法相同。最好测定胃蛋白酶消化率。胃蛋白酶消化率测定按照 GB/T 17811 执行。

（4）正常产品的钙含量应为磷含量的 2 倍左右，比例异常者即有掺假的可能。

（5）灰分含量应为磷含量的 6.5 倍以下，否则即有掺假之嫌。肉骨粉的钙、磷含量可用下面方法估算：

$$磷量/\%=0.165\times 灰分\%$$

$$钙量/\%=0.348\times 灰分\%$$

（6）腐败原料制成的产品品质必然不良，甚至有中毒的可能。过热产品会降低适口性及消化率。溶剂提油者脂肪含量低，温度控制较易，含血多者蛋白质含量较高，但消化率低，品质不良。

（7）肉骨粉和肉粉是变异相当大的饲料，原料成分与利用率好坏之间相差很大，接受时，必须慎重，综合判断，以确保质量。

九、水解羽毛粉

水解羽毛粉是家禽羽毛经清洗、高压水解处理、干燥、粉碎而成的产品。

1. 感官特征

（1）浅色生羽毛所制成的产品呈金黄色；深色（杂色）生羽毛所制成的产品为深褐色至黑色；加温过高会加深产品的颜色；有的呈暗色，是宰杀作业时混入血液所致。

（2）味道：新鲜的羽毛味臭，即具有臊味。

（3）形状：粉状。同批次产品应有一致的色泽、成分及质地。

2. 显微特征

体视镜下可见水解完全的羽毛粉羽轴呈管状，似通心粉，呈金黄色至深褐色的玻璃样或松香样的小粒，有的可以反光；没水解完全或没有水解的羽毛粉边缘有棱角，或看到羽小枝。

3. 品质判断

（1）有正常的羽毛粉气味，不应有腐败、恶臭、霉味等。

（2）羽毛粉的水解程度，影响其品质。过度水解（胃蛋白酶消化率在 85%以上）会破坏氨基酸，降低蛋白质含量；水解不足（胃蛋白酶消化率在 65%以下），双硫键未完全破坏，蛋白质品质也不良。处理程度可用容重加以判断，因原料羽毛粉很轻，处理后容重加大，正常容重为 0.45 ~ 0.54 kg/L，可依据此鉴别。另外，在生物显微镜下观察，蛋白质加工水解程度较好的羽毛粉为半透明颗粒状，颜色以黄色为主，夹有灰色、褐色或黑色颗粒。未完全水解的羽毛粉，羽干、羽枝和羽根明显可见。

（3）产品颜色变化大，深色者如果不是制造过程中烧焦所致，在营养价值上无差别。

（4）用放大镜或显微镜检查水解羽毛粉，如见条状、枝状或曲状物，可能是水解不够所致，须认真鉴别。

4. 水解羽毛粉的掺假识别

水解羽毛粉同鱼粉一样属高价产品，所含蛋白质优良，并具有未知生长因子，所以掺假机会大，如掺玉米芯、生羽毛粉、禽内脏及头和脚、石灰、一些淀粉类和饼粕类物质等，检查方法如下：

（1）掺玉米芯，可采用显微镜镜检。如果在镜下可见浅色海绵状物，证明掺有玉米芯粉。

（2）掺生羽毛粉、禽内脏及头和脚的检验，可用显微镜镜检来检查。掺生羽毛可见羽毛、羽干和羽片片段，羽干片段有锯齿边，中心呈沟槽。掺禽内脏、头和脚在镜下可见禽内脏粉、头骨、脚骨和皮等，正常的水解羽毛粉羽干长短不一，厚而硬，表面光滑，透明，呈黄色至褐色。

（3）掺石灰检验，可用盐酸法。取样品 10 g，放入烧杯中，加入 2 mL 盐酸，立即产生大量的气泡，即掺有石灰。

（4）掺淀粉类、饼粕类原料的检验。掺淀粉类原料可采用碘蓝反应来鉴别，方法同鱼粉掺淀粉类原料的检验。掺饼粕类可用显微镜镜检进行检查，方法同鱼粉。

十、饲用血粉与喷雾干燥血浆蛋白粉

1. 饲用血粉品质判断

（1）接受的血粉应新鲜，不可有腐败、异臭等。若具有辛辣味，可能是血粉中混有其他杂质，同时不可有过热颗粒及潮解、结块现象。接受时，可凭视觉、嗅觉、触觉等了解其是否正常，从而判断其品质。血粉一般为红褐色直至黑色。滚筒干燥血粉呈沥青状，黑里透红；喷雾干燥血粉应似晶亮的红色半透明小珠；蒸煮干燥血粉为红褐色至黑色，随着干燥温度增加而色泽加深。血粉有特殊的气味，呈粉末状，滚筒干燥的血粉为细粉状，蒸煮干燥的血粉为小圆粒或细粉状。

（2）水分含量不宜过高，应控制在 12%以下，否则容易发酵、发热。要达到本地区的安全水分，便于安全储存及使用。水分过低者可能是因加热过度，颜色趋黑，消化率降低。

（3）干燥方法及温度是影响品质最大的因素，持续高温会造成赖氨酸失去活性，因而影响单胃动物利用率，故赖氨酸利用率为判断品质好坏的重要指标。通常滚筒干燥及喷雾干燥者品质较佳，蒸煮干燥者品质较差，一般不宜使用。

（4）同属蒸煮干燥的产品，其水溶性差异变化很大，低温干燥者水溶性较好，高温干燥者水溶性较差，故可由其水溶性的情形作为品质判断的依据。

（5）滚筒干燥的血粉边缘锐利，厚的地方为紫红色；薄的地方为血红色，透明，其上可见小血细胞亮点，血粉颗粒质硬，无光泽或有光泽，且表面光滑。喷雾干燥的血粉颗粒小，多为血红色小柱状，晶亮。

2. 喷雾干燥血浆蛋白粉品质判断

喷雾干燥血浆蛋白粉是优质的蛋白质原料，不仅蛋白质含量及消化率高，赖氨酸丰富并含有丰富的免疫物质，包括白蛋白、低分子量蛋白以及免疫球蛋白等功能性蛋白，这些蛋白都具有生物学活性，其中免疫球蛋白的含量大约为 22.5%。此外，由于消除了血液的腥味，降低了黏稠度，具有较好的适口性，要好于脱脂奶粉、鱼粉、大豆粉。由于血浆蛋白粉的价格比较高，目前多用于断奶仔猪料中。

喷雾干燥血浆蛋白粉质量应注意感官、特异性实验、理化指标与挥发性盐基氮以及卫生指标。

（1）外观和水溶性。喷雾干燥血浆蛋白粉外观呈淡红色至中等黄色，血浆和血球分离彻底且无掺伪的产品，取 2 g 至 100 mL 水中，振荡，应溶解，且是澄清的、淡黄色溶液。掺有大豆分离蛋白或蛋白精，或血球分离不彻底的产品呈微红色，水溶速度慢，其溶液呈鲜红色并可见水溶后有过多的不溶物漂浮上面或沉积在底部。

（2）粗蛋白质含量。去灰分优质者可达 76%～82%，但掺有大豆分离蛋白、蛋白精或血球分离不彻底者蛋白质含量也可能比较高，需认真判断。

（3）氨基酸组成分析。有条件者可做氨基酸分析，分离不彻底者脯氨酸含量高。

（4）免疫球蛋白。免疫球蛋白含量测定无标准测试方法，目前，国内采用较多的方法是琼脂单项辐射免疫扩散法。国内采用蛋白质电泳法。

（5）蛋白质的变性分析。取 5 g 样品于 40 mL 水中，振荡，置于 100 °C 水浴中 10～15 min 取出，优质者应形成凝胶，凝固颜色一致无任何杂质污点，品质差者会出现颜色不一致或颜色上有杂质点出现或颜色中带有褐色成分（混杂血球蛋白和杂质成分的缘故）。

任务三　矿物质原料品质判断

一、饲用石粉

石粉呈白色、浅灰色直至灰白色，无味，无吸湿性，表面有光泽，呈半透明的颗粒状。

（1）石粉价格便宜，无掺假情况，主要检验粒度是否符合标准要求，钙含量是否符合接受标准。

（2）镁含量应在 2%以下，某些石粉含砷量很高，应避免使用。

二、饲料级磷酸氢钙

磷酸氢钙是一种重要的矿物质原料，广泛应用于畜禽饲料中，市场上产品掺假一般为石粉、滑石粉等矿物质原料，须注意判断。

（1）手摩擦法。用手拈着试样用力摩擦以感觉试样的粗细程度。正常的磷酸氢钙试样手感柔软，粉粒细并且均匀，呈白色或灰白色粉末；异常试样手感粗糙，有颗粒，粗细不均匀，呈灰黄色或灰黑色粉末状。

（2）盐酸溶解法。称取试样 1～5 g，加盐酸溶液（1∶1）10～20 mL，加热溶解。正常试样全部溶解，不产生气泡，试样呈深黄色，透明清澈，微量沉淀（经过滤）；异常试样部分溶解，有较多气泡（即表示含石粉较多），试样呈浅黄色或棕黄色，有浑浊，沉淀物较多（经过滤）。

（3）硝酸银法。称取 0.1 g 试样于 10 mL 水中，加 17 g/L 硝酸银溶液 1 mL，生成黄色沉淀，此沉淀溶于过量的（1+1）氨水溶液，不溶于冰乙酸，则为磷酸氢钙。注意，这种方法不是很可靠，在假冒产品中加入少许硫酸铵，加硝酸银后同样显示黄色沉淀。

（4）不仅要测定总磷的含量，最好同时测定枸溶性磷或水溶性磷（P）含量。因为测定总磷时对样品的溶解处理采用 1∶1 盐酸，如此高浓度的盐酸，不仅可利用磷溶解，动物不能吸收的磷也可以被溶解，无法确定其可利用磷成分。

（5）容重法。将样品放入 1 000 mL 量筒中，直至正好达到 1 000 mL 为止，用药勺调整容积，不可用药勺向下压样品，随后将样品从量筒中倒出称重。每一样品反复测量 3 次，取其平均值作为容重，一般磷酸氢钙容重为 905 ~ 930 g/L，如超出此范围，可以判断其有问题。

（6）注意氟含量不能超标。

三、饲料级磷酸二氢钙

磷酸二氢钙又名磷酸一钙，是水产动物配合饲料常用的矿物质原料，价格比磷酸氢钙高。

（1）感官检查。一般呈灰色或其他色彩的粉末，混有细颗粒。

（2）水溶性检查。磷酸二氢钙易溶于水，这是与磷酸氢钙明显不同的物理特性。据此可与磷酸氢钙区分。另外，磷酸二氢钙稍微吸湿就会结块，在接受时，应特别注意。

（3）pH 值检查。称取 0.24 g ± 0.01 g 试样，置于 150 mL 烧杯中，加入 100 mL 水溶解。用已校正好的酸度计对试验溶液进行测定。pH 值（2.4 g/L）⩾3。

（4）本品不可进行灰化，否则将形成焦磷酸钙，无法进行钙磷含量的测定。

四、食　盐

（1）颜色、气味要正常，无板结（食盐易吸湿，相对湿度 75%以上开始潮解）。本品正常为白色细粒状，有光泽，呈透明或半透明状，无气味，口尝有咸味。

（2）食盐易溶于水，加水溶解后，可检查有无杂质，确定品质好坏。

（3）加碘食盐颜色比无碘食盐要黄，感官发黏。

（4）食盐掺假时有发生，其掺假物有滑石粉、石膏粉或硝酸盐等，注意进行掺假检查。

五、碳酸氢钠

（1）颜色、气味、密度要正常，无板结。本品正常为白色结晶性粉末，略具潮解性。密度 0.74 ~ 1 kg/L，易溶于水，不溶于酒精。

（2）将 1 g 碳酸氢钠溶于 20 mL 水中，应清澈透明。

（3）少量碳酸氢钠逐渐加热，优良制品应无氨味出现。

六、硫酸钠

（1）颜色应纯白，若带有黄色或绿色，表示杂质含量高，应测定铬含量。无板结（本品具中等潮解性）。

（2）本品密度 1.16～1.21 kg/L，可依据密度大小估测质量好坏。

（3）本品有三种来源，其一是开钻盐水水井，由盐水中分离出硫酸钠；其他硫酸钠则来自于铬及人造丝副产品，后者较纯，前者必须除去铬等杂质后才可使用。

七、硫酸镁

（1）外观应为正常的无色结晶体或白色粉末，无板结。

（2）澄清度试验应合格。称取（5.0 ± 0.1）g 试样，加 20 mL 蒸馏水溶解，溶液应清澈透明，无白色浑浊。

（3）定性鉴别：取 1 g 样品，溶于 10 mL 水中，加入（2+3）氨水溶液，即生成白色沉淀，加适量氯化铵，沉淀溶解；加入 50 g/L 磷酸氢二钠溶液，即生成白色沉淀，该沉淀不溶于氨溶液。

（4）含量测定：依据 HG 2933—2000 规定执行。

八、膨润土

（1）色泽、气味、密度均需正常，本品呈乳色、白褐色、灰色或蓝灰色的均有，无味或略具土味，细粉状或细粒状，密度分别为 0.84～0.92 kg/L 和 0.98～1.13 kg/L。

（2）膨润土中的蒙脱石成分是其黏性的主要来源，故其含量对黏着效果影响很大，通常含钙膨润土中的蒙脱石含量（40%以下）比含钠膨润土要低。

（3）吸水能力对增黏效果影响很大，正常含钠膨润土可吸收本身 5 倍质量以上的水分，体积增加为原来的 12～15 倍，含钙皂土可吸收本身重量的 1.5 倍，体积增加到原料的 2～3 倍。

九、沸石粉

（1）感官性状应正常。应无臭无味，具有矿物本身自然色泽的粉末或颗粒。

（2）鉴别试验：取试样约 1 g，用水洗净表面杂质，放入 10 mL 小烧杯中，再加入 2～3 mL 混合交换剂，在酒精灯上加热煮沸 1～2 min。取出样品用水洗 2～3 次，再加 1～2 mL 硫化钠溶液和 1～2 滴苦味酸溶液，煮沸后表面变黑者即为沸石。

（3）吸氨量测定：按照 GB/T 21695—2008 规定的方法执行。

任务四　饲料添加剂品质判断

一、氨基酸添加剂

1. L-赖氨酸盐酸盐

（1）感官鉴别。应为灰白色或淡褐色的小颗粒或粉末，较均匀，无味或微有特异性酸味。

（2）溶解性。取少量样品加入 100 mL 水中，搅拌 5 min 后静置，能完全溶解，无沉淀。

（3）颜色鉴别。取样品 0.1 ~ 0.5 g，溶于 100 mL 水中，取此液 5 mL，加入 1 mL0.1%茚三酮溶液，加热 3 ~ 5 分钟，再加水 20 mL，静置 15 min，溶液呈紫红色的为真品。

（4）pH 值检测。本品水溶液（1+10）的 pH 值为 5.0 ~ 6.0。

（5）含量测定。参照 GB 8245—1987。

2. DL-蛋氨酸

（1）感官鉴别。一般呈白色或浅灰色的结晶性粉末或片状，在正常光线下有反射光发出，手感滑腻，无粗糙的感觉，有腥臭味，近闻刺鼻，口尝带有少许甜味。

（2）溶解性试验。称取约 5 g 样品加 100 mL 蒸馏水溶解，摇动数次，2 ~ 3 min 后溶液清亮无沉淀，则样品是真蛋氨酸；如果溶液浑浊或有沉淀，则样品是假蛋氨酸。

（3）硫酸铜试验。称取约 0.5 g 样品加入 20 mL 硫酸铜饱和溶液，如果溶液呈黄色，则为真蛋氨酸。

（4）含量测定。依据 GB/T 17810—2009 规定执行。

3. 羟基蛋氨酸钙

（1）感官鉴别。本品为浅灰色粉末颗粒，有巯基的特殊气味。

（2）定性鉴别。取试样 25 mg 于干燥试管中，加无水硫酸铜饱和溶液 1 mL，溶液立即显黄色，继而转成黄绿色的为真品。

（3）含量的测定。参照 GB/T 21034—2007。

4. 液体蛋氨酸羟基类似物

（1）感官鉴别。本品为褐色或棕色黏稠液体，有巯基的特殊气味，溶于水。

（2）定性鉴别。取本品 25 mg 于干试管中，加无水硫酸铜饱和溶液 1 mL，溶液立即显黄色，继而转成黄绿色。

取本产品 1 滴于干燥的试管中，加入新配制的 2，7-二羟基萘硫酸溶液，置沸水浴中煮沸 10 ~ 15 min，颜色由黄色转为红棕色。

（3）pH 值测定。用标准缓冲液校准酸度计，测定的 pH 值应小于 1。

（4）含量的测定。参照 GB/T 19371—2003。

5. DL-色氨酸

（1）感官鉴别。为白色至淡黄色粉末，无臭，味微苦，本品难溶于水，极难溶于乙醇和乙醚中，溶于稀盐酸和氢氧化钠溶液中。

（2）pH 值测定。用标准缓冲液校准酸度计，测定本品 10 g/L 水溶液的 pH 值，应约为 6。

（3）颜色变化。称取试样 0.1 g 加水 50 mL，加热溶解，冷却。取该溶液 10 mL，加对二甲基苯甲醛的三氯化铁溶液[称 235 mg 对二甲基苯甲醛溶于 65 mL 硫酸及 35 mL 水中，加三氯化铁溶液（将 10 g 三氯化铁溶于 100 mL 0.1 mol/L 盐酸溶液中）0.05 mL，混合均匀。] 5 mL 及 3 mol/L 盐酸溶液 2 mL。水浴加热 5 min，溶液呈紫红色至蓝紫色。

6. L-苏氨酸

（1）感官鉴别。应为白色至浅褐色的结晶或结晶性粉末，味微甜。

（2）颜色鉴别。取本品 0.05 g，加水 50 mL 使其溶解，加茚三酮 0.05 g，加热，溶液呈蓝紫色，随温度升高颜色加重。

在 5 mL1%样品溶液中添加高锰酸钾饱和溶液 5 mL，并加热，若有氨释放出来，并能使湿润的红色石蕊试纸变蓝则为真品。

（3）含量测定。参照 GB/T 21979—2008。

二、微量元素添加剂

1. 一水硫酸亚铁

（1）感官鉴别。一水硫酸亚铁为浅灰色至淡褐色粉末，稍具酸味或无味。颜色越趋褐色，表示有越多的二价铁转变为三价铁，利用率则越差。

（2）亚铁离子鉴别。取 1.0 g 样品，溶于 10 mL 水中，加入 2 ~ 3 滴 10%铁氰化钾溶液，产生深紫色沉淀，该溶液不溶于稀盐酸。

（3）含量的测定。参照 HG/T 2935—2006。

2. 蛋氨酸铁

（1）感官鉴别。蛋氨酸铁为浅黄色粉末，无结块、发霉、变质现象，具有蛋氨酸铁特有的气味。

（2）定性鉴别。称取 1.0 g 试样，用 25 mL 甲醇提取，过滤，取滤液 0.1 mL，按顺序分别加入邻菲罗啉（100 μg/mL 氯仿溶液）3 mL，溴酚蓝 3 滴（0.1%甲醇溶液），吡啶 1 mL，KOH 1 mL（0.05 mol/L 水溶液），溶液不得出现灰绿色或棕红色沉淀。

（3）含量的测定。参照 NY/T 1498—2008。

3. 甘氨酸铁络合物

（1）感官鉴别。淡黄色至棕黄色晶体或结晶性粉末，易溶于水。

（2）水溶解性。在 20 °C ± 5 °C 下，试样加入 10 mL 水，每隔 5 min 搅拌一次，每次 30 s，共搅拌 6 次，完全溶解为棕黄色液体（棕黄色为试样中少量三价铁水解所致）。

（3）含量的测定。参照 GB/T 21996—2008。

4. 硫酸铜

（1）感官鉴别。五水硫酸铜为蓝色结晶颗粒。

（2）定性鉴别。样品中加入少量氨水溶液，生成淡黄色沉淀，加入过量的氨水溶液后，沉淀溶解，变为深蓝色溶液。

（3）含量测定。参照 HG 2932—1999。

5. 碱式氯化铜

（1）感官鉴别。墨绿色或浅绿色粉末或颗粒，不溶于水，溶于酸和氨水，在空气中稳定。

（2）铜离子的鉴别。称取 0.5 g 试样，加 20 mL 盐酸溶解。取 1.0 mL 此溶液，加 0.5 mL 乙二胺四乙酸二钠溶液，加 0.5 mL 氢氧化钠溶液，加 1.0 mL 硫酸钠溶液，再加入 1.0 mL 乙酸乙酯溶液，振荡，有机相生成黄棕色。

（3）氯离子鉴别。称取试样 0.5 g，加 20 mL 盐酸溶解。取 5 mL 置于白色瓷板上，加硝酸银溶液，即有白色沉淀生成，在硝酸中不溶。

（4）含量的测定。参照 GB/T 21696—2008。

6. 蛋氨酸铜

（1）感官鉴别。2∶1 型蛋氨酸铜为蓝紫色粉末，1∶1 型蛋氨酸铜为蓝灰色粉末。无结块、发霉、变质现象，具有蛋氨酸铜特有的气味。

（2）定性鉴别。称取试样 1.0 g，用 25 mL 甲醇提取，过滤，取滤液 0.1 mL，按顺序加入双硫腙（10 μg/mL 三氯甲烷溶液）3 mL，试液不得出现浑浊沉淀现象；再加入吡啶 0.5 mL，试液不得出现蓝色现象。

（3）干燥失重。干燥失重小于等于 5%。

（4）含量的测定。参照 GB/T 20802—2006。

7. 氯化钴

（1）感官鉴别。本品为红色或红紫色结晶。

（2）定性鉴别。取 1 g 样品，溶于 10 mL 水中，加入 2 mL 乙酸-乙酸钠缓冲液，3 滴钴试剂-乙醇溶液和 3 滴（2∶1）的盐酸溶液，溶液呈红色的为真品。

（3）呈色鉴别。氯化钴（$CoCl_2 \cdot 6H_2O$）在 120 °C 失去结晶水，使氯化钴颜色由紫红色转为纯粹的蓝色。具体方法是将氯化钴样品放入恒温干燥箱中，于 120 °C ± 20 °C 下烘 2 h 后取出观察，其色泽应呈比较均匀的蓝色。如果为粉红色或紫色、灰色等其他颜色，则证明有其他物质。

（4）含量的测定。参照 HG 2938—2001。

8. 硫酸钴

（1）感官鉴别。粉红色结晶粉末或红棕色结晶。

（2）钴离子的鉴别。取 1 g 试样溶于 100 mL 水中，加 2 mL 乙酸-乙酸钠溶液，加 3 滴钴试剂和 3 滴盐酸溶液，溶液呈现红色。

（3）硫酸根鉴别。取 1 g 试样溶于水中，加 1 mL 盐酸溶液，稀释到 100 mL，加氯化钡溶液，即有白色沉淀生成。

（4）含量的测定。参照 HG/T 3775—2005。

9. 硫酸锰

（1）感官鉴别。白色、略带粉红色的结晶粉末，可溶于水，若在水中溶解度低，则品质劣。

（2）锰离子鉴别。取 0.2 g 样品，溶于 50 mL 水中。取 3 滴样品溶液置于白瓷板上，加入 2 滴硝酸，再加少许铋酸钠粉末产生紫红色的为真品。

（3）含量的测定。参照 HG 2936—1999。

10. 蛋氨酸锰

（1）感官性状。蛋氨酸锰（2∶1）为白色或类白色粉末，微溶于水，略有蛋氨酸特有的气味。无结块及发霉的现象。蛋氨酸锰（1∶1）为白色或类白色粉末，易溶于水，略有蛋氨酸特有的气味。无结块及发霉现象。

（2）定性鉴别。称取 1.0 g 试样，用 25 mL 甲醇提取，过滤，取滤液 1.0 mL，加入 PAN 三氯甲烷溶液（0.01%）1.0 mL，再加入氢氧化钾甲醇溶液（1%）0.5 mL，得到紫色溶液。

（3）含量的测定。参照 GB/T 22489—2008。

11. 硫酸锌

（1）感官鉴别。一水硫酸锌应为白色粉末。

（2）溶解性鉴别。水中溶解性越高，表示硫酸锌纯度越高，且无氧化锌存在。

（3）定性鉴别。称取 0.2 g 样品，溶于 5 mL 水中，分取 1 mL 样品溶液于试管中，用 10% 乙酸溶液调溶液 pH 值为 4 ~ 5。加入 2 滴 25%硫酸钠溶液，数滴 1%双硫腙溶液和 1 mL 三氯甲烷，振荡并静置分层，有机相呈紫红色，此样品即为硫酸锌。

（4）含量测定。参照 HG 2934—2000。

12. 氧化锌

（1）感官鉴别。白色或微黄色结晶或粉末。正常情况下，质轻且呈膨松状态者品质较差，含铅量也较高，应注意对重金属的检查（氧化锌相对密度为 1.61 ~ 2.26 kg/L）。

（2）呈色鉴别。取少量样品放置在空气中，观察是否呈黄色，如果是，即为氧化锌，这是因为氧化锌在空气中吸收二氧化碳和水，变成碳酸锌的缘故。

（3）加热鉴别。取少量样品加热，如果变成黄色，冷却后恢复白色，即为氧化锌。

（4）含量的测定。参照 HG 2792—1996。

13. 蛋氨酸锌

（1）感官鉴别。蛋氨酸锌（2:1）为白色或类白色粉末，极微溶于水，质轻，略有蛋氨酸特有的气味。无结块及发霉现象。蛋氨酸锌（1∶1）为白色或类白色粉末，易溶于水，略有蛋氨酸特有的气味。无结块及发霉现象。

（2）定性鉴别。称取 1.0 g 试样，用 25 mL 甲醇提取，过滤，取滤液 0.1 mL。按顺序分别加入邻菲罗啉三氯甲烷溶液（0.1 g/L）2 mL，曙红试剂（0.1%）3 滴，氢氧化钾甲醇溶液（0.5 mol/L）1 mL，不得出现浑浊。

（3）含量的测定。参照 GB/T 21694—2008。

14. 碱式氯化锌

（1）感官鉴别。白色细小晶状粉末，无成团结块现象。

（2）锌离子的鉴别。称取试样 0.2 g，加 10 mL 盐酸溶液溶解。加 5 mL 水，用氨水调节试验溶液的 pH 值至 4 ~ 5，加 2 滴硫酸钠溶液，再加数滴双硫腙四氯化碳溶液和 1 mL 三氯甲烷，振荡后，有机相呈紫红色。

（3）氯离子的鉴别。称取试样 0.1 g，置于白色瓷板上，加少许硝酸溶解，加硝酸银溶液，即有白色沉淀生成，在硝酸中不溶。

（4）含量的测定。参照 GB/T 22546—2008。

15. 碘化钾

（1）感官鉴别。白色结晶粉末。

（2）呈色鉴别。本品稳定性较差，储存太久会有结块现象，高温条件下很易潮解，部分碘会形成碘酸盐，故应避免暴露于日照下，长期暴露于大气中会释放出碘而呈黄色。

（3）定性鉴别。称取 0.5 g 样品置于 50 mL 烧杯中，用 5 mL 水溶解，再加 1 mL（1∶1）盐酸溶液，加入 1 mL 1%淀粉溶液，溶液呈蓝色的为真品。

（4）溶解性试验。溶液澄清透明。

（5）含量的测定。参照 HG 2939—2001。

16. 碘酸钾

（1）感官鉴别。无色或白色结晶粉末，无臭无味。

（2）溶解性。溶于水，难溶于乙醇。

（3）pH 检测。样品水溶液（1+20）的 pH 值应为 5.0 ~ 7.0。

（4）定性鉴别。称取样品 1 g 溶于 20 mL 水中，取 1 mL 该试液，加 2 滴淀粉指示液（5 g/L）及数滴亚磷酸溶液（1∶4），此液呈蓝色。

（5）呈色鉴别。取铂丝，用盐酸润湿后在无色火焰中灼烧至无色，蘸取试样，在无色火焰中灼烧，火焰即显紫色，但含少量钠盐时，需在蓝色钴玻璃下透视方能辨认。

（6）含量的测定。参照 NY/T 723—2003。

17. 碘酸钙

（1）感官鉴别。白色至乳黄色结晶或结晶性粉末。

（2）碘酸根离子鉴别。取 5 mL 本品的饱和溶液，加 1 滴淀粉溶液（10 g/L）及 2 滴次亚磷酸溶液（1∶4），溶液呈现易消失的蓝色。

（3）钙离子鉴别。本品经盐酸湿润后，进行焰色反应，呈红色。

（4）含量的测定。参照 HG 2478—1993。

18. 亚硒酸钠

（1）感官鉴别。白色结晶直至带粉红色结晶粉末，不易溶于水。

（2）定性鉴别。取 0.5 g 样品，用 5 mL 水溶解，加入 5 滴 15%EDTA 溶液和 5 滴 10%甲酸溶液，用（1∶1）盐酸溶液调溶液的 pH 值为 2 ~ 3。加入 5 滴 0.5%硒试剂（3, 3-二氨基联苯胺盐酸盐）摇匀，放置 10 min，即可生成沉淀的为真品。

（3）呈色鉴别。用铂丝蘸取（1∶1）盐酸溶液，在火焰中燃烧至无色。再蘸取样品，在火焰中燃烧，火焰如呈黄色则为真品。

（4）溶解试验。全溶，清澈透明。

（5）含量测定。参照 HG 2937—1999。

19. 吡啶甲酸铬

（1）感官鉴别。紫红色、结晶性小粉末，流动性好。

（2）定性鉴别。通过比较样品溶液与相应浓度的标准溶液组分的色谱峰保留时间和峰形，确认样品溶液色谱峰是否与吡啶甲酸铬标准溶液的色谱峰完全一致。若一致，则样品为吡啶甲酸铬；否则，样品为非吡啶甲酸铬。

（3）含量的测定。参照 NY/T 916—2004。

三、维生素添加剂

1. 维生素 A 乙酸酯微粒

（1）感官鉴别。称取样品 50 g，用肉眼观察，应为淡黄色至棕褐色颗粒状粉末。

（2）定性鉴别。称取 0.1 g 样品，用少量无水乙醇湿润，研磨数分钟，加入 10 mL 三氯甲烷，振荡过滤，分取 2 mL 溶液，加入 0.5 mL 三氯化锑溶液（称取 1 g 三氯化锑，用 4 mL 三氯甲烷溶解），立即呈蓝色，并立刻褪色的为真品。

（3）含量的测定。参照 GB/T 7292—1999。

2. 维生素 D_3（胆钙化醇）油

（1）感官鉴别。本品为黄色至褐色、澄清液体，几乎不溶于水，略溶于乙醇，可溶于油脂，温度较低时可发生部分凝固或结晶析出现象。

（2）定性鉴别。制备含量相当于 400 IU/mL 维生素 D_3 的环己烷溶液，在波长 250 ~ 300nm 检测，结果显示在 267 nm ± 1 nm 处呈现最大吸收峰。

（3）含量的测定　参照 NY/T 1246—2006。

3. 维生素 D_3 微粒

（1）感官鉴别。本品为米黄色至黄棕色微粒，具有流动性。

（2）定性鉴别。称取试样 0.1 g，精确至 0.000 2 g，加三氯甲烷 10 mL，研磨数分钟，过滤，取滤液 5 mL，加乙酸酐 0.3 mL、硫酸 0.1 mL，振荡，初呈黄色，渐变红色，很快变为紫色，最后呈绿色，即为真品。

（3）含量的测定。参照 GB/T 9840—2006。

4. 维生素 AD_3 微粒

（1）感官鉴别。为黄色至棕色微粒。

（2）定性鉴别。称取试样 0.1 g 用无水乙醇湿润后，在研钵中研磨数分钟，加三氯甲烷 10 mL 搅拌、过滤，取滤液 2 mL 于试管中，加三氯化锑-三氯甲烷溶液 0.5 mL，即显蓝色，并迅速褪去（维生素 A）。

（3）呈色鉴别。称取试样 0.1 g，加三氯甲烷 10 mL，研磨数分钟，过滤取滤液 5 mL，加乙酸酐 0.3 mL、硫酸 0.1 mL，振荡，初显黄色，渐变红色，然后变为紫色，最后呈绿色（维生素 D_3）。

（4）含量的测定。参照 GB/T 9455—2009。

5. 维生素 E

（1）感官鉴别。本品为微绿黄色或黄色的黏稠液体，几乎无臭，遇光色渐变深。

（2）定性鉴别。称取试样约 0.03 g，加无水乙醇 10 mL 溶解后，加硝酸 2 mL，摇匀，在 75 °C 水浴中加热约 15 min，溶液应呈橙红色。

（3）呈色鉴别。称取试样约 0.01 g，加氢氧化钾乙醇溶液 2 mL，煮沸 5 min，放冷，加水 4 mL 与乙醚 10 mL，振荡，静置使之分层；取乙醚层 2 mL，加 2，2-联吡啶的乙醇溶液（5 g/L）数滴与三氯化铁的乙醇溶液（2 g/L）数滴，应显血红色。

（4）含量的测定。参照 GB/T 9454—2008。

6. 维生素 E 粉

（1）感官鉴别。应为类白色或淡黄色粉末或颗粒状粉末，易吸潮，不溶于水。

（2）定性鉴别。称取 0.1 g 样品，加入 100 mL 无水乙醇溶解，加入 2 mL 硝酸，混匀，在 75 °C 下水浴中加热 15 min，溶液呈橙红色的为真品。

（3）呈色鉴别。称取试样约 0.01 g，加 0.5 mol/L 氢氧化钾乙醇溶液 2 mL，煮沸 5 min，放冷，加水 4 mL 与乙醚 10 mL，振荡，静置使之分层；取乙醚层 2 mL，加 2，2-联吡啶的乙醇溶液（5 g/L）数滴和三氯化铁乙醇溶液（2 g/L）数滴混合，显血红色的为真品。

（4）含量的测定。参照 GB/T 7293—2006。

7. 维生素 K_3（亚硫酸氢钠甲萘醌）

（1）感官鉴别。白色结晶性粉末，无臭或微有特臭，有吸湿性，遇光容易分解。

（2）定性鉴别。称取样品 0.1 g，加水 10 mL 水溶解，加入 3 mL 10%碳酸钠溶液即出现甲萘醌沉淀，加水 5 mL，75 mg 亚硫酸氢钠，在水浴上加热并剧烈振荡，直至全部溶解变为无色溶液，用水稀释至 50 mL，混匀。分取 2 mL，加 2 mL 氨水-乙醇混合液（等体积混合），振荡，加 3 滴氰乙酸乙酯，立即产生深紫蓝色。随即加入 1 mL 18 mol/L 氢氧化钠溶液，溶液呈绿色，然后立即变成黄色结晶的为真品。

（3）嗅觉鉴别。取样品 4%水溶液 2 mL，加数滴盐酸溶液，并温热，即发生二氧化硫臭气的为真品。

（4）呈色鉴别。在 0.03 g 样品中加入冰醋酸 2 mL 溶解，加稀盐酸 2 mL，在水浴中加热 5 min，冷却后滴入过氧化氢 1 滴，稍稍加温，摇匀后加水 2 mL 及三氯甲烷 3 mL，振荡混匀，三氯甲烷层呈黄色。

（5）含量的测定。参照 GB/T 7294—2009。

8. 维生素 B_1（盐酸硫胺）

（1）感官鉴别。白色结晶或结晶性粉末，有微弱的特臭，味苦。易溶于水中，略溶于乙醇，不溶于乙醚。

（2）荧光反应。称取 0.005 g 样品，加 2.5 mL 4.3%氢氧化钠溶解，加入 0.5 mL 10%铁氰化钾溶液和 5 mL 正丁醇，剧烈振摇 2 min，静置分层。上层正丁醇呈强烈的蓝色荧光，加入酸呈酸性，荧光即消失。加碱呈碱性，荧光又出现。

（3）定性鉴别。本品的水溶液呈氯化物的鉴别反应。称取样品 0.5 g，置于干燥试管中，加二氧化锰 0.5 g，混匀，加硫酸湿润，缓缓加热，即产生氯气，能使湿润的碘化钾淀粉试纸显蓝色。

碘化钾淀粉试纸的制备：取滤纸浸入 100 mL 新配制的淀粉指示剂（含有 0.5 g 碘化钾）中，湿透后，取出干燥即得。淀粉指示剂是取可溶性淀粉 0.5 g，加水 5 mL 摇匀后，缓缓倾入 100 mL 沸水中，边加边搅拌，继续煮沸 2 min，放冷，倾取上清液即得。

（4）含量的测定。参照 GB/T 7295—2008。

9. 维生素 B_1（硝酸硫胺）

（1）感官鉴别。白色或微黄色结晶或结晶性粉末，有微弱的特臭。在水、乙醇和三氯甲烷中都微溶。

（2）硫化铅反应。称取样品 0.005 g，加入 1 mL 10%乙酸铅溶液和 1 mL 10%氢氧化钠溶液，生成黄色，在水中加热几分钟，溶液变成棕色，放置后有硫化铅析出即为真品。

（3）棕色环反应。取 2 mL 2%的样品溶液，加入 2 mL 硫酸，冷却，缓缓加入 2 mL 8%硫酸亚铁溶液，两层溶液接触处产生棕色环，即为真品。

（4）荧光反应。称取 0.005 g 样品，加 2.5 mL 10%氢氧化钠溶液溶解，加入 0.5 mL 10%铁氰化钾溶液和 5 mL 异丁醇，剧烈振摇 2 min，静置分层。上面的异丁醇层显强烈的蓝色荧光；加入酸呈酸性，荧光即消失。加碱呈碱性，荧光又出现的即为真品。

（5）含量测定。参照 GB/T 7296—2008。

10. 维生素 B_2（核黄素）

（1）感官鉴别。应为黄色至橙色粉末，微臭。

（2）定性鉴别。称取约 0.001 g 样品，用 100 mL 水溶解，溶液在透射光下，显浅绿色并有强烈的黄绿色荧光；把溶液分成 2 份，1 份中加入无机酸或碱溶液，荧光即消失；另一份加入少许二亚硫酸钠结晶，摇匀后，黄色即消退，荧光亦消失，即为真品。

（3）含量的测定。参照 GB/T 7297—2006。

11. D-泛酸钙

（1）感官鉴别。应为白色至类白色粉末，无臭，味微苦，有吸湿性。水溶液显中性或弱碱性，在水中易溶，在乙醇中极微溶，在三氯甲烷或乙醚中几乎不溶。

（2）定性鉴别。称取约 0.05 g 样品，加入 5 mL 4.3%氢氧化钠溶液，摇匀，加入 2 滴 12.5%硫酸铜溶液，即显蓝紫色。

称取约 0.05 g 样品，加入 4.3%氢氧化钠溶液 5 mL，摇匀，煮沸 1 min，冷却，加入 1 滴酚酞指示剂，滴加 1 mol/L 盐酸溶液至溶液退色，再加 0.5 mL 盐酸溶液，加入 2 滴 9%三氯化铁溶液，显鲜明的黄色。

（3）钙盐反应。称取样品 0.5 g，加水 5 mL 溶解，加草酸铵溶液，产生白色沉淀；分离，所得沉淀不溶于冰乙酸，但溶于盐酸。

（4）含量的测定。参照 GB/T 7299—2006。

12. 烟　酸

（1）感官鉴别。应为白色至类白色粉末，无臭或有微臭，味微酸，水溶液显酸性。

（2）定性鉴别。称取约 0.004 g 样品，加入 0.008 g 2，4-二硝基氯苯，研匀，置于试管中，缓缓加热熔化后，再加热数秒钟，放冷，加入 3 mL 0.5 mol/L 氢氧化钾乙醇溶液，显紫红色。

称取约 0.05 g 样品，加入 20 mL 水溶解，滴加 0.1 mol/L 氢氧化钠溶液，使溶液呈中性（用石蕊试纸检查），加入 3 mL 12.5%硫酸铜溶液，即缓缓析出浅蓝色沉淀，即为真品。

（3）溶解性。本品在沸水或沸乙醇中溶解，在水中略溶，在乙醇中微溶，在乙醚中几乎不溶，在碳酸盐溶液或碱溶液中均易溶。

（4）含量的测定。参照 GB/T 7300—2006。

13. 烟酰胺

（1）感官鉴别。应为白色结晶性粉末或白色颗粒状粉末；无臭或几乎无臭，味苦。

（2）定性鉴别。称取约 0.1 g 样品，用 5 mL 水溶解，加入 5 mL 1 mol/L 氢氧化钠溶液，缓缓煮沸，即产生氨臭（有别于烟酸）；继续加热至完全除去氨臭，冷却，加入 1 ~ 2 滴酚酞指示剂，用 5.7%硫酸溶液中和，加入 2 mL 12.5%硫酸铜溶液，即缓缓析出淡黄色沉淀，过滤，取沉淀灼烧，产生吡啶臭气的为真品。

（3）含量的测定。参照 GB/T 7301—2002。

14. 维生素 B_6

（1）感官鉴别。白色至微黄色的结晶性粉末，无臭，味微苦，遇光渐变质。在水中易溶，在乙醇中微溶，在三氯甲烷或乙醚中不溶。

（2）定性鉴别。称取约 0.01 g 样品，加入 100 mL 水溶解。在甲、乙两支试管中分别加入 1 mL 样品溶液，2 mL 20%乙酸钠溶液，再在甲管中加入 1 mL 水，乙管中加入 1 mL 4%硼酸溶液，混匀，各迅速加入 1 mL 0.5%氯亚胺基-2，6-二氯醌溶液，甲管中显蓝色，几分钟后蓝色消退，并变为红色，乙管中不显蓝色的即为真品。

称取约 0.01 g 样品，加入 100 mL 水溶解。取样品溶液，加入（2:5）氨水溶液，使溶液呈碱性，再加入 10.5%硝酸溶液，使溶液呈酸性，加入 0.1 mol/L 硝酸银溶液，即生成白色凝胶状沉淀；分离，加（2：5）氨水溶液，沉淀即溶解，再加 10.5%硝酸溶液，沉淀再生成的即为真品。

（3）含量的测定。参照 GB /T 7298—2006。

15. 生物素

（1）感官鉴别。本品为白色结晶粉末，易溶于稀碱性溶液，略溶于水和乙醇，不溶于多数有机溶剂。在弱酸性或弱碱性溶液中较稳定，在强酸性或强碱性溶液中加热则破坏其生理活性。

（2）定性鉴别。称取 0.01 g 样品，溶于 100 mL 95%乙醇中。分取 5 mL 样品溶液，加入 1 mL 2%硫酸乙醇溶液和 1 mL 对二甲胺基甲醛溶液，静置 1 h，溶液呈橙红色的为真品。

在 5 mL 本品的乙醇溶液（1→10000）中，加硫酸的乙醇溶液（2→100）1 mL，再加 P-

二甲基胺肉桂醛试液 1 mL，静置 1 h 后，溶液呈橙红色为真品。

（3）荧光试验。取样品 0.005 g，加稀氢氧化钠试液 5 mL，再加高锰酸钾试液 3 滴时，溶液从紫红色经蓝色变为蓝绿色，在紫外灯下，呈蓝绿色荧光的为真品。

（4）薄层鉴别。各称取 0.01 g 试样和生物素标准样品，分别溶于 25 mL 乙醇中，加热溶解，混匀。各移取 10 mL，在硅胶薄层板上点样，在展开剂中展开。当展开至 10 cm 时，立即把薄层板置于充满氯气的容器中，放置 15 min，取出，在冷气流中吹 10 min，喷洒 0.1% 二氨基联苯溶液，斑点应呈蓝色，且两斑点比移值（R_f）应相等。

（5）含量的测定。参照 GB/T 23180—2008。

16. 叶酸

（1）感官鉴别。应为黄色或橙黄色结晶性粉末，无臭、无味。

（2）定性鉴别。称取样品约 0.2 g，加 0.1 mol/L 氢氧化钠溶液 10 mL，振摇使其溶解，加 0.1 mol/L 高锰酸钾 1 滴，振荡混匀后，溶液显蓝绿色，在紫外线灯下，呈蓝绿色荧光的即为真品。

（3）吸光度鉴别。取样品，加 0.1 mol/L 氢氧化钠溶液制成每 1 mL 含 10 μg 样品的溶液，用分光光度计测定，在（256 ± 1）nm、（283 ± 2）nm 及（365 ± 4）nm 的波长处有最大吸收。吸光度在 256 nm 与 365nm 处的比值为 2.3 ~ 3.0 的即为真品。

（4）溶解性试验。在水、乙醇、丙酮、三氯甲烷或乙醚中不溶，在氢氧化碱或碳酸盐的稀溶液中溶解。

（5）含量的测定。参照 GB/T 7302—2008。

17. 维生素 B_{12}（氰钴胺）粉剂

（1）感官鉴别。应为浅红色至棕色细微粉末。具有吸湿性。

（2）最大吸收鉴别。取适当样品溶于水中，用 1 cm 的比色皿，在分光光度计波长 300 ~ 600 nm 间测定样品溶液的吸收光谱，应在（361 ± 1）nm、（550 ± 2）nm 处有最大吸收峰。

（3）薄层鉴别。取适量硅胶 G，用 0.3%羧甲基纤维素钠溶解调成糊状，均匀地涂在 5 cm × 20 cm 的玻璃板上，在室温下晾干。称取相当于 0.002 g 维生素 B_{12} 的试样，加入 2 mL 水振荡 10 min，离心 5 min，取上清液作为试样溶液。称取 0.002 g 维生素 B_{12} 的试样，加入 2 mL 水，振荡 10 min，作为标准样品溶液，分别移取 10 mL 试样溶液和标准溶液，在距硅胶薄层板底边 2.5 cm 处的基线上点样。用甲醇与水混合液作为展开剂，试样斑点展开至 12 cm 时，取出硅胶薄层板并在室温下晾干，试样溶液和样品溶液分别显示红色斑点，他们的比移值（R_f）相等。

（4）含量的测定。参照 GB/T 9841—2006。

18. 维生素 C（L-抗坏血酸）

（1）感官鉴别。本品为白色或类白色结晶性粉末，无臭、味酸、久置色渐变微黄，水溶液呈酸性反应。

（2）定性鉴别。称取 0.2 g 样品，用 10 mL 水溶解。分取 5 mL 样品溶液，加入 0.5 mL 0.1 mol/L 硝酸银溶液，即产生黑色的银沉淀。

（3）呈色鉴别。另取 5 mL 样品溶液，加入 1 ~ 3 滴 0.1% 2，6-二氯靛酚钠溶液，试液的颜色随摇动即消失。

（4）溶解性试验。在水中易溶解，在乙醇中略溶，在三氯甲烷或乙醚中不溶。

（5）含量的测定。参照 GB/T 7303—2006。

19. 氯化胆碱

（1）70%氯化胆碱水剂。

① 感官鉴别。无色透明的黏性液体，稍具有特异臭味，味苦。

② 定性鉴别。称取样品 0.5 g，用 5 mL 水溶解，混匀。加入 2 g 氢氧化钾和几粒高锰酸钾，加热时释放出的氨使湿润的红色石蕊试纸变蓝。

③ 本品水溶液显示氯化物的鉴别。取适量样品，加入 40%氨水使其呈碱性溶液。把溶液均分成两份，一份加 10.5%硝酸呈酸性溶液，加入 0.1 mol/L 硝酸银溶液，生成白色乳状沉淀，分离出的沉淀能在（2∶5）氨水中溶解，再加入 10.5%的硝酸银溶液，又生成沉淀。另一份加入 5.7%硫酸使其溶液呈酸性，加入几粒高锰酸钾结晶，加热放出氯气，使淀粉-碘化钾试纸呈蓝色。

④ 称取 0.5 g 样品，用 50 mL 水溶解，混匀，分取 5 mL，加入 3 mL 硫氰酸铬铵溶液（称取 0.5 g 硫氰酸铬铵，用 20 mL 水溶解，静置 30 min，过滤。用时现配制，保存期 2 d），生成红色沉淀。

⑤ 称取 0.5 g 样品，用 10 mL 水溶解，混匀。分取 5 mL，加入 2 滴碘化钾汞溶液（称取 1.36 g 氯化汞，用 60 mL 水溶解，另称取 5 g 碘化钾，用 10 mL 水溶解，把两种溶液混匀，用水稀释至 100 mL），生成黄色沉淀。

⑥ 含量的测定。参照 HG/T 2941—2004。

（2）50%氯化胆碱粉剂。

① 感官鉴别。饲料级氯化胆碱粉剂为白色或黄褐色干燥的流动性粉末或颗粒，具有吸湿性，有特异臭味。

② 其他同氯化胆碱水剂。

20. 肌　醇

（1）感官鉴别。本品为白色晶体或结晶状粉末，无臭，微甜，在空气中稳定。

（2）定性鉴别。称取约 1 g 样品，加水 50 mL 制成 2%的试样溶液。取 1 mL 试样溶液放于瓷蒸发皿内，加入 6 mL 硝酸，在水浴上蒸发至干。用 1 mL 水溶解残渣，再加入 0.5 mL 5%氯化钡溶液置于水浴上再次蒸干，则产生玫瑰红色。

（3）含量的测定。参照 GB/T 23879—2009。

21. L-肉碱盐酸盐

（1）感官鉴别。为白色或类白色结晶性粉末，微有鱼腥味，有吸湿性。在水中极易溶解，在无水甲醇、无水乙醇中易溶，在丙酮中微溶，在三氯甲烷中不溶，久置易结块。

（2）定性鉴别。称取试样约 0.05 g，置于试管中，加二硫化碳溶液（含 2%硫）1 滴，混匀。试管口盖上乙酸铅试纸，将试管置于 170 °C 左右的甘油浴中 3 ~ 4 min 后，试纸上应出现黑色斑点。

（3）呈色鉴别。称取试样 0.5 g，加 5 mL 水溶解，加氢氧化钾 2 g、高锰酸钾数粒，加热时释放出氨能使湿润的红色石蕊试纸变蓝。

（4）pH 值。1%水溶液的 pH 值应为 2.5 ~ 2.9。

（5）含量的测定。参照 GB/T 23876—2009。

四、非蛋白氮添加剂

1. 饲料级缩二脲

（1）感官鉴别。白色或微黄色粉末，无可见机械杂质。

（2）含量的测定。参照 NY/T 935—2005。

2. 磷酸脲

（1）感官鉴别。为白色或无色透明的结晶体，易溶于水，水溶液呈酸性，无结块，无可见机械杂质。

（2）磷酸根的鉴别。称取 0.1 g 试样，溶于 10 mL 水中，加入 1 mL 硝酸银溶液，生成黄色沉淀。此沉淀溶于氨水，不溶于冰乙酸。

（3）磷酸脲的鉴别。称取约 1 g 试样，加入 200 g/L 氢氧化钠溶液 5 ~ 10 mL，无明显氨味。硫酸铵盐有明显氨味。

称取约 2 g 试样，置于表面皿中，在电炉上缓慢加热至熔融，有刺鼻性氨气逸出。

（4）pH 值检测。磷酸脲的 1%水溶液 pH 值应在 1.6 ~ 2.0。

（5）含量的测定。参照 NY/T 917—2004。

五、抗氧化剂、防霉防腐剂和酸度调节剂

1. 乙氧基喹（乙氧基喹林）

（1）感官鉴别。黄色至褐色黏稠液体，在光、空气中放置色泽逐渐转深，低温储存产品易形成膏状物，稍有特殊气味。

（2）将样品配制成 1∶10 000 的正己烷溶液，在波长为 365 nm 的紫外灯下照射，发出暗白色荧光。

将样品配制成 1∶20 000 的异丙醇溶液，按照分光光度计法测定，在 356 ~ 362 nm 波长处有最大吸收。

（3）含量的测定。参照 HG 3694—2001。

2. 二丁基羟基甲苯（BHT）

（1）感官鉴别。白色结晶或粉末，无味无臭。

（2）呈色鉴别。在 2 ~ 3 mL1%乙醇样品溶液中，加 2 ~ 3 滴 2%硼酸液和少许 2, 6-二氯醌氯亚胺结晶，溶液呈蓝色。

3. 丙　酸

（1）感官鉴别。无色或微黄色液体，有刺激性气味。无杂质，无沉淀。

（2）含量测定。参照 GB/T 22145—2008。

4. 苯甲酸

（1）感官鉴别。白色结晶体，微有安息香酸或苯甲醛气味。

（2）定性鉴别。称取约 1 g 试样，溶于 20 mL 4% 氢氧化钠溶液中，加 1 滴 10%三氯化铁溶液，生成赭色沉淀，再加盐酸溶液（1:3）酸化，析出白色沉淀。

（3）含量的测定。参照 NY/T 1447—2007。

5. 富马酸

（1）感官鉴别。无臭，白色晶体粉末或细粒。

（2）溶解性试验。溶于乙醇，微溶于水和二乙醚。

（3）双键鉴别。称取试样 0.5 g 于干燥试管中，加水 10 mL，煮沸溶液。于热溶液中加溴试液 2 ~ 3 滴，溴试液的颜色应消失。

（4）含量的测定。参照 NY/T 920—2004。

6. 甲　酸

（1）感官鉴别。无色透明、无悬浮物的液体。

（2）含量的测定。参照 NY/T 930—2006。

7. 双乙酸钠

（1）感官鉴别。白色结晶，具有乙酸气味，吸潮，易溶于水。

（2）pH 检测。100 g/L 双乙酸钠溶液 pH 值应为 4.5 ~ 5.0。

（3）定性鉴别。取 0.2 g 试样加水 2 mL 溶解，加 9%三氯化铁溶液 1 滴，试液应呈深红色。再滴加盐酸溶液（100 g/L）红色褪去。加硫酸溶液（1∶2）于试样中，加热，应有乙酸气味。

（4）含量的测定。参照 NY/T 1421—2007。

六、着色剂

1. 1%β-胡萝卜素

（1）感官鉴别。橘红色的均匀细微粉末，略有香味。

（2）溶解性试验。其有效成分溶于三氯甲烷，石油醚，微溶于环己烷，几乎不溶于水。

（3）含量的测定。参照 GB/T 19370—2003。

2. 10%β，β-胡萝卜-4，4 二酮（10%斑蝥黄）

（1）感官鉴别。紫红色到红紫色的流动性粉末。

（2）环己烷溶液的吸收值测定。吸收极大值应处于波长 468 nm ~ 472 nm。

（3）含量的测定。参照 GB/T 18970—2003。

3. β-阿朴-8′-胡萝卜素醛（粉剂）

（1）感官鉴别。红、棕色结晶或结晶性细微粉末，流散性好。

（2）定性鉴别。称取 0.1 g 样品加入 10 mL 60 °C 蒸馏水溶解，冷却。加入 5%亚硝酸钠溶液和 1 mol/L 硫酸溶液，颜色消失。

（3）吸光度鉴别。称取 0.1 g 样品置于 250 mL 容量瓶中，加入 10 mL 60 °C 水溶解，冷却。加入 100 mL 乙醇，混匀。再加入三氯甲烷至刻度，摇匀，静置备用。分取 5 mL 滤液置于 100 mL 容量瓶中，在 45 °C 水浴中用氮气吹干。用 0.5 mL 乙醇将残渣润湿，加入 0.5 mL 三氯甲烷溶解，用环己烷定容至刻度，备用。

以环己烷作为空白液，在波长为 488 nm ± 1 nm 和 460 nm ± 1 nm 处测定吸光度，A488/A460 的比值为 0.77 ~ 0.85。

（4）呈色鉴别。称取 0.1 g 样品，加入 10 mL60 °C 水溶解，加入三氯化锑溶液，转动溶液呈现蓝色。

（5）含量的测定。参照 NY/T 1462—2007。

4. 10%虾青素

（1）感官鉴别。紫红色至紫褐色的流动性微粒或粉末，无明显异味，易吸潮，对空气、热、光敏感。

（2）呈色鉴别。取试样约 0.01 g 于试管中，加 50 ~ 60 °C 热水 1 mL，于 50 ~ 60 °C 热水浴中超声波处理 5 min。冷至室温后，加入三氯甲烷 10 mL 并振荡 30 s，静置分层后，取三氯甲烷层溶液 3 mL 与三氯化锑-三氯甲烷溶液 1 mL 反应，溶液应立即显蓝紫色。

（3）含量的测定。参照 GB/T 23745—2009。

5. 叶黄素

（1）感官鉴别。本品为自由流动的橘黄色细微粉末或橘黄色液体，易氧化，不溶于水，溶于乙醇。

（2）呈色鉴别。样品的丙酮溶液在连续加入亚硝酸溶液（50 g/L）和硫酸溶液（0.5 mol/L）后颜色消失。

（3）含量的测定。参照 GB/T 21517—2007。

6. 10%β-阿朴-8′-胡萝卜素酸乙酯（粉剂）

（1）感官鉴别。棕红色流动性颗粒。

（2）含量的测定。参照 GB/T 21516—2008。

七、糖精钠添加剂

（1）感官鉴别。为无色结晶或白色结晶性粉末。无臭或微有香气，味浓甜带苦；易风化。在水中易溶，在乙醇中略溶。

（2）荧光试验。取试样约 0.02 g，加间苯二酚约 0.04 g，混合后，加硫酸 0.5 mL，用小火加热至显深绿色，放冷，加水 10 mL 与过量的氢氧化钠溶液，即显绿色荧光。

（3）呈色鉴别。取铂丝，用盐酸湿润后，蘸取试样，在无色的火焰中燃烧，火焰即显鲜黄色。

（4）含量的测定。参照 GB/T 23746—2009。

八、低聚木糖添加剂

（1）感官鉴别。取适量样品，在自然光照下，为白色、微黄色、棕色的流动性粉末或颗粒，无异味、无结块、无发霉、无变质现象；称取试样 20.0 g（精确至 0.1 g），放入 100 mL 三角瓶中，加入 50 °C 的蒸馏水 50 mL，加盖，振荡 30 s，倾出上清液，嗅其气味，判断是否存在异味。

（2）含量的测定。参照 GB/T 23747—2009。

九、其他添加剂

1. 天然甜菜碱

（1）感官鉴别。白色或淡褐色结晶性粉末，可自由流动，味微甜。

（2）定性鉴别。称取试样 0.5 g，加 1 mL 水溶解，加入 2 mL 改良碘化铋钾溶液[取碘化铋钾溶液（取 0.85 g 碱式硝酸铋溶于 10 mL 乙酸和 40 mL 的水中；取 40 g 碘化钾，用水溶解并定容至 100 mL。将上述两种溶液等体积混合）1 mL，加盐酸溶液（1:4）2 mL，加水至 10 mL]振荡，产生橙红色沉淀。

（3）本品的水溶液不显示氯化物的鉴别反应。称取适量试样，加水溶解，过滤。取适量滤液，加硝酸溶液（1∶9）使呈酸性后，加硝酸银溶液（17 g/L），不能生成白色凝乳沉淀。

（4）含量的测定。参照 GB/T 21515—2008。

2. 大豆磷脂

（1）感官鉴别。色泽为深褐色，呈塑状或黏稠状，质地均匀，无霉变；具有磷脂固有的气味，无异味。

（2）含量的测定。参照 GB/T 23878—2009。

3. 大蒜素（粉剂）

（1）感官鉴别。本品为类白色流动性粉末，具有大蒜的特殊臭味。

（2）含量的测定。参照 NY/T 1497—2007。

4. 酶制剂

（1）感官鉴别。应有正常的感官性状，加工质量和水分含量符合接受标准要求。

（2）分析酶活性定义。底物种类和浓度，测试温度、pH 值和时间，产物表示单位不同，得出的酶活性大小不同，差异可达数十倍到数千倍。

（3）考查条件。考查酶发挥最大效应的条件与在消化道作用部位的环境条件是否相适应，判断其可能的使用效果。

（4）判断酶活性稳定性。既要考虑一般保存条件下的稳定性，更加要考虑加工制粒条件的酶活性变化。

（5）卫生指标。应符合国家相关规定。

（6）酶活性测定。饲用植酸酶参照 GB/T 18634—2009 测定；纤维素酶参照 NY/T 912—2004 测定；β -葡聚糖酶参照 NY/T 911—2004 测定。

5. 饲用微生物

（1）感官鉴别。应有正常的感官性状，加工质量和水分含量符合接受标准要求。

（2）菌种鉴别。依据形态特征、培养特性，对菌种进行鉴别。分析能否被胃肠道酸碱环境所破坏，能否与肠道菌种共生，能否在胃肠道环境中发挥效应，结合生化特性，判断其可能的作用效果。

（3）微生物活性稳定性。既要考虑一般保存条件下的稳定性，更加要考虑加工制粒条件下的的活性变化。

（4）卫生指标。杂菌含量应符合产品要求，不得含有病原性杂菌。

（5）活菌数量测定。参照国家相关标准执行。

目前常见饲用微生物有地衣芽孢杆菌、枯草芽孢杆菌、两歧双歧杆菌、婴儿双歧杆菌、长双歧杆菌、短双歧杆菌、青春双歧杆菌、粪肠球菌、屎肠球菌、乳酸肠球菌、嗜酸乳杆菌、干酪乳杆菌、乳酸乳杆菌、植物乳杆菌、罗伊氏乳杆菌、动物双歧杆菌、黑曲霉、米曲霉、迟缓芽孢杆菌、短小芽孢杆菌、纤维二糖乳杆菌、发酵乳杆菌、戊糖片球菌、乳酸片球菌、产朊假丝酵母、酿酒酵母、沼泽红假单胞菌、保加利亚乳杆菌等。

复习思考题

1. 根据饲料企业使用的谷实类饲料原料种类及品质判断方案，分析其优缺点，写出合理化建议书。
2. 根据饲料企业使用的谷实类副产品饲料原料种类及品质判断方案，分析其优缺点，写出合理化建议书。
3. 根据饲料企业使用的乳清粉种类及品质判断方案，分析其优缺点，写出合理化建议书。
4. 根据饲料企业使用的油脂种类及品质判断方案，分析其优缺点，写出合理化建议书。
5. 根据饲料企业使用的植物性性蛋白质饲料的种类及品质判断方案，分析其优缺点，写出合理化建议书。
6. 根据饲料企业使用的动物性蛋白质饲料种类及品质判断方案，分析其优缺点，写出合理化建议书。
7. 根据饲料企业使用的矿物质原料种类及品质判断方案，分析其优缺点，写出合理化建议书。

8. 根据饲料企业使用的维生素添加剂品质判断方案，分析其优缺点，写出合理化建议书。

9. 根据饲料企业使用的微量元素添加剂种类及品质判断方案，分析其优缺点，写出合理化建议书。

10. 根据饲料企业使用的氨基酸种类及品质判断方案，分析其优缺点，写出合理化建议书。

11. 根据饲料企业使用的非营养添加剂种类及品质判断方案，分析其优缺点，写出合理化建议书。

项目五　配合饲料加工与管理

【知识目标】

掌握配合饲料加工工艺设备基础知识；
熟悉安全生产知识，安全用电知识，防意外事故知识，防火防爆等消防知识。

【技能目标】

能够操作主要加工设备；
能够初步诊断设备运行过程中的常见故障，并能做出处理；
能够诊断加工过程中的产品质量问题，并提出修改意见。

任务一　饲料加工设备运行管理

饲料加工设备是饲料加工的关键硬件。加强饲料厂的设备管理，保持设备经常处于完好的状态，是不断提高产品质量，降低物质和能源消耗，防止环境污染，提高企业经济效益和提升水平的重要手段。在使用设备加工饲料时，必须做到对设备的正确使用，对每个部分的设备都要做到规范化操作。

一、中央控制室操作规程

中央控制室是整个配合饲料生产加工的大脑，支配着饲料生产的每个环节，包括原料的粉碎、称量、混合、制粒、打包等各个环节，它在整个饲料生产过程中起着十分重要的作用。因此，中央控制室的操作规程尤为重要，关系着产品的质量和产量。作为中央控制室操作人员，必须严格做到规范化操作。

（一）中控人员素质要求

（1）中控员在做好本职工作的同时，要不断学习技术知识，能识别判断各种原料和成品质量，配合领班处理日常事务。
（2）不得随意离开工作岗位。
（3）在配料过程中，发生配料事故，应按紧急制动按钮，然后汇报领班做适当处理。
（4）中控应掌握消防安全知识，具有突发性事故处理能力。

（二）生产规范化操作

1. 开机前准备

（1）中控控制员是班组生产的调试员，直接受领班领导，配合领班按时完成车间布置的每天生产计划。

（2）提前上班，做好交接工作，对收料、粉碎、电脑系统内各种品种、仓号、流向进行检查核对。

（3）开机前准备工作：

① 通知在岗人员清理原料初清筛并挂好警告牌；

② 通知粉碎人员清理粉碎机，及永磁筒内的铁屑，并挂好警告牌；

③ 了解原料仓的库存，做好各种原料的收料准备。

（4）当确认粉碎机、永磁筒、筛子等已清理好，其他设备也有人检查后再开机。接到设备检修通知后，必须在控制部位上挂上检修警告牌。

（5）详细核对配方，严格按电脑操作顺序操作。碰到报警信号，要查明原因，再做处理，杜绝错误操作。

2. 开机生产

（1）设备启动应按先后顺序，先启动附属设备再启动主设备。

（2）开启空气压缩机，通知锅炉房送蒸汽。

（3）随时观察设备状况，减少设备空转时间，降低电耗。

（4）根据生产计划和仓内余料情况安排进料的品种、顺序、数量，同时启动粉碎机进行粉料。

（5）通知查仓员对进料和粉料的品种进行查看、核实，并查看是否有漏仓、窜仓。

（6）根据上班生产的品种和制粒仓、成品仓的余料情况确定配料品种顺序和配料量。

（7）检查配料称零点和各个生产参数是否正确。

（8）输入配方数据并通知制粒岗位出料口和小料添加人员配料的品种并核对小料配方。

（9）选择成品仓或制粒仓启动混合输送设备→混合机→启动配料。

（10）粉料成品配出来后通知相关岗位做接料准备。

① 需制粒的打在制粒仓，通知制粒员开机制粒并设置好冷却器的各个参数，开启制粒工段附属设备，冷却器开始排料，通知查仓员和出料工检查粒料的料型、色泽、温度，确认无误后打包出料。

② 不需制粒的打在粉料成品仓，通知出料口核对成品感观色泽，确定无误后打包出料。

③ 如不能辨别的新产品或有异样的产品应在成品一出来通知领班和现场品管检查核对。

3. 生产完关机

（1）在当天计划全部配料完成，制粒工段还有半个小时产量时应通知锅炉房，让其做好停机准备。

（2）同时可以根据各工段紧次要顺序分工段停机。

（3）制粒机生产完停机后通知锅炉房关闭蒸汽，并慢慢排空冷却器里的料。

（4）成品仓的料出完以后先关闭流程上所有的设备，打印原料耗量表，再关闭计算机和监控广播系统，最后关闭控制电源。

（5）做好各种生产报表和交接班记录。

二、加工过程分系统运行规范

1. 筒仓工段

（1）玉米接收。玉米倒入接收口后，相关人员会根据仓容情况和玉米的品质通知进入哪个筒仓。

（2）打开需进料的筒仓进料闸门，根据流程工艺按先后顺序依次启动仓顶进料刮板→高提升机→初清筛→矮提升机→接收口刮板。

（3）生产上提用玉米时，应把筒仓顶部进料闸门全部关上，选好需要进玉米的粉碎仓，按先后顺序依次开启设备，再打开需提用玉米圆筒仓的下闸门。

（4）当发现某仓玉米提不到时，应通知相关人员去查看是否已经空仓。如确认无玉米，应安排人员清仓，并询问品管部该用哪个仓玉米生产。品管部根据仓内玉米的状况和先进先出的原则决定用哪个筒仓的玉米。

（5）为保证玉米的储存品质，根据品管要求在玉米接收 50 ~ 100 吨时，应安排人员清理筒仓工段的永磁桶，在天气晴朗时，遵循品管通知，开启筒仓上下风机进行通风换气。

2. 进料工段

（1）合理安排仓位和进料的品种、顺序、数量。

（2）进料工人拉料到需进料的接收口时，应点动三通或分配器到需进料的粉碎仓或附料配料仓，再按照流程顺序依次启动：进料斗式提升机→初清筛→初清筛提升机→进料刮板，最后开启对应的进料口除尘风机，通知可以开始下料。

（3）一个品种的原料进完，待进料工把进料口的地角料打扫干净后，关闭除尘风机，过一两分钟再通知查仓员去查看对应的粉碎仓或附料配料仓是否还有料下。在确认没有料下时，才可以转仓开启除尘风机，通知可以进下一个原料。

（4）每进一个品种都应第一时间通知查仓员去核对所进原料是否正确，有无漏仓窜仓。

（5）有些原料品管已通知可不过初清筛的进料时，应关闭初清筛提升和初清筛在该品种进完后再开启。

（6）粒料进料口有多个接收口时，只能选其中一个口进料，不能两个或多个口同时进料。

（7）进料口的永磁筒每班应清理两次。

（8）关闭进料工段时，必须在整个流程内的物料完全提取干净后，再按照开机顺序倒序进行。

3. 粉碎工段

（1）开机前应清理干净喂料器的磁铁板，根据生产饲料品种和所粉碎的原料选用品管规定的筛片，并检查筛片是否完整无缺。关闭好操作门，打开现场开关，相关人员离开现场。

（2）分配好需粉碎进料的仓号，依次启动：粉碎输送提升—粉碎输送绞龙—粉碎吸风机—粉碎机主机。待粉碎机运行正常后，根据所粉碎原料的性质设定频率，打开对应原料仓门进行粉料。

（3）喂料频率的初始设定，应根据粉碎物料的硬度、水分和选用筛片的大小决定；开始频率尽量设小，然后根据粉碎电流大小和粉碎输送设备的输送能力进行调整。

（4）对打烂筛片所粉碎的物料要经仔细检查是否能用，不能用的要放出重粉碎。

（5）粉碎机属高速运转的设备，粉碎工段也是最重要的工段之一，没有特殊情况尽量选用连锁模式。

（6）为了能使锤片均匀的磨损，粉碎机每周应换向，换向操作时粉碎机必须完全停止；当锤片磨损严重、粉碎效率低时，必须更换锤片。

（7）粉碎机震动较大、声音异常、电流和喂料频率波动较大时都应立即停机检查。

（8）粉碎机在更换筛片、锤片和停机检查时必须关闭现场开关。

（9）粉碎工段停机时，必须先关闭粉碎仓门，在整个流程内的物料全部粉碎完，粉碎电流回落到空载电流值时进行停机。

4. 配料工段

（1）配料工段是最重要的工段并直接影响到产品的质量，所以要求严格按照配方的原料配比下料。

（2）为了保证配料精度，一般来说，大称下量大的料，小称少于 20%的料，根据超欠重情况调整提料量。

（3）对下料顺序的安排尽量使一些量大的料先下，流动性比较好的原料（如钙粉、磷钙、膨润土等）和水分、油性较高的原料（如细糠）是不能排在第一的位置。

（4）预混料和微量小料添加时间应该是在大料 80%已进入混合机混合后加入。

（5）牧羊双轴桨叶混合机两分钟能充分混合其额定混合量的 40%～140%；对有油脂和其他液体添加的配方，第一轮的混合时间和液体添加时间尽量设置延长，然后再根据第一轮液体添加完的时间适当增加几十秒，为这个配方的液体超时报警时间；而混合时间又比液体超时报警多几十秒（根据个人反应速度决定）。

（6）变换配料品种时，在前个品种没提完的情况下，必须锁定混合机门再进行下个品种的混合，在确保前个品种已完全提取完之后才能转仓解锁。

（7）出料口的回收料必须是在配相应品种料，转相应制粒仓时才能倒入。

（8）在配浓缩料和粉料之前，应用低蛋白豆粕对混合机和混合输送工段、成品检验筛清洗一遍，以避免交叉污染。

（9）浓缩料、代乳料、教槽料、保育料和一些其他粉料必须经过成品检验筛。

（10）混合机在进行检修和人工清理时，必须关闭现场开关和强电空气开关，以确保安全。

5. 制粒工段

（1）在配制颗粒料时，应把所生产的品种和配方的基本情况告诉制粒员，以确保排空前一个品种的残余料，以及选用合适的环模来生产。

（2）各个冷却器参数设定应根据其生产时每次排料量的多少来进行。

（3）开关机顺序必须按照流程工艺顺序进行，尽量选择连锁模式。

（4）对需破碎的料在制粒开机前启动破碎机，并根据破碎粒度大小，调整破碎机间隙和选择是否需要重破；在冷却器开始排料时，再通知相关人员查看破碎粒度是否合适。

（5）制粒机生产完一个品种时，应叫查仓员看制粒仓是否排空，确认是否空仓，可在制粒机停机三五分钟后设置手动排料。

（6）转换生产品种时，回收料在三种情况下需要打出：料型品种不一样、色泽不一样、做完低档料做高档时。一般来说，打完回收料都要清扫冷却器和清空成品提升机的底脚料。

（7）成品仓的料出完后才可以开机生产下一个品种。

任务二　设备运行常见故障诊断与处理

随着设备的连续且长时间使用，各种设备的某些部位造成磨损，或者因线路老化，造成设备故障，给生产带来影响，造成损失，甚至带来人身危险。设备故障，一般是指设备或系统在使用中丧失或降低其规定功能的事件或现象。设备是企业为满足某种生产对象的工艺要求或为完成工程项目的设计功能而配备的。设备的功能体现着它在生产活动中存在的价值和对生产的保证程度。在现代化饲料生产中，由于设备结构复杂，自动化程度很高，各部分、各系统的联系非常紧密，因而设备出现故障，哪怕是局部的失灵，都会造成整个设备的停顿，整个流水线的停产。设备故障直接影响企业产品的数量和质量，因此，设备需要定时保养，损耗部件要经常检查，必要时进行更换。生产人员要掌握对各个设备系统故障的诊断以及处理方法。

一、粉碎系统故障诊断与处理

粉碎系统作为影响产品质量的关键部分之一，直接影响饲料的混合均匀度与制粒。粉碎机作为粉碎系统的核心，它的正常与否，直接关系到粉碎系统的效率。因此，粉碎机常见故障不容忽视，对故障的处理也需要掌握。粉碎机常见故障与排除方法如表 5-1。

表 5-1　粉碎机常见故障与排除方法

故障现象	可能原因	对应的解决方法
电机启动困难	1. 电压过低 2. 导线截面积过小 3. 启动补偿器过小 4. 保险丝易烧断	1. 避开用电高峰再进行启动 2. 换适当的导线 3. 换适当的启动补偿器 4. 换与电机容量相符的保险丝

续表

故障现象	可能原因	对应的解决方法
电机无力过热	1. 电机两相运转 2. 电机绕组短路 3. 长期超负荷运转	1. 接通断相，三相运转 2. 检查电机，排除短路 3. 在额定负荷下工作
粉碎机强烈振动	1. 锤片安装顺序有误 2. 对应两组锤片质量差过大 3. 个别锤片卡住，没有甩开 4. 转子上其他零件不平衡 5. 主轴弯曲 6. 轴承损坏	1. 按锤片排序图重新安装 2. 重新调换锤片，使每组质量差不超过5克 3. 使锤片转动灵活 4. 平衡转子 5. 停机清除硬物 6. 更换轴承
粉碎室内有异常响声	1. 铁石等硬物进入机内 2. 机内零件脱落或损坏 3. 锤筛间隙过小	1. 停机清除 2. 停机检查、更换零件 3. 重新调整锤片位置，使间隙符合规定
生产率显著下降	1. 电机功率不足 2. 锤片严重磨损 3. 原料喂入不均匀 4. 原料水分过高	1. 检修电机 2. 调头使用或更换锤片 3. 均匀喂入 4. 干燥原料
进料口反喷	1. 输送管道堵塞 2. 筛孔堵塞	1. 疏通堵塞管道 2. 清理筛孔或更换筛板
成品过粗	1. 筛板磨损严重或有孔洞 2. 筛板与筛架贴合不严，或侧面间隙过大	1. 补洞或更换筛板 2. 停机检修，使筛板和筛架贴合严密
轴承过热	1. 主轴与电机中心不同心 2. 润滑脂过多、过少或不良 3. 轴承损坏 4. 主轴弯曲或转子不平衡 5. 长期超负荷工作	1. 调整电机中心，使其与主轴同心 2. 换润滑脂，按规定加注 3. 更换轴承 4. 校直主轴、平衡转子 5. 减少喂入量

二、配料系统故障诊断与处理

配料是饲料加工业中的核心技术，配料系统是饲料生产的关键环节。随着计算机技术的迅速发展，以工业控制计算机为核心的微机配料系统因其体积小、结构简单、操作方便、配料速度快、精度高等优点而得到广泛使用。微机配料系统能否正常工作，对生产的连续进行和产品品质有着直接的影响。因此了解微机配料系统的故障诊断并及时排除，就显得尤为重要。以下为配料系统中常见的故障原因及排除方法。

1.“配料”命令发出后，配料系统不能进入运行状态

原因是配料各设备“准备就绪”信号未传送给主机。故障发生在开关量及控制信号形成电路、光电隔离电路、开关量输入电路。检查电子秤斗门和混合机门的关紧行程开关工作是否正常，常开触点是否损坏；检测光电耦合器、电平转换器的工作性能；光电隔离电路、开关量输入电路能否正常工作；也可能是键盘上的配料命令键接触不良。修复电路，更换相应器件，故障即可排除。

2. 某一批次配料完毕，电子秤斗门不能打开放料

混合机门未关紧或关紧行程开关损坏；电子秤斗门的执行机构发生故障；主机至强电柜的通讯线路断路；强电电源电压太低或者为零；有关强电器材损坏。解决办法：检修更换混合机门关紧行程开关；修复电子秤斗门的电磁阀及其气动机构（秤斗门为电动闸门应检修电动机构装置）；检测开关量输出电路，光电隔离电路；检查主机内部与输出信号电压相对应的电源是否损坏；强电柜中的中间继电器、交直流接触器、热继电器等有关强电器材是否损坏；检查强电柜至电子秤斗门的电源线路断路与否。

3. 配料已经开始，有些喂料器却不能工作

故障发生于开关量输出电路、光电隔离电路、强电柜控制电路、执行机构。故障原因：光电隔离电路，开关量输出电路及其中间线路损坏，导致主机至强电柜的控制信号线断路或接触不良；强电柜控制电路中的中间继电器、交直流接触器、热继电器损坏；对应喂料器电机损坏。强电柜中有接触不良现象造成某些线路不通；强电电源电压太低或为零。

4. 配料时喂料器工作正常而称重显示数值不准

首先考虑传感器及其采样电路，放大电路和 A/D 转换电路。故障原因有：秤重传感器工作性能不稳定；采样电路、放大电路及其中间线路发生故障，中断了传感器到主机的信号传输；放大电路工作异常，可调部分未调好，零点调节有松动，接触不良；信号传输线路屏蔽不良。其次是待配料仓内无原料或物料结块；仓底振动卸料器损坏；喂料器电机转向不正确。

5. 加油系统不能喷油

首先确定主机发油信号是否发出。未发出，检查开关量输出信号电路。其次，检查主机到加油系统通讯线路是否断路。若发油信号存在且通讯线路完好，则属于加油系统故障。

6. 称量误差过大

称量误差的产生有传感器、测量电路、秤斗安装等多方面的原因。

（1）传感器的质量。

正常情况下，传感器所受的力同它的电压输出应呈线性关系，要进行校验，如果传感器与电信号输出的线性相关系数过小，说明传感器的质量存在问题。此外，传感器的容量选择过小或过大，也易引起上述线性关系的变化从而引起称量误差过大。传感器受力不均衡，这种情况有两种可能性：一是传感器支承点分布不均。所有传感器应呈对称分布；二是秤斗某

个方向配料量大，造成秤斗内物料严重偏斜，配料时应将配比大的原料错开，使秤斗各个方向的进料量不致相差太大。

（2）秤斗安装不正确。

常见的秤斗安装错误是秤斗与各传感器的接触点不在同一平面上，这将使传感器受力不均，同时使传感器的受力方向偏离它的轴线。后者使传感器受到侧向作用力，产生传感器测量误差。此外，秤斗安装时上下软连接不当，造成配料秤与上下设备之间存在力的传递，同样会引起测量误差。

（3）测量放大电路的误差。

该电路将传感器输出的电信号放大，测量后送给主机处理。一般测量电路所使用的元件的精度、灵敏度比较高，但由于元件老化、环境变化等原因，也可能引起测量误差。零点漂移是常见的测量电路问题，应定期校正予以消除。

三、混合系统故障诊断与处理

混合系统是配合饲料生产过程中的关键工艺之一，决定着饲料的混合均匀度，从而影响产品质量。混合机常见的故障及排除方法见表 5-2。

表 5-2 混合机常见的故障及排除方法

故障现象	可能原因	对应解决方法
漏料	1. 卸料门变形	1. 修整卸料门
	2. 卸料门托杆螺栓松动、滑丝	2. 更换滑丝的螺栓螺母并拧紧
	3. 卸料门密封条损坏	3. 更换密封条
	4. 行程开头移动导致关门不严	4. 调整行程开头位置
	5. 卸料门上附着物导致关门不严	5. 清理卸料门上附着物
混合质量	1. 转子螺带或桨叶损坏	1. 修补或更换转子损坏部分
	2. 转子与壳体之间间隙过大，导致混合效率降低，混合顶内残留量大	2. 调整转子与壳体之间的间隙
	3. 漏料	3. 见漏料排除方法
	4. 混合机充填系数过大或过小	4. 控制每批混合量，保证混合充填系数
	5. 油脂添加不均匀	5. 检查油脂添加系统，确保油脂能以喷雾形式添加
	6. 小料添加时间不正确	6. 小料应在配料部分卸料后再添加

四、制粒系统故障诊断与处理

除部分乳猪教槽料不进行制粒外，其他配合饲料均要求制粒，因此保证制粒系统正常运行，对饲料生产有很重要的意义。而制粒系统产生故障的原因多种多样，制粒系统故障及其相应的解决方法见表 5-3。

表 5-3　制粒系统故障及其相应的解决方法

故障现象	可能原因	相应的排除方法
无原料进入制粒室	1. 料斗结拱	1. 去除料斗上的结拱
	2. 喂料器绞龙传动装置发生故障	2. 检查喂料器绞龙传动装置，排除故障
	3. 喂料器绞龙堵死	3. 清理喂料器绞龙上的物料
有原料进入制粒室但压不出颗粒	1. 模孔堵塞	1. 清除模孔中的饲料
	2. 原料水分太多	2. 控制原料和蒸汽中的水分
	3. 模辊间隙过大	3. 重新调节模辊间隙
	4. 喂料刮板严重磨损	4. 更换刮板
	5. 模辊磨损严重	5. 更换模辊
主电机不能启动	1. 制粒室内有积料	1. 清除积料
	2. 电路发生故障	2. 检查电路、排除故障
	3. 行程开关不能碰到闸盘或门上的操纵杆	3. 检查行程开关情况
噪音、剧烈振动	1. 轴承已损坏	1. 更换轴承
	2. 环模压辊磨损严重	2. 更换模辊
	3. 环模与压辊间间隙太小	3. 适当调大模辊间隙
	4. 调质器或喂料器内有异物	4. 清理异物
	5. 主轴轴承松动	5. 上紧螺母，减少游隙
颗粒剂主机负载不合理，波动或颗粒质量不均匀	1. 蒸汽管蒸汽供应不足或压力时有变化	1. 检查蒸汽管路
	2. 原料输送不稳定	2. 调喂料速度
	3. 偏转板刮刀磨损引起喂料不均	3. 更换偏转板刮刀
制粒机工作中停止	1. V 形带张力不够，使速度控制仪制动	1. 重新调节 V 形带张力或检查液压系统压力表的压力值，如果有必要，重新设定其压力值（调节时小心）
	2. 速度控制仪参数设置不合理	2. 重新设置其参数
	3. V 形带部分或全部严重磨损或断裂	3. 装上一套新的 V 形带，不能只更换其中一部分
	4. 因过载或杂质在压辊和环模之间使主轴转动，行程开关脱落	4. 使主轴与行程开关复位
	5. 抱箍的压力不够，或闸盘上沾有油脂打滑，使主轴转动，行程开关脱开	5. 重新设定抱箍油压或清洁闸盘
	6. 线路故障	6. 检查线路

续表

故障现象	可能原因	相应的排除方法
制粒机常常堵机	1. 偏转刮刀磨损物料分配不均 2. 压辊磨损 3. 一下一上的压辊卡住 4. 偏转刮刀装配位置错误 5. 饲料含水量过高	1. 更换新的偏转刮刀 2. 更换新的压辊 3. 检查压辊 4. 重新装配偏转刮刀 5. 降低水分含量
主轴头部温度升高过度	主轴轴承游隙太小	适当放松压紧螺母
安全梢剪断	制粒室内有硬质异物进入	清除异物，更换安全梢
二电机电流差值过大	1. 二电机V形带未张紧 2. 二电机平衡微调不均匀 3. 电流表质量问题	1. 张紧皮带或更换皮带 2. 将电机调平 3. 更换或调整电流表
制粒机冒烟	1. 刮刀磨损，使压辊和转子支承板之间形成一层硬的物料层 2. V形带张力不够 3. 硬的物料堆积在压辊后支承板之间形成一层硬的物料层	1. 装上新刮刀 2. 张紧V形带 3. 清除硬的物料并润滑主轴承直至润滑脂从后支承板的后面冒出为止
当满负荷或略微超负荷时V形带打滑	1. V形带张力不够 2. 同组V形带长短不一致 3. V形带沾了油脂 4. V形带位置不对 5. V形带外形不对	1. 应按规定上紧V形带 2. 更换同种牌号的整组皮带 3. 将V形带和皮带轮清洗 4. 校正马达的中间皮带轮 5. 使用合格的V形带
颗粒机产量不足，主马达已满负荷	1. 蒸汽添加过多 2. 环模太厚 3. 蒸汽质量差，含水量过高 4. 物料没有充分调质好 5. 压辊和环模的间隙过大 6. 压辊和环模磨损 7. 配方不好或粉碎粒度过大	1. 少添加些蒸汽 2. 使用与物料相适应的环模 3. 重新调整供气系统 4. 提高蒸汽添加量或延长调质时间 5. 重新调整间隙 6. 更换压辊和环模 7. 调整配方或更换小孔径的筛片
环模磨损到一定程度后断裂	1. 压膜内存在异物 2. 使用了过薄的环模 3. 环模的固定出了问题	1. 改进物料的清理 2. 使用厚一些的有阶梯孔的环模 3. 检查环模传动轮缘和紧固螺栓是否锁紧，必要时更换传动轮缘
压辊轴承容易损坏	1. 物料中存在硬质异物 2. 压辊和环模的间隙过大 3. 使用了不合适的润滑脂	1. 改善物料清理 2. 正确调节压辊和环模间隙 3. 按规定使用润滑脂

续表

故障现象	可能原因	相应的排除方法
压辊轴承容易损坏	4. 压辊的润滑脂加得过少 5. 使用了已坏的轴承端盖和密封圈 6. 使用了质量不好的压辊轴承	4. 按规定加足润滑脂 5. 更换轴承端盖和密封圈 6. 更换质量好的轴承
同步带损坏	1. 同步带跑偏 2. 同步带过紧或过松 3. 进入油脂或灰尘 4. 使用不合格的同步带 5. 同步带正常老化	1. 重新调整同步带 2. 重新调整同步带 3. 清理油脂或灰尘，并进行预防 4. 使用合格产品 5. 更换新的同步带

五、打包系统故障诊断与处理

打包环节是饲料生产加工的最后一个环节，以下为打包系统常见的故障及排除方法。

1. 空气压力不够

将气源流量调节器设定在 0.4 MPa，防止空气泄漏。

2. 大、小开门出现卡、碰现象

调整气缸，保证气缸动作灵活、到位。

3. 夹袋装置夹不住夹袋

定期检查橡皮条及高强度帆布条的磨损，注意更换。

4. 打包称称量不准

打包秤若长期停止生产，须将内部物料排空，清除积物，调节称的精确度，校正称量。电器部分应保持干燥，定期保养。

5. 包装精度下降

保证料仓中应有一定的积料，一般应在 300 公斤以上，可提高包装精度。

6. 传感器不灵敏

应将传感器安装牢固，保持清洁，同时不能有卡碰现象。

7. 缝包机卡住，不能进行缝包或者不能自动断线

停机，调整缝包机。

8. 缝包位置不准确

调节缝包针位置，使打包位置正常。

六、其他系统故障诊断与处理

除了以上系统外，饲料生产系统还包括破碎机、初清筛、分级筛、提升机、输送机、冷却器等设备，这些设备常见故障及排除方法如表 5-4。

表 5-4 破碎机、初清筛、分级筛、提升机、输送机、冷却器常见故障及排除方法

故障现象	可能原因	相应的排除方法
破碎机常见故障及排除方法		
破碎大小不匀，有未破碎颗粒	1. 轧距过大 2. 两轧辊不平行 3. 漏料	1.调节轧距 2.调节两轧辊的平行度 3.密封漏料处
粉末比例大	1. 轧距过小 2. 辊齿磨损严重 3. 进机颗粒硬度低，黏结性不好	1. 调整轧距，调节两轧辊的平行度 2. 对轧辊重新拉丝或更换新辊 3. 分析颗粒硬度低的原因，增加颗粒硬度
轧辊单边工作	1. 进料集中于一处 2. 进料过多、过猛 3. 轧距不均	1. 使进料均匀 2. 减少进料量 3. 重新调整轧距
分级筛常见故障及排除方法		
破碎料产量严重不足	1. 下层筛网规格过大 2. 筛面料流动不均 3. 制粒等其他因素	1. 换小规格下层筛网 2. 使料流动均匀 3. 提高投料效果
筛分效率低	1. 筛面堵塞 2. 筛面不水平 3. 筛面凹陷	1. 换新橡胶球 2.将筛面调水平 3. 重新绷紧筛面
破碎成品中含粉率高	1. 下层筛筛孔过小 2. 下层筛面料流不匀 3. 下层筛孔堵塞	1. 换大点的筛网 2. 将筛面调水平 3. 绷紧筛网、换橡胶球
破碎料中夹带有颗粒料	上层筛框周围缝隙过大或筛网有破损	换筛网框或修整，补筛网或换筛网
筛体不正常振动	1. 偏心轴与平衡块方向未对称 2. 内筛框周边缝隙过大，晃动严重 3. 筛体横向不水平 4. 筛盖未压紧，筛盖周围晃动严重 5. 轴承已损坏	1. 重新调整安装 2. 更换筛框或修补 3. 将筛体调水平 4.修整筛盖并压紧 5.更换轴承

续表

故障现象	可能原因	相应的排除方法
分级筛常见故障及排除方法		
筛体开裂	1. 焊接不牢 2. 材质不合格	1. 重新外焊 2. 加固筛体
弹性支承板断裂	1. 疲劳破坏 2. 材质不合格	1. 更换新弹性板 2. 在中间夹层薄钢板
初清筛常见故障及排除方法		
轴承发热	1. 缺乏润滑脂 2. 油孔堵塞，内有脏物 3. 轴瓦或滚珠损坏	1. 添加润滑脂 2. 疏通油路，清洗轴承 3. 更换轴承或轴瓦
减速器声音异常	1. 内有脏物 2. 润滑油过少 3. 涡轮、涡杆磨损严重	1. 清除机内异物并清洗 2. 添加润滑油 3. 更换涡轮、涡杆
清理效果差	1. 筛筒破损 2. 供料量过大 3. 筛孔选择不当	1. 更换筛筒或对其进行修补 2. 控制喂料量 3.更换筛孔适当的筛筒
产量显著下降	1. 筛孔堵塞 2. 喂入量不足	1. 清理筛筒 2. 增加喂入量
提升机常见故障及排除方法		
物料回流	1. 后续设备故障，排料畅 2. 畚斗带张紧不够，畚斗带抖动 3. 卸料挡板破损或与畚斗间距过大	1. 停止进料，排除后续设备 2. 调节张紧螺杆或调整畚斗带长度 3. 修补更换挡板或调节间距
畚斗碰壁	1. 畚斗带张紧度不够，畚斗带抖动 2. 畚斗松动或者变形 3. 机筒受压变形 4. 畚斗带跑偏	1. 调节张紧螺杆或调整畚斗带长度 2. 紧固畚斗螺栓或修整更换变形畚斗 3. 修整更换变形机筒，加固机筒支撑 4. 见跑偏排除方法
畚斗带跑偏	1. 机筒垂直超过允许范围 2. 头轮轴与底轮轴不平行 3. 畚斗带接头变形 4. 进料偏向一侧 5. 头轮橡胶磨损	1. 调节机筒垂直度 2. 调整至平行 3. 重新连接畚斗 4. 改变进料形式，在进料口上方加垂直溜管 5. 更换头轮

续表

故障现象	可能原因	相应的排除方法
提升机常见故障及排除方法		
物料堵塞	1. 在提升机启动前进料 2. 后续设备故障，排料不畅 3. 进料流量过大 4. 畚斗带过松造成打滑 5. 出口被大块物料堵塞	1. 严格按规程操作 2. 停止进料，排除后续设备故障 3. 在进料口增加手动闸口，控制进料流量 4.调节张紧螺杆或调整畚斗带长度 5.消除大块物料
冷却器常见故障及排除方法		
电动机无法启动	1. 线路出现故障 2. 电机损坏 3. 料位器失灵	1.检修线路 2.更换电机 3.更换料位器
冷却料仓内积料不平整	散料器损坏或没有调整好	调整或更换散料器
排料机运动不灵活，且噪音大	1. 轴承、滚轮或导轨损坏 2. 转动点润滑不良 3. 排料栅栏与流量调节栅栏相碰撞	1. 更换轴承滚轮或导轨 2. 润滑各转动点和轴承 3. 调整两栅之间间隙
冷却效果不理想(温度和水分高)	1. 冷却风量不足 2. 冷却时间短 3. 冷却器与制粒机产量不匹配 4. 颗粒进机水分偏高	1. 调节风网碟阀，增大风量 2. 调整料位器位置 3. 更换产能大的冷却器 4. 控制制粒水分
脉冲除尘器常见问题及排除方法		
风量降低	1. 布袋积灰过多 2. 水被吹入布袋，布袋表面结垢 3. 空气压缩机故障 4. 空气压缩管道或元件漏气，导致压缩空气压力过低 5. 电磁故障，电磁阀膜片磨损，不能正常喷吹 6. 脉冲间隔过短，导致压缩空气压力过低或脉冲间隔时间过长，布袋清理不干净 7. 漏风 8. 风管堵塞，阻力过大 9. 关风器或卸料螺旋堵塞 10. 布袋下挂钩脱落，过滤面积减小	1. 清理布袋 2. 清理布袋，排放油水分离器积水 3. 检修空气压缩机 4. 检修压缩空气管道与元件，维持压缩空气正常压力 5. 维修或更换电磁阀，更换电磁阀膜片 6. 调整脉冲间隔 7. 检查各网管连接处，确保密封 8. 清理各段风管，尤其是水平风管，采取措施减少吸风口的粉尘吸入量 9. 清理关风器或卸料螺旋 10. 挂好下挂钩
排尘浓度过高	1. 布袋破损 2. 布袋挂接处连接不紧密，泄漏	1. 修补或更换布袋 2. 上紧布袋

续表

故障现象	可能原因	相应的排除方法
风机常见故障及排除方法		
振动较大	1. 叶轮不平衡 2. 叶轮松动 3. 叶轮变形 4. 电机与机架连接松动 5. 基础不牢固 6. 叶轮轴盘孔与轴配合松动 7. 进出口管道安装不良，产生共振	1. 消除叶轮上的黏附物 2. 将叶轮重新固定 3. 对叶轮进行平衡校验 4. 加固两者的连接 5. 加固基础连接 6. 更换叶轮轴盘或轴 7. 重新安装进出管道
轴承温度过高	1. 轴承缺油 2. 轴承内进有脏物 3. 轴承损坏	1. 添加润滑脂 2. 清洗轴承，并加润滑脂 3. 更换轴承
风力不足	1. 风量调节门间隙过小 2. 叶轮黏附物多，使叶轮流减少	1. 开大调节间隙 2. 消除叶轮上的积尘或黏附物
空压机常见故障及排除方法		
拨转卸荷/负荷钮子开关到“负载”位置时，压缩机不加载	1. 电器失灵 2. 储气罐/油气分享器与卸荷阀间的控制管路上有泄漏 3. 卸荷阀维持在关闭位置上	1. 检修 2. 检查管路及连接处，若有泄漏则需修补 3. 从卸荷阀上卸下盖，取出并检查阀，必要时予以更换
工作压力已超过，压缩未卸荷	1. 压力调节器定值不适当（切断过迟） 2. 与压力调节器相接的管接头漏气 3. 电器失灵	1. 检查调整 2. 检查并上紧管接头 3. 检修
耗油过多，从水气分离器卸放的冷凝液呈乳化状	1. 油位过高 2. 油气分离滤芯回油管管接头处，限流空阻塞 3. 泡沫过多 4. 油气分离滤芯失效	1. 检查油位，卸除压力后排油至正常液位 2. 清洗限流空阻塞 3. 更换质量较好的油 4. 拆下检查或更换
运行过程中不排放冷凝液	1. 排放管堵塞 2. 浮球阀失灵	1. 检查并疏通 2. 拆下该部件检查清洗
停机后空气过滤器中喷油	断油阀堵塞	拆下检查清洗，并更换空气过滤器倒芯
压缩机过热，通过压力式温度计停机	1. 压缩机冷却不够 2. 油冷却器内部外表面堵塞	1. 改善机房通风 2. 检查，必要时清洗

续表

故障现象	可能原因	相应的排除方法
空压机常见故障及排除方法		
压缩机过热，通过压力式温度计停机	3. 油位过低 4. 温度计不在要求测定处 5. 冷却水量不足或断水 6. 断油阀失灵，阀处于关闭位置 7. 油水分离器滤芯堵塞 8. 油过滤器失效	3. 检查，必要时加油，但不得加油过高 4. 调整到规定测定处 5. 加大冷却水量 6. 拆下检修 7. 拆下检查并疏通 8. 更换油过滤器
螺旋输送机常见故障及排除方法		
堵塞	1. 螺旋转向不正确 2. 后续设备故障，排料不畅 3. 螺旋叶片磨损严重，叶片与壳体间隙过大 4. 进料流量过大	1. 改变电机接线，改变转向 2. 停止进料，排除后续设备故障 3. 调整间隙，必要时修补或更换螺旋叶片 4. 降低进料流量
叶片擦壁	1. 叶片与壳体间隙过小 2. 螺旋叶片变形 3. 外壳变形 4. 螺旋轴弯曲	1. 调整间隙 2. 校正变形叶片 3. 校正外壳 4. 校正螺旋轴
输送能力变小	1. 螺旋叶片变形 2. 螺旋叶片磨损	1. 校正变形叶片 2. 调整叶片与壳体间隙或修补更换叶片
刮板输送机常见故障及排除方法		
堵塞	1. 进料流量过大 2. 后续设备故障 3. 刮板变形、磨损或缺损严重	1. 降低进料流量 2. 排除后续设备故障 3. 校正、更换、补充刮板
异常噪音	1. 刮板链条过松或导轨变形，链条与导轨碰撞 2. 槽内有异物 3. 刮板链条滚套磨损严重 4. 链条与链齿啮合不正常	1. 调整刮板链条松紧度，校正导轨 2. 停机排除异物 3. 更换磨损严重的滚套 4. 见啮合不正常排除方法
链条断裂	1. 负载过大 2. 异物卡住链条 3. 链条疲劳磨损 4. 机槽各节错位较大，连接处卡住链条	1. 降低负载，尽量不进行负荷启动 2. 清除异物，加强进料前的清理 3. 更换链条 4. 调节各段机槽同心度，保证各段机槽连接处两侧和底部平滑

任务三 加工过程质量管理

一、生产部员工职责与工作规范

1. 生产经理职责与规范

（1）带领全厂员工，围绕经济建设这个中心任务，搞好生产，多创效益，为社会多做贡献。

（2）认真建立和完善各项规章制度，加强业务技术培训和学习，稳定质量，提高生产，努力完成公司下达的生产指标。

（3）在安全工作上，有措施、有办法，在对员工三级教育的基础上，不断加强员工的自我保护意识教育。

（4）认真搞好“四防”工作，即防火、防盗、防霉、防涝，特别是消防工作，并结合当地情况，积极做好综合治理工作。

（5）每月开好一次生产办公会议，总结经验、解决问题、布置工作、上下通气。

（6）认真维护保养设备，不断改革，降低成本，确保设备正常运行和设备完好。

（7）认真抓好产品质量，严格把好原料、成品进出两关。

（8）认真搞好环境卫生，减少污染，把饲料厂建设成文明卫生的现代化工厂。

（9）关心员工生活，维护员工正当利益，调动员工积极因素，确保员工身心健康。

（10）加强对员工的法制教育，关心国家大事，带领全厂员工遵纪守法，做一个合格的公民。

（11）认真搞好经营管理，力争人尽其才、物尽其用、精打细算、增收节支，使管理工作逐步规范化。

（12）积极做好售后服务工作，在广大客户心目中树立好的饲料厂形象，既了解市场，又争取市场。

2. 生产部内勤职责与规范

（1）在生产部经理领导下开展工作，当好本部领导的参谋和助手，为部门领导加强管理提供各种信息和资料。

（2）认真收集、统计、核算各班组上报的数据、报表，根据汇总数据做好前日的各种报表，并及时上报有关部门，做到各种报表准确无误。

（3）做好考勤工作，为本部门领取办公用品并发放，根据考勤各组产量、消耗计算计件工资。

（4）对所报报表中涉及的数据，定时审查，并保证库存物资、主要药品、标签、包装物处在最低限额以下，负责及时报警的直接责任，否则将按工作失职处罚。

（5）做好原始记录和报表整理存档工作，注意保存，不得泄漏，负责设备的档案管理。

（6）按时完成本部门交办的其他工作。

3. 生产班长职责与规范

（1）生产班长在车间主任直接领导下，认真执行车间下达的生产任务，组织安排班组日常生产活动，并完成班组技术经济指标。

（2）每天坚持开展班前会，发挥核心作用，搞好班组团结。

（3）坚持质量第一方针，对班组人员进行质量第一的宣传教育，开展信得过活动，坚持上道工序对下道工序负责的制度，努力提高产品质量，做到节能、优质、高产。

（4）积极搞好班组管理工作，经常对班组人员进行劳动纪律教育，主动向车间提出积极措施和合理化建议。

（5）遵守劳动纪律和各项规章制度，完成车间下达的生产任务。

（6）到岗后，首先查看上一班生产记录，了解现行生产及设备运转情况，进行交接班。

（7）检查各岗位人员到岗情况，并做好考勤记录，安排本班生产。

（8）根据下达的计划，安排每班的生产，掌握生产情况，做到心中有数。

（9）检查中控室工作，校对配方，检查电脑的可靠性和各气门、分配器位置，及管道流向的正确性。

（10）检查制粒工作，制粒速度、调质温度、蒸汽压力、成品颗粒大小、颜色、气味等必须符合要求。如需换制粒模具，应调度指挥好有关人员，安全可靠地调换环模、压辊，及时开车生产。

（11）巡查车间各岗位生产和设备运转情况。

① 各岗位的操作是否规范、正确。

② 岗位人员是否有串岗、脱岗等违纪现象，做好批评教育工作，视具体情况，按制度处理。

③ 检查混合机运作情况是否正常。

④ 检查粉碎机锤片磨损程度、筛网完好状况、粉碎粒度、均匀度。

⑤ 检查小料投料岗位每批生产的品种、批次及小料重量是否符合要求。

⑥ 检查成品质量、计量标准、标签日期、编织袋使用及饲料堆码整齐状况。

（12）刻苦钻研技术，提高自身业务能力，明确本岗位“应知”“应会”，做到“三熟悉”（熟悉质量标准，熟悉工艺流程，熟悉鉴别方法），熟悉所有设备性能，碰到特殊情况，能顶班及排除一般故障。

（13）调换生产特殊品种饲料时，应全面检查设备及料管流向，做好设备清洗工作。

（14）厉行节约，做到减少回料，节约能源（例：少开空车，控制好设备的运转时间、蒸汽使用等）。

（15）认真做好设备保养和小修工作，搞好设备润滑及整个车间的环境卫生工作。

（16）列出每个机修日车间设备维修项目，报车间主任审批，汇总后送机修班，做好机修日值班工作。

（17）每班清理一次车间，垃圾运出车间。

（18）定期测试加入饲料中液体原料每个脉冲的重量，汇报车间主任，并做好修改（豆油、液体蛋氨酸）记录。

（19）做好停机结束后的各项检查工作，切断车间所有电源，关好门窗。

（20）认真、详细做好生产记录。

（21）了解和掌握本车间消防设施的布局和分布，各种消防器材特性、工作原理、使用方法，并经常对班组人员进行设备安全、人身安全、防火安全的宣传教育工作。

4. 制粒工作人员职责与规范

（1）负责整个制粒系统生产、设备及周围卫生管理。

（2）提前 15 分钟到岗，做好接班工作，掌握现行生产、设备运转状况。

（3）开机前准备工作：

① 打开疏水管阀门，打进微量蒸汽，阀门进行盟暖管。

② 检查蒸汽压力、制粒机内油箱油位。

③ 消除磁铁、制粒机内饲料结块。

④ 调整环模压辊间距。

⑤ 对轴承、压辊加润滑油。

⑥ 紧固制粒机上螺丝、螺帽。

（4）与中控联系现生产饲料的品种、数量、成品仓号。

（5）按设备正常顺序开机：

① 先开启喂料机喂料，同时添加蒸汽，速度要慢，逐步开大，让电流表读数接近额定值直到主机处于最佳工作状态。

② 检查破碎饲料粒度，重新调试破碎机压辊间距。

③ 根据制粒机制粒产量，正确调整冷却塔下料速度。

④ 熟悉各种品种特点和性能。

⑤ 检查正在包装中的饲料。

⑥ 时刻注意制粒机运行情况。

⑦ 经常检查制粒长度、粒状、硬度、水分和颗粒大小。

（6）不串岗、脱岗、离岗。

（7）准备充足的油料（冲洗环模）。

（8）钻研操作技术，熟悉本系统设备运转性能，如需调换生产模具应做到安全、迅速、可靠并及时开车。

（9）认真填写《制粒生产日报表》。

（10）停机操作：

① 清理饲料螺旋输送机及调质器。关闭制粒机下料翻板，用油料冲洗环模。

② 清理模具内部及所有盖板积料；清理制粒机外部及周围积料，搞好卫生。

（11）紧急停机：关闭蒸汽阀，停止螺旋输送机及调质机，关闭粒机下料管，用油料冲洗环模后，停止制粒机运行。

（12）生产调换品种时，必须把制粒机上方料仓敲干净。

（13）保管好维修工具及生产工具，做好生产记录。

（14）生产结束，按操作顺序，关闭所有设备、蒸汽等。

5. 小料投放人员职责与规范

（1）做好接班工作，了解生产现状，检查上一班所存添加剂、辅料品种、数量、日期及堆放情况。

（2）凭《领料单》接收仓库发送的添加剂、辅料，核对代号、数量，并指挥装卸工堆放在指定地点。

（3）严格按《配料通知单》工作。

（4）按次序进行准备工作，在每批操作开始时，必须与中控核对，并做好生产记录。

（5）如发现添加剂的代号、日期、时间、运行的设备及操作信号不正常，必须立即通知中控员予以确定。

（6）检查添加剂颜色、规格、气味，保证饲料质量。

（7）所有编织袋，必须拆缝合线，不准用刀割，并整理放在指定地点以备使用。

（8）手工称量必须准确无误。

（9）所有取消生产的添加剂必须拿走，不可存放在手加料的地方，以防止混料。

（10）注意观察工作场所设备运转情况，确保生产安全。

（11）搞好工作环境卫生及设备的清洁工作。

（12）按规定的品种、数量投料回料。

（13）停止生产，关掉除尘风机，关好门窗。

6. 巡仓工职责与规范

（1）提前接班，向交班人员了解生产情况。

（2）通知中控室开始清理分级筛、初清筛、提升机的麻线、杂物，清理好后，通知中控室可以使用，保证及时开机安全生产。

（3）核对仓里投放的原料是否与中控员通知的相符，然后进行抽样检查原料的形状、颜色、粗细度、气味等质量情况，完成以上工作后向中控员报告。

（4）对每班生产的饲料进行抽样，注明代号、生产日期、配方日期，然后把《取样单》放进每个饲料样品袋里，送中控员核对，填写《饲料成品化验送样单》。

（5）负责对设备运转检查，要做到看、听、摸设备，如有异常情况，及时通知中控室。

（6）协助修理工对设备进行保养维修。

（7）负责工作区域环境卫生、设备清扫工作，每班及时处理好被筛下的废料和垃圾，并搬到规定位置堆放整齐。

（8）下班时关好门窗，防止下雨时料仓进水。

（9）生产全部结束后，根据中控员通知，查料仓仓量，做到正确无误地报告中控员。

（10）不得离岗、串岗，服从领导指挥，完成本职工作。

7. 膨化人员职责与规范

（1）认真执行车间布置的生产任务，保证完成生产及其他考核指标。

（2）提前15分钟到岗，做好接班工作，掌握现行生产设备运转状况。

（3）负责整个产品粉碎均匀度生产、设备及周围卫生管理。

（4）熟悉挤压机特点和性能，正确掌握产品熟化程度。

（5）正确掌握挤压机头子的间隙、电流的大小。

（6）做好设备小修和保养工作，并搞好设备的润滑工作。

（7）不串岗、脱岗、离岗，有事向领导请假。

（8）钻研操作技术，提高产品产量和质量。

（9）做好生产记录和交接班工作。

（10）生产结束后，按操作顺序，关闭所有开关。

（11）发现问题及时向领班或主任汇报。

8. 投料人员职责与规范

（1）明确生产任务，检查并掌握仓容情况，联系中控室按照生产计划合理安排上料顺序，检查本岗位机器设备，做好生产前准备工作。

（2）熟悉并掌握各种原料的质量标准和用途，联系库房管理人员正确领用原材料，负责领用数量、质量和安全保质运送，整理领用垛位，清理领用道路，确保环境卫生及库容整洁。

（3）熟悉并掌握本工段工艺流程，执行中控室投料指令，负责投料质量，杜绝霉变、杂质等不合格原料入机，并及时清理各种筛理杂质。

（4）熟悉并掌握各产品粒度和各原料加工标准，清理粉碎机除铁除杂系统，随时检查粉碎粒度，确保辅料加工合格。

（5）负责品种转换时核对换仓是否正确，投料口清理工作及输送系统是否彻底干净，确保入仓原料正确合格；密切与中控室的联系与沟通，及时了解掌握各配料仓仓位与仓容存料情况，保证生产的连续进行。

（6）熟悉并掌握本工段机器设备（粉碎机等）性能、结构等状况，负责辅料设备的安全及合理运行工作，做好日常保养润滑工作，并配合维修人员及时排除故障，保障生产。

（7）负责核对投料指标（数量、质量等），办理相关手续，认真、如实填写岗位记录，整理返回包装物，保养与保管工作用具。

（8）负责清理本系统机器设备、工作现场卫生和划分的卫生责任区域，认真进行交接班和完成上级主管交办的其他各项工作。

9. 打包人员职责与规范

（1）明确生产任务，按生产计划正确领取包装袋、标签、缝包线、缝包纸等，并检查质量与数量，做好生产前准备工作。

（2）联系中控室，检查成品仓、打包秤、封口机、缝包机等包装设备，打印标签，联系保管确定码放位置，为正常生产做好准备。

（3）负责包装重量、标签打印质量、缝口质量及检查成品感观质量（颜色、粒度、气味、均匀度及颗粒料硬度、料温、粉化率等），配合品管部把好产品入库最后一道关。

（4）配合中控室做好品种转换清仓、落地料（尾包料）清理、头包料及时回机等工作，杜绝交叉污染，提高产品质量和生产出品率。

（5）节约每一粒料、每一张标签、每一个包装袋，以降低生产损耗与成本，增加效益。

（6）负责成品转运，按要求在库房码放，严禁野蛮搬运，降低包装破损率，保持库房整洁，提高生产效率。

（7）熟悉并掌握打包秤、缝包机、台秤、封口机等包装设备结构、性能，做好日常保养润滑工作，配合维修人员及时排除故障，保障生产。

（8）负责保管手推车、日期章、缝包机等工作用具，上报生产数量，办理入库手续，认真、如实、准确地填写包装记录、复称记录与交接班记录。

（9）负责清理本系统机器设备和划分的区域卫生，与下班交接班，认真完成上级主管交办的其他工作。

10. 搬运人员职责与规范

（1）遵守各项规章制度，热情接待客户，服务周到，不准索要物品，发生争吵，打架斗殴。

（2）接到搬运通知，须在五分钟内到工作场所，不得拖拉扯皮，贻误工作时间。

（3）服从指挥，听从安排，合理分工，提高效率。

（4）严格按搬运操作规程认真堆好原料、成品，要整齐、亮行，不允许发生倾斜及夹包现象。

（5）成品装车要认真清理车厢、轻拿轻放，装车整齐，捆好车，盖好篷布。

（6）上下车须将卸料口、运送路线打扫干净，配合品管人员检查质量。

（7）仓库的挂牌、使用后工具要放回原处或通知保管收捡，不得乱丢乱放，造成财物损失。

（8）爱护公物，不得损坏、偷拿公司财物。

（9）完成公司交办的其他工作。

二、仓储部管理职责与工作规范

1. 仓储主管职责

（1）积极做好员工的思想政治工作，激励员工热爱本职工作，坚守岗位，钻研业务，维护员工之间的团结、协作和友爱。

（2）热情对待客户，协调并妥善处理好员工与客户之间的关系。

（3）安排仓库员工工作岗位，及时检查员工的工作情况，安排正常收货发货顺序，负责员工考勤工作。

（4）监督收货发货装卸工作的速度和质量，签发《装卸完工单》。

（5）负责监督从原料成品打包、堆垛至拆垛、装车的日常工作并确保正常进行。检查处理原料成品入库和发货工作中发生的差错或事故，并搞好安全作业。

（6）安排仓库员工定期进行清洁卫生大扫除，保持仓库的环境清洁，负责检查成品仓库的采光、通风及照明等有关设施。

（7）积极向领导汇报工作。

2. 成品仓管职责

（1）仔细查核并按照《提货单》要求和内容开具《成品饲料发货单》，认真安排好本公司的内部调拨，并根据计划开具《内部调拨单》。

（2）依据《内部调拨单》、《提货单》的规范程序，编制《饲料厂成品库发货统计日报表》和《库存日报表》，做到字迹清楚、准确、及时。

（3）核对各种凭证，发现差错及时纠正，并与客户取得联系，修改单据，努力保持账物相符。

（4）努力钻研学习业务，熟练掌握成品库统计工作。

（5）配合主任、领班积极做好成品统计、盘点、核算工作，不断提高管理水平。

（6）熟悉当日袋装各种成品饲料的堆放垛位、代号，根据《饲料发货单》核对具体垛位指挥发货。

（7）凭《饲料发货单》指挥装卸工进行装车、装船作业，经点清复核正确，填写发货登记卡。

（8）坚持推陈出新原则，储存时间超过一周的成品饲料不能发放，并通知有关人员处理。

（9）检查装货质量，督促有关人员做好防掉、防雨等措施，签发饲料发货单放行。

（10）凭成品入库单上所标垛位堆存的生产成品品种和件数，现场逐个垛位清点核对。

（11）办好成品入库验收，并在入库验收凭证上签字，并将收货凭证交统计入账。

（12）发现品种差错或件数不准，向车间质量部提出，及时处理。

（13）发货人员必须《凭饲料发货单》发货，并通知有关人员做好配合工作。

（14）认真核对发货单品种、数量、装运地点，做到正确无误地发料。

（15）基本掌握各型号饲料的特点和质管标准的要求，把好饲料生产发放的最后一道关。

（16）当发货人员发现所发的饲料不符合质量要求时，（如：颗粒料中含粉料比例较高）应及时与有关部门联系，并通报车间。

（17）做好划码计量工作，编制结算码单。

（18）注意放料安全，并要求放料协助人员必须集中思想，通知装料驾驶员必须在搬运协助人员下地面并位于安全位置后方能启动汽车。

（19）保持发料周围的环境卫生整洁、干净。

3. 原料仓管职责

（1）仓库管理人员必须提前 15 分钟上班，进行交接班工作，各项工作严格要求规范化，时刻关心仓库消防安全，严禁火种进入仓库，保证车辆和人员的绝对安全，保管好所有原料。

（2）认真复核检查进出库原料的各种凭证，如《原料收发调过磅清单》、《仓库磅码单》、《原料收入日登记表》、《原料耗用日登记表》、《原料收入完成情况记录登记表》。

（3）开具原料收发凭证《验收入库单》、《内部调拨通知结算单》和《领料单》。

（4）坚持日盘点，清理库存原料数量，发现问题，及时向领班报告处理。

（5）编制原料日报表及编织袋周报表，填写并悬挂原料垛位管理卡。

（6）认真做好每月大盘点工作，填好盘点报表，做到账账、账物、账卡三相符，努力学习，不断提高业务水平，当好领导参谋，做到统计工作的六字方针“正确、及时、全面”。

（7）每天上午 8 时测量筒内玉米温度，并逐个点测量并做记录，同时检查每个筒仓的储存时间，按时通知车间开机通风，每周取样一次，化验玉米水分，并做好记录，发现问题及时处理。

（8）审核原料装卸作业完成情况，并开具《外料口装卸作业完工单》。

（9）安排装卸班每日装卸任务。

（10）严格控制收进原料品质情况，发现问题，汇报领导，及时处理。

（11）带领装卸工班每日做好外料口的清洁卫生工作。

（12）积极做好消防安全工作，确保装卸作业工作的顺利进行。

（13）原料保管得好坏对成品质量直接有关，因此对各种原料的进仓储存保管，都必须根据不同原料的储存要求，做好垫底、遮盖、防潮、防灾、防虫、防鼠、防污染、防火、防盗、防爆等工作，堆放整齐，数量可点。

（14）粮食原料储存保管，要认真执行查粮等一切保粮制度，积极开展“四无”粮仓活动（无霉变、无虫害、无鼠雀、无事故）。

（15）原料在储存保管中，发现有碍安全隐患苗头，要做到及时逐级如实上报，妥善处理，不得隐瞒不报，更不可自行处理。

（16）车间、仓库、班组所管的原料要经常盘点，做到心中有数，达到账、卡、物三者一致，发现不符，及时查明原因，找出问题，进行纠正。

4. 仓库管理规范

（1）仓库管理人员必须提前15分钟上班，进行交接班工作。在工作中，要求各项工作规范化，严格按规定组织生产，进行工作；确保数量正确、质量稳定，多储、多周转、库貌整齐、环境清洁、文明生产、优质服务、厉行节约；维护公司与客户的合法权益；时刻关心仓库消防安全，保证人员和物资的安全，人人学会使用仓库内的灭火器，做到三熟悉（熟悉质量标准，熟悉工艺流程，熟悉鉴别方法）。严禁火种进入仓库，管理好进出仓库的车辆、船只和人员，接收和保管好各种原料。严防一切事故发生。正确组织生产投料，遵守各项规章制度，主动向仓库领导提出合理化建议。

（2）接收保管好原料、成品，是保证产品质量，提高经济效益和社会效益的重要环节，因此原、辅料和成品在接收进仓储存时，必须认真做好铺垫防潮、遮盖防雨、防鼠防虫、防污染等工作，品种、规格、好坏、干湿、有虫无虫、合格品与不合格品都要分开，堆垛要整齐安全。同时在储存过程中，保管员要认真执行查粮制度，做到查看记录心中有数，积极开展“四无”粮仓活动。检查中发现隐患问题，及时如实逐级上报，不得隐瞒不报，更不得私自销毁灭迹或掺混出厂（库）或自行投入加工生产。对隐患问题要及时采取措施，妥善处理，确保物资安全。

三、品质控制员职责与工作规范

1. 品管部的职能

（1）协助总经理进行质量法律、法规的培训、落实与执行；
（2）协助总经理进行质量体系建设与运行；
（3）全员质量培训；
（4）协助公司做好政府部门质量安全检查；
（5）各部门质量沟通的桥梁；
（6）企业标准备案，参与原料标准的修订；
（7）原料、成品质量控制，阶段性和年度质量分析与汇总；
（8）质量记录的管理。

2. 品管经理岗位职责

（1）负责饲料相关法律法规的应用、宣传及普及；
（2）负责部门全面安全工作；
（3）负责推广执行品管标准和品管流程；

（4）负责参与制订原料采购合同中与品质和数量有关的内容条款；
（5）参与工厂生产工艺合理化建议工作；
（6）参与工厂新配方的执行管理工作；
（7）及时提出集团品管手册的合理化修改建议；
（8）负责品管部的整体工作，检查品管部人员工作是否到位并对工作进行指导、督促、改进；
（9）参与生产工人与品质相关知识的培训和考核；
（10）协调与技术、生产、储运、供应等部门的关系；
（11）对每道工序的最后检验结果把关，确保完成质量目标；
（12）根据监督检验结果，对有争议的原料做出决定，及时告知技术部和采购部；
（13）对成品生产过程中出现的质量问题做原因分析，并拿出处置意见和预防措施；
（14）对过期库存成品及不合格品、客户退料做出处理决定，协调销售部和生产部正确处理废料，并对处理过程进行监督；
（15）负责化验室工作的检查和管理；
（16）协同销售部门处理客户的质量投诉；
（17） 对其他部门和质量相关的活动进行监督检查，必要时填写《纠正预防措施单》，并提出处理意见；
（18）负责本部门的 ISO9001 和 HACCP 等相关体系的认证工作。

3. 原料品管员岗位职责

（1）根据公司品管标准开展各项工作；
（2）负责原料准确的取样和进厂原料的质量把关；
（3）负责原料的质量分析，做质量分析报告；
（4）填写相关报表并交品管主管；
（5）负责仓储原料的质量控制；
（6）负责对包装袋和标签进行验收；
（7）本人对所抽检各种非常规项目要保守秘密，采购部不享有被告知权，如有争议由总经理仲裁；
（8）品管员不得与供应商单独接触；
（9）负责对原料装卸工、保管员的品质管理培训；
（10）完成相关的 ISO9001 和 HACCP 等相关体系的认证工作。

4. 成品品管员岗位职责

（1）负责配方核查与传递；
（2）负责车间生产过程巡查，确保成品合格；
（3）负责成品的质量分析，做质量分析报告；
（4）填写相关报表并交品管主管；
（5）负责仓储成品的质量控制，并决定产品是否出厂；
（6）负责对生产工人、成品装卸工、保管员的品质管理培训；

（7）保守配方秘密及产品质量相关信息，不得向无关人员透露；
（8）负责退料的质量鉴定和决定是否接收；
（9）参与生产计划汇签；
（10）对影响产品质量的生产工艺向品管经理提出合理化建议；
（11）完成相关的 ISO9001 和 HACCP 等相关体系和认证工作。

5. 化验员岗位职责

（1）熟练掌握化验分析方法；
（2）对样品进行验收，并保存样品，以便参照对比；
（3）依据企业发展需要提出开展新检验项目的建议；
（4）将化验室无条件检测的样品送交相关检验机构检验；
（5）及时开具《饲料成分化验报告单》；
（6）负责分析仪器的使用维护和药品管理；
（7）对化验数据做好整理、分析，并做好保密工作；
（8）完成相关的 ISO9001 和 HACCP 等相关体系的认证工作。
（9）及时了解国家颁布的新的饲料检测方法。

任务四　加工过程常见产品质量问题诊断与处理

产品是整个生产的目标，而产品质量的好坏影响到整个加工过程是否合格，但产品在加工过程中都会或多或少地出现这样或那样的质量问题，如何对这些问题进行诊断，并解决这些问题，尤其关键，进而减少或杜绝这样的现象发生。以下为粉状饲料及颗粒饲料的常见加工缺陷及处理办法。

一、粉状饲料常见问题诊断与处理

饲料加工中粉料一般会出现混合不匀、各个部分成分不一致、饲料中出现凝集的油块、有块的饲料、出现杂质和线头等异物、包装标签问题等问题。以下为各种问题产生原因的分析及处理方法。

1. 混合不匀

（1）产生原因：混合时间过短或过长，出现分级现象；混合机叶片有问题。
（2）处理方法：保证合理的混合时间，防止过短或过长，严格按照每种饲料要求进行混合；修理混合机叶片。

2. 饲料中出现油块

（1）产生原因：喷油不均匀或黏附在混合机壁、轴、桨叶上的油块脱落；

（2）处理方法：混合完成后筛分，将油雾化加入，及时清理黏附的油块，防止沉积后进入饲料。

3. 粉碎饲料中有大块原料

（1）产生原因：筛板损烂或筛板与机壳之间缝隙较大，漏料；

（2）处理方法：及时更换筛板，调节筛与机壳的间隔。

4. 原料变化较大，动物不易接受

（1）产生原因：原料下错或原料颜色、粒度变化过大。

（2）处理方法：下料员严格按中控室要求下料；选择原料尽量保持颜色和粒度一致。

5. 饲料中出现异物

（1）产生原因：原料筛选过程不严格；分级筛损坏；

（2）处理方法：严格进行原料筛选，检查分级筛，添加振动筛，将拆掉的封口线集中存放。

6. 标签日期或与饲料品种不符

（1）产生原因：包装人员操作不规范，责任心不强；

（2）处理方法：打印日期前严格核实，包装时核实标签与饲料是否一致；不要将不同种类标签混放。

二、颗粒饲料常见问题诊断与处理

多种原因会对颗粒饲料产品产生质量的影响，出现不同程度的外观质量缺陷，这些主要与加工设备、加工工艺或饲料配方有关。表 5-5 为颗粒饲料中常见的加工缺陷，并分析其出现的原因，提出相应的解决方法。

表 5-5

缺陷现象	产生原因	解决方法
颗粒弯曲且一面呈多裂纹状	1. 切刀刀口位置离环模与压辊啮合区表面较远 2. 切刀平面与啮合区切线角度不合理 3. 刀口较钝 4. 减压孔过大	1. 增大环模压比，增大环模、压辊对物料的压缩力 2. 提高粉碎细度 3. 如果添加了糖蜜或油脂，应控制添加量并改善糖蜜或油脂的散布均匀度 4. 调节切刀与环模表面的距离和角度； 5. 使用比较薄的切刀，并且生产过程中磨损后要及时磨锋利 6. 必要时使用黏结剂，改善颗粒料内部的结合力 7. 减压孔直径与有效孔直径差应控制在 0.2 ~ 0.4 mm

续表

缺陷现象	产生原因	解决方法
水平裂纹横向贯穿整个颗粒	1. 饲料中含有较多纤维 2. 调质温度低或时间短，调质不充分，饲料熟化度不够 3. 黏合性原料含量过少 4. 调质后水分高	1. 增大环模的压缩比，增大环模压辊对物料的压缩力； 2. 提高粉碎细度，使其中最长的纤维长度不超过粒径的 1/3； 3. 降低产量以减小饲料通过模孔的速度 4. 提高调质质量，加长调质时间或使用多层调质器或高效调质器 5. 应控制添加水分和原料含量
颗粒产生纵向裂纹	1. 配方中含有蓬松而略带弹性的原料 2. 环模压比过低 3. 调质温度低或时间短，调质不充分，饲料熟化度不够	1. 有必要而且配方成本允许，调整配方 2. 使用较饱和的干蒸汽降低粉料调质后水分 3. 降低产量或加大压缩比，尽可能地延长饲料在环模中的时间 4. 必要时添加黏结剂 5. 加长调质时间或使用多层调质器或高效调质器 6. 必要时增加后熟化工序
颗粒辐射式裂纹	颗粒中含有较大的颗粒，调质时很难充分吸收水蒸气中的水分和热量，而在冷却时，软化程度不同，导致收缩量的差异	1. 控制原料的粉碎细度和颗粒均匀度 2. 使调质充分均匀，让原料各组分都充分均匀软化 3. 减少冷却风量，延长冷却时间 4. 必要时增加后熟化工序
颗粒表面凹凸不平	1. 制粒的粉料中含有没有粉碎过或半碎的大颗粒原料，调质过程中未能充分软化，在通过时不能很好地与其他原料结合 2. 高挂后的原料中夹杂有蒸汽泡，使饲料在压制成颗粒的过程中产生气泡，当颗粒被挤出环模的瞬间，由于压力的变化导致气泡破裂而在颗粒表面产生凹凸不平现象	1. 妥善控制粉料的细度，改善调质效果，从而在调质时使所有原料都能充分软化 2. 由于含纤维比较多的原料，容易产生气泡，因此在这种饲料中不要加入太多的蒸汽
颗粒出现腮须状	加入蒸汽过多，过多的蒸汽游离于纤维或粉料中未被充分吸收，而在颗粒挤出环模时，因压力的急剧变化蒸汽泡爆裂而将纤维或颗粒原料凸出表面，形成腮须	改善调质质量，高淀粉、高纤维含量的饲料，应使用（0.1 ~ 0.2 MPa）的低压蒸汽。
单个颗粒或个体颜色不一致——花料	1. 饲料配方成分复杂，原料品种多 2. 混合不均匀 3. 调质不均匀，制粒前的粉料水分含量不一致 4. 重复制粒的回机料添加量过大 5. 环模孔内壁粗糙度、模辊间隙、模辊磨损量不一致，环模内布	1. 改善混合效果 2. 提高调质质量：加长调质时间，使用多层调质器或高效调质器，延长调质时间 3. 控制粉料的细度和均匀度 4. 控制回机料添加量，添加回机料必须经过混合 5. 修整或更换环模、压辊

续表

缺陷现象	产生原因	解决方法
单个颗粒或个体颜色不一致——花料	料不均匀等 6. 粉碎细度不达标 7. 粉料在料仓中有分级现象	6. 调整模辊间隙到最佳位置，并且使所有的间隙一致
颗粒耐水性差	1. 调质时间短、调质温度低，造成调质不充分，温度低、熟化度不够、水分不足 2. 淀粉等黏结剂原料含量不足 3. 环模的压缩比过低 4. 脂肪含量过高或粗纤维含量过高 5. 粉碎细度不够	1. 提高原料水分，调整桨叶角度，延长调质时间、增加调质蒸汽 2. 对调质器夹层加蒸汽加热，必要时增加后熟化工序 3. 调整配方，适当增加淀粉含量，减少脂肪、粗纤维的含量，必要时添加黏结剂 4. 加大环模的压缩比，提高粉碎细度
颗粒料含粉多	1. 饲料颗粒表面不光滑、颗粒松散、切口不整齐等均会使饲料在运输过程中粉化 2. 分级筛料口被堵塞，制粒冷却产生的粉料没有被筛分出来 3. 成品仓中物料是呈漏斗形下料的，颗粒料的流动性好会先下，粉料流动性差会积聚，到一定的时候会坍塌，这种坍塌下来的颗粒料含粉特别高	1. 根据原料的特性和颗粒要求选择合适的环模开孔面积、压缩比和喂料量 2. 设计配方时考虑颗粒粉化的影响适当减少脂肪、纤维的含量，增加淀粉含量 3. 通过延长调质时间、增加调质水分和提高温度等措施提高调质质量，提高饲料熟化度 4. 提高粉碎细度 5. 清理或检修分级筛 6. 接料过程中注意检查含粉率
颗粒长短不一	1. 在同一时刻制粒室内物料分布不均匀 2. 制粒机喂料量不均匀，调质效果波动很大 3. 模辊间隙不一致 4. 压辊磨损不一致 5. 环模导料的轴向，沿轴向不一致或环模上被堵死的孔较多 6. 沿环模的轴向，两端的出料速度小于中间的速度 7. 设计环模时减压孔过大，有的颗粒在减压孔中被摔断 8. 小粒径的环模因减压孔长，尤其易产生颗粒长短不均匀的现象 9. 切刀的位置或角度不合理	1. 调整布料刮刀的长短、宽窄或角度 2. 刚开始生产和快结束生产时喂料量小且不均匀，弃去不用。生产过程中要保持喂料量、蒸汽调质的稳定，投入的切刀数量要和产量相匹配 3. 调节压辊、调节螺丝，使每个模辊间隙一致 4. 新环模要配新压辊，使用中的每个压辊磨损量要一致；如果压辊、环模轴向磨损不一致，必要时要将高的地方打磨掉 5. 修理环模的导料口，及时清理环模上被堵死的孔 6. 设计环模时，沿环模的轴向，两端的3排孔压缩比可以比中间的小1～2 mm 7. 在设计环模时对颗粒长短要求严格的产品，有效孔直径与减压孔直径差要控制在0.2～0.4 mm范围内 8. 切刀厚度控制在1.5 mm内，刀口锋利，刀口位于压辊和环模的啮合线上，切刀平面与压辊环模啮合面切线上翘3～5° 9. 定期检查环模与制粒机的同轴度，超标时要修配环模、调节主轴承间隙或更换主轴和空轴轴承

续表

缺陷现象	产生原因	解决方法
成品水分过高	1. 原料水分过高 2. 蒸汽饱和度不够,调质后水分过高 3. 调质温度过低 4. 烘干或冷却时间不够 5. 烘干或冷却设备产能不足或发生故障 6. 环境温度和相对湿度高	1. 控制原料水分 2.调质后水分控制在 15%~17%，冬季取下限，控制调质温度，特别是冬季最好控制在 80°以上 3. 提高蒸汽的饱和度 4. 延长烘干或冷却时间 5. 控制制粒机产量，使之与烘干机或冷却器产能相匹配 6. 检查冷却风网是否有短路或堵塞，检查冷却器的布料和下料是否均匀 7. 在冬季对冷却器进行保温或加蒸汽盘管加热冷却风
成品配合料颗粒过粗	1. 筛片经磨损或异物打击后,出现孔洞造成的 2. 筛片安装不当,与筛边之间贴合不严造成筛漏	1. 将损坏的筛片重新换成完好的 2. 重新调整筛片位置，使其与筛边贴合

复习思考题

1. 配合饲料加工设备主要由哪几部分组成?
2. 粉碎设备系统常出现哪些故障? 原因是什么? 如何处理?
3. 配料设备系统常出现哪些故障? 原因是什么? 如何处理?
4. 混合设备系统常出现哪些故障? 原因是什么? 如何处理?
5. 制粒设备系统常出现哪些故障? 原因是什么? 如何处理?
6. 打包设备系统常出现哪些故障? 原因是什么? 如何处理?
7. 仔猪、产蛋鸡、奶牛对原料的粉碎有什么要求?

项目六　饲料产品应用

【知识目标】

熟悉猪、鸡、牛、羊、鱼等的饲养、管理、疾病防治等基本知识；
掌握猪、鸡、牛、羊、鱼等各阶段饲料产品的应用。

【技能目标】

能够指导养殖场合理选择、使用和评价饲料产品；
会设计提高饲料使用效果的配套方案。

饲料产品质量至关重要，但饲料效果的发挥还取决于动物的健康状况、环境条件、饲养管理、品种等因素，要发挥饲料最佳的效果必须把握每个环节，掌握关键的饲喂技术。

任务一　猪饲料的应用

中国养猪业发展较快，但设备和管理现代化程度不高，大规模和超大规模的养殖企业较少，多以农村散户和中小规模为主，饲养规范化程度不高，管理不到位。为发挥猪饲料的最佳效果，必须制定完整的管理措施。根据不同阶段猪饲料，划分不同阶段管理措施，主要分为:仔猪饲料、生长育肥猪饲料、后备猪和种猪饲料。根据各自的特点，制定不同的管理饲喂方案。

一、仔猪饲料的应用

根据现代养殖业标准，仔猪可以分为三个阶段，第一阶段为产后到断奶后 10 天（教槽阶段），第二阶段为保育前期（约 35 日龄到 49 日龄），第三阶段为保育后期（50 日龄到 70 日龄），相应的饲料有教槽料、保育前期料和保育后期料。

（一）仔猪教槽料应用

1. 投料方案

仔猪教槽料是仔猪从母乳到固体饲料的过渡料，对仔猪后续生长有重要的意义，好的教槽料不仅使仔猪断奶后顺利过渡，不会产生逆生长或腹泻等不利的生长反应，还可以促进仔猪肠道快速发育，增加肠道绒毛高度，继而让仔猪无应激地接受固体饲料，促进仔猪后期快速生长。从断奶到适应固体饲料一般需要 10 天左右的时间，而在哺乳期间（5 ~ 7 日龄时）少量给予教槽料，可以让仔猪无意识地接触教槽料，为断奶后适应教槽料打下基础。

仔猪刚出生时，就开始采食母乳，随着仔猪的快速生长，母乳的分泌量虽然有所增加，但不能满足仔猪生长所需的全部营养，这就会限制仔猪的生长，尤其是从第 10 日龄开始，这种影响已经很明显了。因此，需要补充仔猪高质量的教槽料，满足仔猪部分生长需要。不过在整个哺乳期间，仔猪主要还是以母乳为主，约占整个营养需要的 97%，且母乳的适口性优于任何配合饲料。因此，仔猪存在开口难的问题，在断奶后必须给予仔猪高档优质的配合开食料，如大北农的贝贝乳、贝贝爽等。

由于仔猪体重存在差异性，一般来讲，占有优势乳头的仔猪（如母猪前三对乳头）能从母乳中获得全部的营养需要，很少会主动去采食教槽料，只有不能从母乳中获得全部营养的仔猪才会被迫去尝试教槽料。有研究表明，在整个哺乳期间，断奶前较早采食教槽料的猪约占 28%，较晚采食的猪约占 61%，不采食的猪约占 11%。正常饲养过程中，从仔猪 5 或 7 日龄时开始给予教槽料，一定要放在母猪采不到食的地方，防止母猪偷吃，此间仔猪还不习惯采食固体料，仅供其好奇采食、玩耍，给予的量不宜过多；10 ~ 15 天时，部分仔猪已经熟悉教槽料的味道，会主动地采食教槽料，因此要增加给予量；随着仔猪日龄的增加，教槽料的给予量也应逐渐增加，以小猪刚好能吃完，仅有少量剩余为宜，采用少喂多添的原则。

教槽料的饲喂形式，与断奶日龄和教槽料形式有关。如大北农贝贝乳适用于 21 日龄断奶或更早仔猪食用，其品质与母乳相似，饲喂时采用干湿二槽法，湿料中添加一定比例的水（1：5）稀释后，胜似母乳，制成糊状，更能体现出贝贝乳的价值；贝贝爽是膨化颗粒料，适合于 25 日龄以后断奶仔猪，可以直接饲喂干料，直接体现贝贝爽原有价值。若采用湿喂必须注意饲喂时的温度不宜过高，否则将损伤仔猪的口腔，导致仔猪采食量人为的降低，最好将温度冷至室温，冬天最好凉至 30 °C 左右；要保证料槽内的料新鲜，不能过夜，也不能长时间存放，最好不要超过 1 小时，尤其是夏天；一般湿喂 3 ~ 4 天后仔猪即会采食干料，此时就可不用湿喂。湿喂可以提高粉料的饲料利用率，也可降低断奶后饲料形态变化对仔猪带来的影响。

断奶前三天尤其重要，在这阶段部分未采食教槽料的仔猪，不能适应教槽料，此时就应该将不会吃料的仔猪挑出，单独给予湿料抹嘴，让其熟悉教槽料的味道，待其熟悉后，就会进行采食。除给予新鲜、适口性好的饲料外，还应该注意饮水的干净、新鲜，饮水量也会间接影响仔猪的采食，尤其是冬天，水温也会影响仔猪的采食。

2. 保障饲料效果管理要点

（1）环境温度与湿度的控制。初生仔猪体内脂肪贮存量少，对体温的调节能力差，对环境温度控制要求高。一般的初生 1 周内，温度不宜低于 32 °C，以后每周降低 1 ~ 2 °C，直至 28 °C 左右。湿度也会影响室内的温度，若室内湿度过大，温度要升高所耗成本就增加，同时还会引起仔猪呼吸道疾病，理想湿度为 55% ~ 65%。寒冷会引起仔猪冻死，同时仔猪为了保温会紧贴母猪，增加被压死的可能性，降低仔猪免疫力，增加拉稀比例。温度过高，会引起仔猪脱水，也不利于生长。为了节能减排，室内温度调节最好使用红外线灯和电热板，若室内有自动温度调节系统效果最好。

（2）初乳的采食。仔猪出生后，必须在 6 h 内，吮吸母猪初乳，而且要保证仔猪吸足量。若母猪因疾病原因少乳或产仔数过多，可以人为地分批饲喂初乳，保证每头都能吸上初乳，也可以将仔猪调到其他产仔数少或奶水好的母猪寄养吸食初乳。初乳不仅含有高浓度的粗蛋白、粗脂肪等营养物质，还含有充足的抗体，为仔猪提供免疫力。若仔猪不能及时吃上初乳，仔猪死亡率会增加。

（3）固定仔猪采食奶头。母猪产仔后 2～3 天内，必须完成奶头的固定工作，尽量将弱仔放在前、中部奶头处，强壮仔猪固定在后部，因为前中部的奶水较充足，可以弥补仔猪先天不足，提高整窝的均匀度。当仔猪采食奶头固定后，则不会改变。若弱仔仍然不能采食足量的奶水，可额外进行补喂，以提高整窝的成活率。若母猪因各种原因奶水不足，可将这窝部分仔猪进行寄养到同批奶水较好的母猪，从而保证仔猪的存活率。

（4）仔猪补铁、硒。仔猪在出生后 3 天左右，体内的铁贮存量较少，容易产生缺铁性贫血。此时应该进行补铁，有效的方法是给仔猪肌肉注射铁制剂，如右旋糖酐铁注射液等。在严重缺硒地区，仔猪可能发生缺硒性下痢、肝脏坏死和白肌病，宜于出生后 3 天内注射 0.1%的亚硒酸钠和维生素 E，每头 0.5 mL，10 日龄时，按同样量再注射一次，保证硒的补充量。

（5）疫病防治。引起新生仔猪腹泻的原因有多种，主要包括仔猪黄白痢、仔猪红痢、传染性胃肠炎、猪瘟和伪狂犬等。对这些病的防治，需要定期给母猪制定科学、合理的疫苗免疫接种程序，同时要保证接种成功，产生抗体。通过母乳将抗体传递给仔猪，获得高水平的抗体，抵抗这些疾病的发生。仔猪猪瘟发生严重的猪场可采取超前免疫，在仔猪出生后，尚未吃奶时，可按常规剂量接种猪瘟兔化弱毒疫苗，2 小时再吃初乳。

（6）仔猪保健。仔猪在哺乳期间会接触到多种细菌，由于此时仔猪的肠道屏障还未完善，会受到多种病毒或细菌的感染。尤其是在断齿和剪尾时，极易引起肠道炎症，因此，要对仔猪进行抗生素（如庆大霉素）保健，增强抵抗力，或者灌喂益生菌，建立有益、健康的肠道菌群。在断奶前一天，给予 1 mL 黄芪多糖，可以减少断奶带来的应激。

（二）仔猪保育前期饲料应用

1. 投料方案

断奶采用的方案多是将母猪从产房赶走，将仔猪在产房内圈养。饲喂 10 天左右的教槽料后，仔猪已经适应固体饲料，但此时不能直接换喂保育料，必须采取饲料的逐步过渡。具体做法是：将教槽料与保育前期料逐日按比例 8∶2，6∶4，4∶6 和 2∶8 进行过渡，4～5 天内完成。过渡完成后，将仔猪转至保育舍，必须做到原饲料制度和饲料不能改变，以减少环境改变带来的应激，每天饲喂 4～6 次，投料量不宜过多，最好能保证在 4 小时内能吃完，保证饲料的新鲜。随着仔猪的生长，可改用小型自动料槽，但料槽中的料不宜过多，最好不要超过 1 天的采食量，料槽中贮放太久，容易使饲料发霉变质。同时还要检查料槽是否被堵塞，尽量少喂多添。

仔猪转群到保育舍时，最好供给温开水，并加入葡萄糖、钾盐、钠盐等电解质，也可以加维生素和抗生素等，可以提高仔猪的抗应激能力。仔猪进入保育舍后，生长速度加快，采食量快速增加，若饲料质量不好，会导致仔猪腹泻，因此要保证保育前期料的质量，必须使用高质量的饲料（如大北农宝贝壮或宝宝壮，前者为配合饲料，后者为浓缩料），以在不影响仔猪采食量和生长速度的前提下，减少仔猪拉稀。

2. 保障饲料效果管理要点

（1）饲养密度。尽量保证以窝为单位转圈，这样仔猪不会存在混圈应激，减少进入保育舍后的应激。仔猪用圈面积约为 0.3 m^2/头，按 10 头计算，每个圈至少要 3 m^2，可将圈舍设计成长 2.0 m、宽 1.5 m。尽量采用高床保育，最好用铁网栏，漏缝地板，这样可以保证圈舍干燥，卫生条件好，减少栏内积粪。

（2）保持圈舍良好环境。温度设定为 25 ~ 28 °C（3 ~ 7 周），20 ~ 22 °C（8 周以后）；湿度保持在 65% ~ 75%。仔猪转群到保育舍后，保育栏内温度在 2 ~ 3 天升高到 28 ~ 30 °C，3 天后调节到 26 °C，以后按每周 2 °C 降幅逐渐降低到 10 周龄的 21 °C，可减轻转群的应激。栏内应有温暖的睡床，以防小猪躺卧时腹部受凉而拉稀。应当注意舍内通风透气，否则圈舍内氨气浓度过高，影响仔猪的生长发育，还有可能引起仔猪的咳喘，增加仔猪的死亡率，尤其是冬季要注意防止贼风，但也要注意适时通风。

（3）仔猪饲料的存放。应将饲料放置在阴凉干燥的地方，同时要注意避光。若开包后，未能一次性使用完，应将袋口扎紧，防止饲料吸潮，尤其是南方的梅雨季节。还要留意饲料的保质期，尽量在保质期到期之前 5 天全部使用，不要使用过期饲料。

（4）浓缩料的使用。在使用保育浓缩料时，需要注意将玉米、小麦、豆粕等原料粉细，筛子孔径应在 1.2 mm 以下，若筛子过大，可采用二次粉碎。还要注意这些原料的质量，严禁使用霉菌毒素超标的原料。混合时注意混合时间，过短混不均匀，过长可能导致矿物元素与原料分层，混合时间不能少于 5 min，也不能多于 10 min（1 t 混合机）。

（5）安装足够的料槽，保证仔猪都能在同一段时间内采食，因为仔猪的采食习惯是集体行动的，大部分猪习惯性地在同一段时间采食，这与哺乳期间吸乳有关。及时清洁料槽，保持环境卫生和仔猪饮水的干净。

（6）在断奶后 1 周内尽量不进行并窝或转群，尽量避免打疫苗、去势等应激。严格按照防疫程序对保育仔猪进行保健工作。

（7）保育前期是仔猪旺食的一个阶段，此时生长速度较快。要用心留意仔猪的精神状态，观察是否有离群小猪，注意对瘦弱仔猪要特别照顾。保证保育舍的清洁卫生，建议多以扫粪为主，尽量避免用水冲粪，从健康猪圈扫到病猪圈，每幢圈舍的清洁工具要分开使用。

（三）保育后期饲料应用

1. 投料方案

保育后期相对于保育前期来说，仔猪已经完全适应固体饲料，而且采食量逐渐上升，仔猪肠道中的菌群已经完全建立好，免疫力也提高了。在投料时，还是要以逐步换料为主，减少换料对仔猪的应激。此阶段仔猪多以浓缩料为主，注意混合均匀。此阶段可以减少饲喂次数，一天可饲喂 2 ~ 3 次，但也要保证饲料的新鲜度，料槽中的料最好不要超过 2 天。

2. 保障饲料效果管理要点

保育后期的管理与保育前期相似，要注意把握饲养密度、环境温湿度、饮水的清洁度，保证料槽干净，按免疫程序做免疫，减少不必要的应激。此时仔猪免疫能力强于保育前期，而且粪便更多，空气中氨气量也随之增加，因此，要经常开窗通风换气，保证猪群的健康。对于病猪要及时隔离，防止健康仔猪被传染。

二、生长育肥猪饲料的应用

生长育肥猪饲料消耗量占整个生猪养殖阶段总消耗量的 68%左右，是养猪经营者获利的关键时期，此时应尽量提高猪的采食量，进而提高猪的日增重。饲料类型主要有三类：配合饲料、浓缩饲料、预混料。为降低成本，有条件的猪场可采用浓缩料和预混料自制配合饲料。

1. 投料方案

70 日龄到 180 日龄是猪生长速度最快的时期。选择优质饲料可以提高猪的采食量，增加日增重。若选用浓缩料与预混料，应按饲料供应商建议的方法，加工成配合饲料后使用，注意饲料的混合均匀度，避免因混合不均所带来的经济损失。

饲料尽量选择生喂，因为煮熟会破坏饲料中的某些维生素，另外生喂还可以节约成本，节约饲料。干喂与湿喂均可，各有各的特点，干喂省时省力，容易控制饲喂量，但损失较多，同时也影响采食量，进而影响猪的生长，而湿喂利于采食，损失少；拌喂，即用少量的水将干料润湿，可提高饲料的利用率，促进猪的生长。要想让猪快速生长，最直接最有效的方法是提高猪的采食量。研究表明，猪采食 3 倍维持需要量才能达到理想的生长速度。每天饲喂 3 ~ 4 次，同时供给充足干净的饮水。

2. 保障饲料效果管理要点

（1）转圈前的准备。实行全进全出，圈舍彻底清洗，任何部位无粪迹、无污垢等，自然晾干，并喷洒消毒液，等舍内自然晾干后，再进行熏蒸消毒；检查饮水器是否堵塞；检查围栏、食槽有无损坏，电灯、温度计是否完好，若有损坏，尽快修理；将室内温度控制在 20 °C 左右，冬季可采用塑料薄膜封好保温，湿度控制在 18 °C 以上。

（2）保温与通气。刚转入的猪，将圈舍温度保持在 23 °C，持续 2 ~ 3 天，逐渐降低到 18 ~ 20 °C，防止生长猪在转群后温差太大，造成较大应激而影响采食量。昼夜温差要控制在 5 °C 以内。生长育肥阶段，透气通风相当关键，此时极易发生猪的呼吸道疾病，降低猪的抵抗力，这主要与空气质量有关，与空气中尘埃、氨气和其他有害气体的浓度有关，因为尘埃中可携带大量细菌和病毒。冬季以保温为主，但也要在气温较高时，进行通风换气。

（3）训练猪群健康的“生活习惯”。将猪群吃料、睡觉、排便的地方固定。具体做法为：在猪应该排便的地方，先放些粪便，诱导小猪定点排便。晚上再花点时间，将躺卧不正确的猪轰起，赶到正确的地方，直到它们稳定睡好为止。

（4）合理调群。虽然强调尽量不进行调群，但由于同窝中个体差异太大，还是要尽量进行调整，以保证猪均匀地快速生长。为了减少合群带来的应激，应该遵守“留弱不留强”“拆多不拆少”“夜并昼不并”的原则，同时在并圈前在猪身上喷洒药液（如来苏儿），以清除气味差异。合群后饲养人员要多加观察，尽量避免合群仔猪打架现象发生。刚转入猪与出栏猪使用同样的空间，会使猪舍利用率降低，而且猪在生长过程中出现的大小不均也会在出栏时体现出来，因此采用不同阶段猪舍数量也不同的方式，既能合理利用猪舍空间，又使每批猪出栏时体重接近，保育转育肥一个栏可放 18 ~ 20 头；生长育肥中期，将栏内体重相对较小的猪挑出来，重新组群；生长后期时，再将每栏体重小的猪挑出来，重新组群。挑出的猪要精心照顾，快速催肥，有利于做到全进全出。

（5）坚持巡逻。主要检查舍内温度、湿度、通风情况，细致观察每头猪的各项活动，及时发现不正常猪只。当猪安静时，听呼吸有无喘、咳等；全部轰起时，听咳嗽判断有无深部咳嗽现象；猪采食时，有无异常，如呕吐、采食量下降等；粪便有无异常如下痢或便秘。育肥舍采用自由采食，无法确定猪只是否停食，可根据每头猪的精神状态进行判断。每天巡视时将僵猪、被咬尾猪或疑似传染病猪及时选出，然后隔离或扑杀。

三、种猪饲料的应用

种猪饲料主要分为种公猪饲料、后备母猪饲料、妊娠母猪饲料和哺乳母猪饲料。由于生产目的不同，种猪的饲喂方式也存在着一定的差异。

（一）种公猪饲料应用

1. 投料方案

种公猪的日粮最好使用专用的公猪料。根据体重及环境条件采食量按 2.4 ~ 2.9 kg 饲喂。大约一岁后饲养水平应使体重维持恒定。在 120 kg 体重时，供应约 2.4 kg/日，在 300 kg 体重中，供应约 2.8 kg/日。每头每日喂青饲料 0.5 ~ 1.5 kg，可保持公猪良好的食欲与性欲，一定程度上可提高精液的品质。采用湿拌料，调制均匀，日喂 3 次，保证充足的饮水，食槽内剩水剩料要及时清理更换。

2. 保障饲料效果管理要点

（1）种公猪的使用。后备公猪年龄 9 月以上，体重 130 kg 时才可参加配种。配种前要有半个月的试情训练，要检查两次精液，精液活力在 0.8 以上，密度中等以上，才能投入使用。每头公猪最好一天只使用一次，每周使用不超过 4 次，一岁以下的公猪 1 ~ 2 次/周。

（2）种公猪日常活动。两天不参加配种的公猪，要在场内运动 800 ~ 1 000 米。这可以通过试情来完成，即让其在配种怀孕舍走道中来回走动，进而促进母猪发情，提高体力，避免发胖。种公猪的运动应在食后半小时进行。

（3）环境温度的控制。温度对种公猪至关重要，种公猪最适宜的温度为 18 ~ 20 °C。高温会导致公猪食欲缺乏、性欲下降，还会导致精子活性降低，降低受精率；冬季要注意防寒保暖，设暖棚和舍内安装暖气，并在公猪躺的地方加铺一定数量的垫草。

（4）保证种公猪体况。要注意保护和修整肢蹄；定期进行驱虫；不能让两头公猪有所接触，否则会打架斗凶；定期称重，根据膘情适当控制或增加日粮饲喂量；做好日常消毒和免疫工作（包括乙脑、细小病毒、猪瘟、猪口蹄疫、猪丹毒等）；加强保健工作，尤其是夏秋交替时。

（5）日常管理。对公猪态度要和蔼，严禁恐吓；在配种射精过程中，不得给予任何刺激。每天清扫圈舍两次，猪体刷拭一次，保持圈舍和猪体的清洁卫生。每季度统计一次每头公猪的使用情况：交配母猪数、生产性能（与配母猪产仔情况），并提出公猪的淘汰申请报告。种公猪年淘汰率 25%～50%，对三次发情仍未受孕的母猪，要及时提出淘汰请求，上交生产负责人处理。

（二）后备母猪饲料应用

1. 投料方案

后备母猪由于采用限制饲养，所能吸收的营养低于自由采食，但对繁殖及身体发育所需要的营养必须满足，主要是维生素 A、维生素 E、钙、磷等，如仍喂育肥猪料，则不能满足后备的营养需要，所以后备母猪必须饲喂专用的后备猪料，50～60 kg 的后备母猪其蛋白质水平必须保持在 16%以上，否则会推迟性成熟。现代后备母猪的营养需要是：粗蛋白 16%，消化能 12.43 MJ/kg，赖氨酸 0.7%，钙 0.95%，总磷≥0.6%。配种后的营养水平同怀孕母猪。后备母猪过肥、生长过快往往会延迟发情时间，甚至体重达 150 kg 仍未出现初情期，所以限制饲养已成为后备母猪饲养的一致看法，但在实际工作中又经常出现过分限制，同样也出现发情延迟。后备母猪的饲养要达到这样一个目的，7 月龄时达到 100 kg 体重并出现初情（大批饲养时应达到 50%），可采用以下方式：（1）5 月龄前自由采食，体重达 70 kg 左右；（2）5～6.5 月龄限制饲养，饲喂含矿物质、维生素丰富的后备猪饲料，日给料 2 kg，日增重 500 g 左右；（3）6.5～7.5 月龄加大喂量（以 3 kg 左右为准），促进体重快速增长及发情；（4）7.5 月龄以上，视体况及发情表现调整饲喂量，保持母猪体况评分保持在 3.5～4 分。

2. 保障饲料效果管理要点

（1）在大栏饲养的后备母猪要经常进行大小、强弱分群，最好每周分群 2 次以上，以免残弱猪的发生。要求小群饲养（4～6 头），圈栏面积足够大（至少 1.5～2.0 平米/头），地板防滑（母猪间适当的争斗与爬跨有益于发情，另外可增加腿部强度，为配种作准备）。独自圈养的母猪达到初情期的年龄要晚于群养，但若密度过大，则会因过分拥挤及格斗而导致初情期延迟。

（2）光照可促进母猪性成熟，光照时间越长，性成熟越早。一般舍内圈养的青年母猪达到初情期的年龄要晚于舍外圈养，室内饲养的青年母猪较多表现为初情期延迟、发情周期没规律以及暗发情（排卵但无站立反应）。注意光照时间，有利于青年母猪在适宜的时间发情。

（3）平时注意舍内温度和通风换气，氨气浓度过大，会导致青年母猪性成熟延迟，氨气浓度达到 20～35 mg/kg，可能会导致 200 日龄内发情小母猪数量下降 30%。要对刚引入猪进行特殊护理，做好防寒防暑工作，保证其体能快速恢复，以防应激状态下各种疾病的发生。

（4）不能给后备母猪饲喂发霉变质的饲料，饲料中霉菌毒素含量超标会造成霉菌毒素中毒，进而影响母猪繁殖机能及免疫能力，降低发情率，增加胚胎死亡率。

（5）按进猪日龄和疾病情况，分批次地做好免疫计划、驱虫健胃计划和药物净化计划。

后备母猪配种前一个月用伊维菌素 2.5 g/t、阿苯哒唑 60 g/t 联合拌料连续喂 5 d，进行驱虫一次。进行常规疫苗免疫，猪瘟按仔猪免疫程序接种，配种前加强免疫一次，以后按母猪程序免疫；初产母猪配种前 5 ~ 6 周免疫伪狂犬一次，2 周后加强免疫一次；配种前免疫蓝耳病 2 次，间隔 20 d；初产母猪配种前 4 ~ 5 周首免细小病毒，2 周后加强免疫一次；150 日龄以后首免乙型脑炎，间隔 3 ~ 4 周进行二免。实际操作过程中要注意两种疫苗间的免疫间隔时间要超过 7 d 以上。

（三）妊娠母猪饲料应用

1. 投料方案

妊娠母猪饲喂要注意前期的饲料添加量的控制，不能过度限制营养，要最大限度地提高母猪的利用强度（达到 6 ~ 8 胎），让每头母猪在其一生当中生产更多仔猪；也不能饲喂太多，保证适当的膘情，过肥也会影响胚胎发育，导致死亡率升高。建议整个妊娠阶段饲料中添加 2% ~ 3%大豆油，因大豆油是妊娠母猪最理想的能量来源，含有丰富的亚油酸，而亚油酸是母猪需要的必需脂肪酸。

（1）在妊娠后的 3 ~ 4 周，日饲喂量限制在 1.5 ~ 2.0 kg。控制日粮能量，满足其自身代谢需要即可（包括青年母猪自身生长发育的需要）。抑制胰岛素分泌，提高孕酮水平；提高子宫内蛋白质的沉积；降低或预防子宫外壁脂肪的沉积，否则子宫负压过大，不利于受精卵着床。这样有利于提高受胎率，提高产仔数。

（2）妊娠第 4 ~ 12 周，是胎儿皮毛、骨架等长成的阶段，此阶段的日饲喂量需逐渐提高到 2.5 ~ 2.8 kg。此时不但要满足母猪自身代谢的需要（包括青年母猪自身生长发育的需要），还要满足胎儿生长发育的需要，并且能满足乳腺组织充分发育的需要，有利于提高哺乳阶段母猪的泌乳性能。

（3）妊娠第 13 ~ 15 周，是胎儿迅速生长发育的阶段，对初生重起决定性作用（初生仔猪体重的 70%决定于此）；也是乳腺充分发育决定哺乳阶段泌乳性能的阶段，此阶段建议日饲喂量 2.8 ~ 3.2 kg。对于偏肥的母猪适当控制喂料量；对于偏瘦的母猪适当增加喂料量。

2. 保障饲料效果管理要点

（1）整个妊娠阶段建议定时饲喂，让母猪养成一种生活规律，不但可以减少劳动量，最重要的是减少应激，提高窝产仔数以及提高产后的食欲。

（2）母猪配种后立即固定限位栏或圈栏，并且要求单栏或单圈饲养。整个妊娠阶段禁止换栏或换圈，以此来减少返情率、流产率，以提高受胎率及产仔数。

（3）猪喜凉怕热，妊娠母猪适宜的温度为 10 ~ 28 °C。由于母猪体脂贮备较高，汗腺又不发达，外界温度接近体温时，母猪会采用腹式呼吸，会对腹中仔猪产生压迫，同时对胎儿的供氧量不足，易导致母猪流产，使死胎和木乃伊数增加。定期通风换气，降低舍内氨气、甲烷等有害气体的浓度，尤其是冬季，注意换气与保温的控制。

（4）加强消毒工作，妊娠母猪一般每周带猪消毒 3 次，采取隔日消毒。消毒药物有氯制剂、酸制剂、碘制剂、季铵盐类等，带猪消毒切忌浓度过大，一要按标准配制消毒液。空舍熏蒸消毒用甲醛和高锰酸钾。净化程序为：清理—烧碱闷—冲洗—干燥—熏蒸—消毒剂消毒。

（5）饲养妊娠母猪，要有耐心，不能打骂与惊吓，注意每天清理圈舍粪便，保持圈舍卫生清洁；观察母猪粪便，若发现便秘，则要喂些青绿饲料或健胃药物；加强免疫工作，妊娠期的母猪防疫，一定要考虑母猪对疫苗的反应。

（四）哺乳母猪饲料应用

1. 投料方案

哺乳母猪营养讲究营养浓缩化，提高蛋白质、钙、磷、氨基酸、维生素、微量元素等水平，不仅利于泌乳，更重要的是减少母猪失重，防止仔猪营养性下痢等；提高能量水平，如提高玉米含量达 61%～65%,甚至添加 3%红糖或 1%葡萄糖等来促进泌乳和刺激胰岛素分泌，加大子宫复旧和修复（血液中含糖量升高，促进胰岛素分泌，胰岛素又促进雌激素、促卵泡生成激素分泌）；提高优质的豆粕达 20%～25%，鱼粉达 3%～5%，来提供丰富的必需氨基酸和丰富的必需脂肪酸，不仅有利于高质量丰富的泌乳，更有利于加速产后子宫受损的修复和复旧；提供 1.5%大豆油（含 99%脂肪），含有丰富的必需脂肪酸，有利于加速对子宫的快速修复，而且具有促进泌乳和防止便秘的作用。这样的营养配方对于夏季哺乳母猪饲养管理显得尤为重要。

产仔当天不喂或少喂饲料，补给麸皮食盐水或麸皮电解质水，以后逐渐增加给料量（每餐增加 0.5 kg 左右），1 周内使采食量增加到最高水平，随后自由采食，每日饲喂 3 次，尽可能提高哺乳母猪采食量。如果母猪产后食欲缺乏，可用 3～4 两食醋拌 1 个生蛋提味，能在短期提高母猪食欲。第六天后，产仔数在 10 头以上的母猪能吃多少给多少，还要按顿饲喂。产仔后 1～3 天喂稀料，5～7 天改为湿拌料（一般在料槽中加入干料，放入 2 倍的水），每日喂量分为 4～5 次；日喂量也可按母猪维持量 1.8 kg 加上每头仔猪 0.4 kg 投料；泌乳期间充足的饮水是保障奶水的关键。哺乳母猪饮水器水流量 2～3 L/min 较适宜。也可以在饲料中拌喂部分豆浆汁、南瓜、甜菜、胡萝卜等催乳饲料。

根据冬夏季特点建议日饲喂次数：夏季：建议日喂 4 次（早 5 时，上午 10 时，下午 5 时，晚上 10 时）；冬季：建议日喂 3 次（早 8 时，中午 11 时，下午 4 时）。

2. 保障饲料效果管理要点

（1）调控好猪舍内温度（21～24 °C）、湿度（50%～60%），适当加大通风量（换气装置）来提高母猪食欲、采食量。夏季要降温防暑，冬季要防贼风、防寒、防潮、保温。通风良好，无刺鼻氨气味。

（2）增加哺乳母猪每次的饲喂时间，尽量达到自由采食的状态，直至母猪不再吃并且卧下为止来提高采食量。

（3）根据营养浓缩原理，哺乳料中尽量减少麸皮的添加，一般不超过 10%。尽量不要在哺乳料中添加任何抗生素，添加抗生素会影响母猪的适口性及食欲。特定条件下，尽量缩短加药时间。

（4）每次饲喂新鲜的饲料，清除料槽中上一顿剩下的发霉变质饲料，提高食欲和采食量。尤其夏季，更需注意。

（5）有条件可多晒太阳，保证母仔健康，促进乳汁分泌。为防止疫病的爆发，经常对猪场进行消毒。

（6）注意观察产后是否发生乳房坚硬、便秘、恶露不尽、高烧、缺乳和乳房炎等疾病，如果有要及时治疗。

（五）母猪空怀期饲料应用

1. 投料方案

断奶后3天适当减少饲料喂量，断奶时母猪不停料、不断水，4～7天逐渐加料，空怀期间一直饲喂哺乳料，不能在断奶后立即换料，基于优饲催情，可以使母猪快速进入下个发情期，也可以增加排卵数量，增加产仔数。初产母猪2.5～3 kg，二胎以上掉膘不多的母猪2～2.3 kg，掉膘多的母猪 2.3～2.5 kg，体况膘情正常的母猪 2 kg，配种后立即减料到维持水平1.8 kg，并由哺乳料改换为妊娠母猪料。

2. 保障饲料效果管理要点

断奶后，将体况相似的母猪（4～5头）群养，注意不能将体况较差的与体况较好的混养，否则体况差的将会更差，影响母猪发情。经常用成年猪查情，诱情；防止母猪之间的争斗，防止母猪受伤；保证圈舍的干燥，通风采光良好。

任务二　蛋鸡和肉用仔鸡饲料的应用

一、蛋鸡饲料的应用

蛋鸡根据不同的生长阶段可分为育雏期（0～6周龄）、育成期（7～18周龄）和产蛋期（19～72周龄），而育成期又分为育成前期（7～12周龄）和育成后期（13～18周龄）；产蛋期又分为产蛋前期（19～25周龄）、产蛋高峰期（26～48周龄）、产蛋后期（49～72周龄）。

（一）育雏期蛋鸡饲料应用

育雏期是蛋鸡生产中的关键阶段。5 周龄雏鸡的体重对以后生产性能有着至关重要的影响，体重相对较大的雏鸡在性成熟时间、性成熟后的产蛋性能、成活率和饲料效率都优于体重偏小的雏鸡。育雏期鸡群均匀度也影响整个鸡群的生产性能。

1. 投料方案

（1）雏鸡开食及饲喂。雏鸡第一次喂食称为开食。鸡群进入育雏室24 h或有1/3雏鸡有寻食表现时就可开食。开食料以小米、碎玉米粒或全价配合饲料浸泡软化后饲喂。开始应少喂勤添，以半小时吃完为宜。饲喂次数，1～2周每天喂5～6次，3～4周每天喂4～5次，5周以后每天喂3～4次。自然光照时每天3次，饲喂要定时定量。前两周直接撒到垫纸上饲喂，一周之后逐渐更换为料槽或料桶。育雏阶段雏鸡的采食量见表6-1。

表 6-1 育雏阶段雏鸡采食量

体重范围 /g	每只每日给料 /g	体重范围/g	每只每日给料/g
50 ~ 70	10 ~ 11	22 ~ 280	29
80 ~ 100	11 ~ 12	250 ~ 310	35
100 ~ 140	16	290 ~ 350	38
130 ~ 150	19	360 ~ 440	40
160 ~ 200	24	350 ~ 430	41
180 ~ 220	29	470 ~ 570	45

（2）雏鸡饮水。初生雏鸡接入育雏室后，第一次饮水称为初饮。雏鸡在高温的育雏条件下，很容易造成脱水，因此初饮应在接入育雏室后尽早进行。初饮应该在开食前进行，对于无饮水行为的雏鸡应将其喙部浸入饮水器内，以引导饮水。初饮用水最好是凉开水，水温在 25 °C 左右。为刺激饮欲，可在水中加入葡萄糖或蔗糖、电解多维和口服补液盐等，有利于调节体液平衡，抗应激。要求饮水质量要好，最好前几天使用凉开水，以后可换用深井水或自来水。前几天可以用饮水桶饮水，以后可改用乳头式饮水器饮水，但注意饮水器的高度和乳头的出水情况。育雏阶段雏鸡饮水量参考标准见表 6-2。

表 6-2 雏鸡饮水量参考标准（mL/d·只）

周龄	1	2	3	4	5	6
饮水量	12 ~ 25	25 ~ 40	40 ~ 50	45 ~ 60	55 ~ 70	65 ~ 80

2. 提高饲料效果管理要点

（1）合适的温度。温度是首要条件，也是育雏成败的关键。初生雏鸡体温较低，只有 39 °C，10 日龄才达到成年体温，21 日龄左右体温调节机能才达到完善。因此在育雏期尤其是前期给雏鸡提供外源温度至关重要。温度过高或过低都不利，严防温度忽高忽低，保持温度相对稳定性。育雏室温度为前 3 天 33 °C ~ 35 °C，以后每 3 天降 1 °C 直至育雏结束，使其适应自然环境。温度是否适宜，一是看温度计，二是看雏鸡行为表现。温度高雏鸡远离热源，翅和嘴张开，呼吸加快；温度低雏鸡聚集一起，且都尽量靠近热源；温度正常时雏鸡活泼好动，吃食、饮水正常，在育雏笼内分布均匀，晚上雏鸡安静休息。适温原则：夜间比白天高 2 °C，阴天比晴天高 1 ~ 2 °C，防疫特别是注射疫苗时比防疫前高 2 °C，发病时比无病时高 2 °C。

（2）湿度控制。雏鸡从孵化室到达育雏室这个过程需要一定时间，雏鸡体内水分随着呼吸而大量散发，此时体内剩余蛋黄吸收不良，羽毛生长又慢，因此，前 10 日育雏室湿度格外重要，湿度为 70%，需人工加湿，特别是离热源较近的地方。10 日龄之后随着雏鸡体重增加，呼吸量、排粪量加大，育雏室很容易潮湿，为防止球虫病不再人工加湿，相对湿度控制为 55% ~ 60%。

（3）通风换气。在重视保温的过程中切不可忽视育雏室的通风换气。雏鸡体重小但生长发育快，代谢旺盛，需大量的氧气，同时鸡群密集，由于呼吸及粪便和潮湿垫料发出大量的二氧化碳和硫化氢气体使空气污染。10 日龄后雏鸡逐步开始换第一次羽。如果这些污染物不能及时排出，极易引起雏鸡发病，因此随着雏鸡日龄增加，通风换气尤为重要。可以3日龄之后逐渐加大通风量，前期逐渐打开门窗，后期在保湿情况下逐渐打开门窗。把握原则是前期换气时间短、次数多，阴雨天或防疫后先把室温升高2 °C再通风换气，注意防止贼风侵袭。

（4）饲养密度。合理的饲养密度是保证鸡群健康生长发育良好的重要条件，与鸡群整齐度直接相关，一般情况1周内60只/m^2，2～3周40只/m^2，4～5周30只/m^2，6周至脱温时间，其调整密度应与防疫、断喙相结合，即每周防疫时及时调整密度，逐渐把雏鸡往下面空余笼位移。不同育雏方式雏鸡的适宜密度可参照表6-3。

表6-3 不同育雏方式雏鸡的适宜密度（只/平方米）

	第1周	第2周	第3～4周	第5～6周
立体笼养	50～60	40～45	30～35	25～30
网上平养	35～40	30～35	26～30	20～23
地面平养	30～35	25～30	22～25	17～20

（5）光照。实践充分证明了光照对鸡的活动、采食、饮水、繁殖的重要影响。为促进雏鸡采食和生产，一般采用人工补充光照，雏鸡1～2日给予24 h光照，3～7日23 h，以后每3天减少1 h直至育雏结束，自然光照。关灯以夜间零点开始，逐渐向前向后移。

（6）断喙。断喙一般在7～10日龄进行，断喙长度应切去上喙1/2，下喙1/3。为防止应激和出血，在断喙前两天可在饲料中添加多种维生素。断喙之后，在水中加入抗生素。同时料槽中的饲料应有一定的厚度，防止喙出血。断喙之后应及时观察鸡群，发现出血及时止血。

（二）育成蛋鸡饲料应用

育雏期6～8周龄至17～18周龄为育成期。育雏结束后，机体各系统器官的机能如体温调节、消化等基本健全。雏鸡开始脱温，采食量增加，骨骼和肌肉的生长处于旺盛时期，机体本身对钙质沉淀、积累能力有所提高，母鸡12周龄以后性器官的发育尤为迅速，对环境条件和饲养条件非常敏感，因此保证鸡的骨骼和肌肉系统的充分发育，严格控制性器官过早或过晚的发育，有利于提高开产后的产蛋性能。同时要保证16或17周龄时鸡群至少有80%以上的鸡体重在平均标准体重的±10%范围之内。

1. 投料方案

（1）换料方式。当育雏期向育成前期，育成期向育成后期的过渡时期需要换料时，应遵循的原则是根据体重达标情况的一致性及发育情况而定，而不应机械地根据日龄去换料，而且换料应循序渐进，逐渐过渡，以减少换料应激对鸡体发育的影响。换料可以按以下程序进行：前2天用2/3的育雏料和1/3的育成料混合饲喂，第3～4天各用1/2的混合料，第5～6天用1/3的育雏料与2/3的育成料混合饲喂，以后全部饲喂育成期饲料。

（2）营养控制。对蛋鸡生长发育特点的研究表明：蛋鸡育成前期（0～8周龄）体重增长的决定性因素是日粮粗蛋白质水平，育成后期日粮能量水平对体重的影响较大，并且能量比蛋白水平对蛋鸡开产体重影响更大。为了保证机体良好的生长发育，20周龄前蛋鸡能量的摄入量应保证在21 Mcal/d以上，要求日粮能量水平保持在11.50～12.33 MJ/kg，蛋白摄入量应达到16%～14%。

无论是体重偏小或超重都不应急于求成，在短期内使鸡体重迅速达标应当注意循序渐进原则，偏小时在短期内使体重达标（尤其是后期）极易造成小而肥的个体，从而影响生长性能，偏重时通过减料来使体重迅速达标，会使增长停止或负增长，这都将影响组织器官的正常发育，尤其是后期即使是超重也应保持一定程度的增长速度，有利于生殖器官的发育。

2. 提高饲料效果的管理要点

（1）光照控制。光照时间的长短和强度对育成蛋鸡性成熟至关重要，过早延长光照，会导致蛋鸡早熟、过早开产，然而还未达到体成熟，影响以后生产能力；光照时间过短，尤其是育成后期，会延迟蛋鸡性成熟，继而延迟开产时间。因此育成期应给予适宜的光照时间与光照强度。对蛋鸡来讲，一般从12周龄起对光照的刺激敏感。育成期的光照原则是：光照时间宜采用渐减或恒定，而不宜延长，光照强度宜弱。一般5～6周龄或17周龄，若为密闭式鸡舍，每天光照10～12 h，强度一般不要改变，以5～10勒克斯能满足鸡采食、饮水和工作人员操作需要即可；若为开放式鸡舍，以15～17周龄自然光照最长的日照时间为固定光照时间，在育成后期或开产前期，当体重达到标准时，开始增加光照时间以刺激产蛋。当性成熟较体成熟快、体重未达到标准，须马上更换蛋鸡料，换料1～2周后开始光照刺激，当性成熟较体成熟慢且达到标准体重后，应进行光照刺激。

（2）温度控制。育成鸡最适宜的温度为15～28 °C。应该注意的是：育雏结束后的脱温过程要防止舍温骤降，因为日温差过大或温度变化过快都会影响鸡群的健康。所以，在日常生产中应随着外界气温的变化随时调节舍温，将舍内温差控制在10～30 °C。

（3）湿度控制：在蛋鸡育成期很少会出现舍内湿度偏低的问题，常见的问题是湿度过高，因此需要通过合理通风、减少供水系统漏水、使用乳头式饮水器等措施降低湿度。

（4）通风换气。其主要目的是排除舍内有害气体和调节舍温。鸡对氨气、硫化氢等有害气体相当敏感，有害气体的含量不能超标。在一般条件下，以进入鸡舍无明显的嗅觉不适为基本标准，通风时要做到气流能均匀通过全舍，尽量减少舍内气流死角的存在，还应避免贼风入侵。另外，根据天气变化，随时调节进风口的方位和大小，使进入舍内的气流自上而下，不可直接吹到鸡体上。

（5）分群饲养。雏鸡在第一周结合断喙或免疫，通过手感进行第一次分群，在鸡群转入育成舍时最好分成大、中、小三个群体，以后再采取不同的饲喂方式分群饲养。体重大的鸡要按标准给料，体重小的鸡要采取措施刺激其采食，让其尽快生长，使之逐渐趋于标准体重。

（6）饲养密度。随着鸡只日龄的增加，饲养空间越来越紧张，密度大则鸡群混乱，个体竞争激烈，环境恶化，空气污浊，如果饮水、采食器具不足，极易导致部分鸡只体重下降，发育不良，均匀度迅速下降，严重的甚至引起啄肛、啄羽等现象发生。密度较小，则饲养成本提高，造成浪费。一般饲养密度为笼养15～16只/平方米，网养10～12只/平方米。

（7）适时转群。转群对于育成鸡是不可避免的，鸡群将产生应激。因转群后给料、饮水器具一般都要发生改变，再加上惊吓，鸡群几天之后才能适应，这样鸡群采食量降低，就会导致体重、体质下降，性成熟推迟。在生产实践中要密切注意，尽量减少应激。如在转群前后3天应喂给维生素C、电解多维等抗应激药物；停料后6～8 h再进行转群；转群当天给予

24 h 光照，使鸡尽快熟悉新环境；当鸡群免疫、更换饲料、疾病发生等时应推迟转群，避免造成更大应激；转群后密切观察鸡群的情况。

（8）疫病防治。

① 免疫接种。蛋鸡育成期尤应按免疫程序及时接种。要选择质量过关的疫苗，选用正确的接种方法，免疫接种时应同时注意减少应激反应，接种后注意观察鸡群情况，加强日常管理，有条件的鸡场可以在免疫后 7～14 天检测血清抗体滴度，确保免疫接种的效果。

② 日常消毒。消毒工作应贯穿于整个育成期。包括环境消毒（每周 1 次）、舍内带鸡消毒（每周 2 次）、饮水消毒（每周 2 次）、用具设备消毒等全方位消毒，发病期间更要增加消毒次数。同时注意选用腐蚀性小、消毒效果好的消毒药，并经常更换消毒药的种类。

③ 疾病防治。在日常管理中要每天认真观察鸡群，发现病弱鸡及时隔离，并尽快查找病因，进行确诊，以决定是否进行全群治疗，尽量防止疾病在鸡群中蔓延。选用药物时，要用敏感、高效、低毒、经济的药物，不能盲目投药，应充分考虑用药方法和疗程，确保治疗有效。

（三）产蛋期蛋鸡饲料应用

蛋鸡产蛋期这段时间是青年母鸡从生长期向产蛋期过渡的重要时期，不仅体重仍在增长，生理上也发生着急剧变化。这个时期的饲喂方式与管理水平是否符合鸡的生长发育和产蛋要求，对整个产蛋期的产蛋量影响极大。

1. 投料、饮水方案

（1）饲料选用。为适应鸡体重的增加、生殖系统的发育和对钙的需要，从 110～120 日龄开始过渡给予产蛋初期料。营养标准：代谢能 11.50～11.70MJ/kg，粗蛋白 16%，钙 2.5%。当产蛋率达 30%时逐渐过渡成蛋鸡高产料。营养标准：代谢能 11.70 MJ/kg，粗蛋白 17%，钙 3.5%，同时在饲料中额外添加一倍多种维生素。饲料量可根据体重、产蛋率逐渐增加直到自由采食。

预产期蛋鸡一般每天饲喂 2～3 次，但饲喂量应适当控制，防止营养过高导致脱肛出现。产蛋鸡一般每天饲喂 3 次，分别是早、中、晚，这样既能刺激鸡的食欲，又能够使每次添加的饲料量不至于过多，有助于减少饲料的浪费。每次添加饲料时要尽量均匀，每隔 0.5～1 h 用小木片拨匀饲料。

（2）饮水量。笼养蛋鸡饮水供应方式为乳头式饮水器或水槽。饮水量是采食量的 2～3 倍，水质应符合国家饮用水卫生标准。供水系统和饮水必须定期清洗消毒，减少水的浪费。经常检查，防止水路不畅，导致蛋鸡饮水量不足，尤其是夏季，饮水量不足会严重影响蛋鸡的产蛋率，甚至威胁到蛋鸡的生命。

2. 提高饲料效果的管理要点

（1）温度控制。蛋鸡生产的适宜温度为 15～25 °C。温度低于 15 °C 饲料转化效率下降，低于 10 °C 不仅影响饲料效率，还影响产蛋率；高于 25 °C 蛋重降低，超过 30 °C 出现热应激和冬季冷应激。因此，在季节更替过程中，要注意蛋鸡的防寒防暑工作。

（2）湿度控制。产蛋鸡舍的相对湿度尽量控制在 60%左右，生产中主要是防止相对湿度偏高。

（3）通风换气。产蛋鸡舍要经常开窗，通风换气，减少氨气、硫化氢气体的含量，保持舍内良好的空气质量。空气质量可以通过工作人员的感官感受来衡量，应无明显的刺鼻、刺眼等不适感。

（4）控制光照。体重符合要求稍大于标准体重的鸡 16～17 周龄将光照增至 13 h，以后每周增加 30 min，直到光照时数达到 16 h 并保持恒定，而体重偏小的鸡群应在 18～20 周龄开始光照刺激，光照时数应逐渐增加，如果突然增加光照时间过长，易引起脱肛。光照强度要适当，开产前后，光照强度以 10lx 为宜。

（5）尽量减少应激。鸡性成熟后，这一时期要合理安排工作时间减少应激，保持工作程序稳定，更换饲料要有过渡期，免疫接种时间最好安排在晚上；要保持鸡舍及周围环境的安静，饲养人员应穿固定工作服，闲杂人员不得进入鸡舍；堵塞鼠洞，把门窗、通气孔用铁丝网封住，防止猪、犬、鸟、鼠进入鸡舍；严禁在鸡舍周围燃放烟花爆竹，防止噪声应激；产蛋期间不能断水、断料、断电，饲料全价稳定，原料不轻易变动；使用抗应激添加剂，开产前应激因素多，可在饲料中添加维生素 C、E、电解质等。

（6）加强防疫。当发现蛋壳颜色变浅，及时检测新城疫抗体，根据季节、疫情合理使用药物预防疾病，接种以饮水、喷雾方式为主，注射接种只适用于紧急接种，以减少应激刺激，防止产蛋量下降。

（7）经常巡视。注意观察鸡群、粪便和产蛋情况，喂料时观察鸡的采食情况、精神状态、是否伏卧在笼底等，及时淘汰病鸡、弱鸡、有腿病的鸡只等。

二、肉用仔鸡饲料的应用

肉鸡经济效益的好坏主要取决于肉鸡的遗传因素和饲养管理，遗传因素与生俱来，但饲养管理状况则可以进行人为调整以满足肉鸡生长发育的需要。肉鸡生长发育快、饲养周期短、养殖效益较好，但饲喂方式不合理、饲养管理不到位，均造成肉鸡的生产性能得不到充分发挥。

（一）投料与饮水方案

1. 换料方式

肉鸡饲养主要分为三个阶段，0～21 日龄为前期，22～35 日龄为中期，36 日龄～出栏为后期。也可分为两个阶段，4 周龄以前为前期，4 周龄以后为后期。各阶段之间饲料转变，应该逐步进行，设置 3～5 天的过渡期，换料过快会引起肉鸡腹泻，机体脱水，增加料肉比，甚至引发疾病。

2. 饲喂方式

肉鸡的开食时间一般掌握在 24～36 h，要求先饮水再开食。当有 60～70%的雏鸡随意走动，有啄食行为最为合适。开食料最好使用全价小颗粒饲料，既能保证营养全面，又便于小鸡啄食。1～3 日龄雏鸡可将饲料撒在开食盘或干净的报纸或塑料布上，少食多餐。饲喂量应控制在小鸡 30 min 左右能采食完，从每只鸡 0.5 g/次开始，逐渐增加。4 日龄开始逐步换用料桶饲喂，减少料盘饲喂量。7～8 日龄后完全用料桶饲喂。一般每 20～30 只鸡需要 1 个料桶，通常每天可添加 2～3 次。肉鸡饲喂原则是让其采食充足，摄入足够的料量。

3. 饮水

雏鸡进舍后 1～2 h 进行“初饮”。初饮水应为凉开水，水温控制在 20～35 °C。在饮水中添加 2.5%葡萄糖和 0.015%维生素 C 水，连续服用 3～4 天。初饮时可将雏鸡抓住，将每只鸡的喙放入水中 3～4 次，只要部分鸡学会饮水，其余鸡就会跟着学会。可使用真空饮水器，也可使用乳头式乳水器，雏鸡进舍前要调节好水压，保证每个乳头上有水珠出现，以便吸引雏鸡。经常调节乳头高度，以鸡微微抬头饮水为最佳。

（二）保障饲用效果的管理要点

1. 温度控制

育雏前期的温度不足，会影响肉鸡正常的生理活动，表现为行动迟缓，食欲缺乏，卵黄吸收不良，易引起消化道疾病，增加死亡率，严重时大量雏鸡会挤压窒息致死；温度过高也会影响肉鸡正常代谢，表现为采食量减少，饮水增加，生长减缓。中后期环境温度过低，会降低饲料的利用率。可通过观察雏鸡表现来判断温度是否适宜，若冷则雏鸡打堆，身体不展；若热则张口呼吸的鸡只较多，一般 1～2 日龄 33～35 °C，以后每 2 天降 1 °C，直至降到 20～24 °C 为止。白天与夜晚温差保持在 2～3 °C 为宜。

2. 湿度控制

肉鸡饲养的前 1～2 周应保持较高的相对湿度，特别是育雏的头 3 天，因为雏鸡在运至肉鸡舍之前体内可能失去了很多水分，环境干燥很容易引起雏鸡脱水。试验表明第一周保持舍内较高的湿度能使一周内死亡率减少一半。前期过于干燥，雏鸡饮水过多，也会影响鸡正常的消化吸收。一般育雏前期湿度保持在 65%～70%为宜。若舍内太干可以人为加湿，如在火炉上放水盆，过道泼洒消毒水，舍内搭湿麻袋，喷雾等。后期湿度过大对肉鸡生长发育不利，应控制在 55%～65%，但不能低于 45%。肉仔鸡各周龄对温度、湿度的要求见表 6-4。

表 6-4　肉仔鸡对温度、湿度的要求

日或周龄	1～3 天	4～7 天	第 2 周	第 3 周	第 4 周	第 5 周以后
活动区温度/ °C	33～35	31～33	28～31	25～27	22～24	20～24
室温/ °C	25～28	24～27	22～25	20～24	20	20
相对湿度/ °C	65～75	60～70	60	60	60	60

3. 光照控制

在肉仔鸡饲养中，光照间接影响其日增重、饲料效率和腿病发生率，因此需要不断调整光照强度与光照时间。幼雏视力弱，为了让雏鸡很快适应环境，尽快学会饮水采食，应给予较强的光照强度（第一周用 60 W 灯泡），但光照过强可能会诱发雏鸡啄癖，且增加雏鸡的运动量，降低饲料转化率，所以在 1 周后可将鸡舍内灯泡逐渐换成 15 ~ 25 W 的灯泡，后期还可以减少几个灯泡。表 6-5 为参考光照，可根据鸡群的生长状况适当调整。

表 6-5　日龄与光照强度的关系

日龄/d	光照时间/h	日龄/d	光照时间/h
1 ~ 2	24	13 ~ 18	18
3 ~ 6	23	19 ~ 22	20
7 ~ 9	22	23 ~ 33	22
10 ~ 12	20	33 ~ 出栏	24

4. 通风换气

通风换气是指加强鸡舍通风，排除舍内污浊气体，引入外界的新鲜空气，并借此调节舍内的温度和湿度。鸡舍内空气新鲜和适当流通是养好肉用仔鸡的重要条件，足够的氧气可使肉用仔鸡维持正常的新陈代谢，保持健康，发挥出最佳生产性能。进行通风换气时要避免贼风，可根据不同的地理位置、不同的鸡舍结构、不同的季节、不同的鸡龄、不同的体重，选择不同的空气流速。

商品肉鸡 20 d 以内属育雏阶段，应以保温为主，温度高时可向空棚内通风，适当使用天窗和地窗调节空气。20 ~ 30 d 是商品肉鸡由育雏向育成的过渡阶段，要适当通风，但是不宜通风过大，使鸡受凉。

5. 饲养密度

适宜的饲养密度可以提高鸡群的整齐度、减少疾病的发生。饲养密度过大、鸡只拥挤、舍内空气质量差、鸡粪较湿；氨味大、鸡群易患呼吸道病、大肠杆菌病、球虫病和异食癖病。饲养密度过小、鸡舍利用率低、不经济。因此，饲养密度要适宜，应保证每只鸡都能同时采食。每平方米的适宜饲养密度为：小鸡阶段 40 ~ 60 只，中鸡阶段 15 ~ 20 只，大鸡阶段 8 ~ 10 只。不同饲养方式的饲养密度见表 6-6。

表 6-6　肉仔鸡各周龄饲养密度

周　龄	1	2	3	4	5	6	7
周末均重/g	165	405	730	1 130	1 585	2 075	2 570
地面垫料平养/只・平方米	30	28	25	20	16	12	9
网上平养/只・平方米	40	35	30	25	20	16	11

6. 分群管理

公母分开饲养、强弱分养均可有效提高鸡群的均匀度、合格率和成活率。肉鸡每一周结束都要根据生长情况，进行强弱分群，挑选出其中的弱鸡。对弱小群体加强饲养管理，提高其成活率和上市体重。

7. 消毒免疫

带鸡消毒要选择刺激性小、高效低毒的消毒剂，如 0.02%百毒杀、0.2%抗毒毒威、0.1%新洁尔灭、0.3%～0.6%毒菌净、0.3%～0.5%过氧乙酸或 0.2%～0.3%次氯酸钠等。消毒前应提高舍内温度 2～3 °C，中午进行最好，以防止水分蒸发引起鸡受凉。消毒药液的温度也要高于鸡舍温度，且在 40 °C 以下。喷雾量按每立方米空间 15 mL。1～2 日龄鸡群每 3 天消毒 1 次，21～40 日龄隔天消毒 1 次，以后每天消毒 1 次。注意喷雾喷头与鸡头要有 60～80 cm 的距离，避免吸入呼吸道，接种疫苗前后 3 天停止消毒，以免杀死疫苗。

做好免疫工作是养鸡成败的关键。应根据鸡场的具体情况、当地的疫病流行情况、季节变化等因素灵活地、有针对地制定免疫程序，肉鸡免疫程序见表 6-7。点眼、滴鼻时，要确保疫苗吸入鼻腔和眼内后再放鸡；在饮水免疫时，夏天要先停水 2～3 h，冬天停水 3～4 h，要采用地下水、井水或不含氯自来水将疫苗稀释，最好加入 2%的脱脂奶粉或免疫增效剂，并禁用金属水槽。疫苗以在 90 min 内饮完为宜；尽量避免使用强毒疫苗，应选择弱毒或中等毒力的疫苗或克隆苗，冻干苗便于保存且使用效果较好；注射新城疫 I 系疫苗时鸡的应激反应很大，容易引发呼吸道病，最好在接种疫苗前后 1 d 分别在饮水中添加维生素、免疫增效剂和抗生素，以提高鸡的抗应激能力。

表 6-7 肉鸡免疫程序

日 龄	疫苗种类	剂量（头份/羽）	免疫方法
1	新+支+肾三联苗	1～1.5	滴鼻、点眼
1～3	新城疫油苗	1	颈部皮下注射
8	新+支二联苗	2	饮水
10	禽流感油苗	1	皮下注射
12	法氏囊苗	2	饮水
21	新城疫 IV 系	2	饮水
23	法氏囊苗	2	饮水
35	新城疫 IV 系	2	饮水

8. 观察鸡群的状况

早晨进入鸡舍首先注意的是鸡群的活动、叫声、休息是否正常，对刺激的反应是否灵敏，分布是否均匀，有无呆立、闭目无神、羽毛蓬乱、翅膀下垂、采食不积极的雏鸡。夜间当鸡群安静下来，听鸡群内是否有异常呼吸声，若听到有干咳声，则立即改善环境，消毒或投药。鸡粪的正常颜色为青灰色，表面有少量白色尿酸盐。若出现绿色粪便，可能是新城疫、马立克病、急性霍乱等；若出现血便，则可能是球虫病、肠毒综合征等；若出现白色水样下痢，则可能是感染法氏囊病。发现问题及时处理。

任务三　牛羊饲料的应用

一、奶牛饲料产品的应用

（一）犊牛饲料应用

犊牛饲料分为前期饲料和后期饲料两种，前期饲料又叫开食料，适用于 0 ~ 2 月龄，后期饲料适用于 3 ~ 6 月龄。

1. 投料方案

（1）哺食初乳。犊牛喂食初乳使犊牛获得母源抗体，使犊牛的健康和生命得到有力保障。也正因初乳的重要性，喂初乳时一定要抓好“时间关、质量关、数量关”。犊牛出生后 0 ~ 6 h 对初乳中的免疫球蛋白的吸收率最高，平均为 20%，随后逐渐下降。犊牛在出生后的 12 h 内必须吃够 6 kg 以上的初乳，最好在犊牛出生后 30 min 内灌服初乳 1.5 ~ 2.0 kg，出生后 6 h 和 12 h 分别再灌服 1.5 ~ 2.0 kg。初乳温度需保证在 38 ~ 40 °C，冷冻初乳需在 45 ~ 55 °C 水浴加热后才能饲喂，并使用专用的初乳喂服容器瓶饲喂初乳。初乳期，4 ~ 5 d，出生后 24 h 喂量为体重的 12% ~ 15%，每日饲喂 3 ~ 5 次。初乳过后转为常乳，每日喂量为体重的 8% ~ 10%，每日饲喂 2 次。常乳期的时间视犊牛的体重、饲料采食量、健康状况而定。

犊牛出生后如母亲死亡、患乳房炎或无乳，可以通过寄养吃初乳。若没有初乳的奶妈牛，可喂常乳，但必须在每千克奶中添加 VA 2 000 IU、土霉素或金霉素 60 mg，并在第一次喂奶时灌服 50 mL 液状石蜡或蓖麻油，也可以混于奶中，使胎粪排出。5 ~ 7 天后不加 VA，抗生素减半，直到 20 日龄左右，然后正常饲喂。

（2）犊牛开食料饲喂。从第四天开始进行犊牛开食训练，使胃肠道得到锻炼。开食料要求适口性好、易消化，可以刺激瘤胃迅速发育。蛋白质含量符合犊牛生长需求，原料质量好，富含寡聚糖和必需脂肪酸，有效改善胃肠道菌群，提高免疫力。添加丰富的专用维生素、微量元素、有机硒，减少发病率。

从 1 周龄开始，在牛栏的槽架内添入优质干草（如豆科青干草），任其自由咀嚼，练习采食饲料，以促进瘤网胃发育。在 20 日龄的时候开始补喂青绿多汁饲料如胡萝卜、甜菜等，以促进消化器官的发育。

（3）犊牛后期精饲料饲喂。小牛连续 3 d 开食料采食量达到 1.5 kg 及以上就可以断奶，当增加到 2 ~ 2.5 kg 时，将开食料转为普通精料，需要 3 ~ 5 d 过渡，可自由采食苜蓿干草。小牛断奶期间可能由于断奶应激，造成营养物质摄入量不足，最初几天体重有可能下降。部分小牛生病或体弱者可以延长哺乳期，延迟断奶。断奶后饲喂犊牛以颗粒料为主，根据每日的采食情况逐渐增加颗粒料的饲喂量，并且提供充足饮水。断奶初期，让小牛自由采食精饲料，当精饲料采食量达 2.5 kg/d 时，控制精饲料的采食量，再饲喂粗饲料。

（4）饮水量。牛奶中的水分不能满足犊牛的正常需求，因此在犊牛出生后第二天开始给水，可用加有适量牛奶的 35 ~ 37 °C 温水诱其饮水。10 ~ 15 日龄后可直接饮温开水，饮水必须干净卫生，保证其饮温水，尤其在冬季，应保证水温在 30 °C 左右。

2. 保障饲料效果管理要点

（1）环境要求。犊牛出生后应及时放入已消毒并空放 3 周的保育栏内，18 ~ 22 °C 条件下单独饲养，低于 13 °C 时，会出现冷应激反应。15 日龄后转入犊牛舍犊牛栏中集中管理，平均每头面积为 1.4 ~ 1.8 m^2。犊牛舍定期用 2%烧碱水冲刷，勤换褥草。冬夏均要保持清洁干燥、空气新鲜。3 ~ 6 月龄犊牛舍内适宜温度为 10 ~ 24 °C，适宜相对湿度为 50% ~ 70%，炎夏应搞好防暑降温，严寒应搞好防寒保温工作，冬季舍内的气流速度不应超过 0.2 m/s。运动场面积不少于 8 ~ 10 m^2。犊牛断奶后进行小群饲养，将年龄和体重相近的牛分为一群，每群 10 ~ 15 头。保持犊牛的哺乳卫生，同时奶的喂量不宜过多，饲料品质要好。

（2）注意观察犊牛状态。每天两次观察犊牛的精神状态和粪便情况，及时处理有异常的犊牛。喂乳接近犊牛时，健康犊牛双耳前伸，抬头近接饲养员，双眼有神、呼吸有力、多动活泼；不健康的犊牛低头，双耳垂下，两眼无神，没有活力。犊牛正常粪便呈黄褐色，开始吃草后变干饼呈盘状。犊牛乳汁摄入量过高，粪便呈软，颜色变浅；饮水不足时，粪便变得黑硬；受凉时，粪便多气泡；患肠胃炎时粪便混有黏液。

（二）后备奶牛精料应用

1. 投料与饮水方案

（1）饲料选用。根据生长后备牛前期和后期的生理特点及培育目标的差异，可按 7 ~ 18 月龄和 19 ~ 30 月龄两阶段划分，不同阶段选用不同的饲料，以满足其生长需要与培育目标。

（2）后备牛前期饲喂。7 ~ 18 月龄后备牛属于青春期，高浓度营养会导致乳腺发育不良，过多的脂肪组织会替代乳腺组织，降低产奶量。此阶段的奶牛以青粗饲料为主，适当补饲精料，培育耐粗性和增进瘤胃容积。饲喂量从 3 kg 逐步增至 3.5 ~ 4 kg，青贮饲料由 10 ~ 15 kg 增至 15 ~ 20 kg，干草由 2 ~ 2.5 kg 增至 3 kg。使用优质粗饲料，若粗饲料品质不好，则提供能量充足和蛋白质含量高的精饲料，其蛋白质含量应为 17% ~ 18%。但不能提供过多的能量，以防奶牛乳腺发育不良，影响后续的生产能力。

（3）后备奶牛后期饲喂。此阶段又可根据月龄和妊娠情况细分为三个阶段，预产前期（19 月龄到预产 60 d）、预产中期（预产前 60 d 至产前 15 d）和预产后期（产前 15 d 至分娩）。预产前期应控制干物质量在 12 ~ 14 kg，以中等质量的粗饲料为主，饲喂精料 4 kg/d，日粮粗蛋白达 14%左右。根据母体情况和胎儿发育阶段随时调整日粮，不使牛过肥或过瘦；预产后期应从怀孕成年饲料逐渐过渡为泌乳牛饲料，干物质进食量控制在 12 ~ 14 kg，精料饲喂量 5 ~ 6 kg/d，适当补饲苜蓿等优质粗饲料。

（4）后备牛饮水。后备牛需水量较大，并不比泌乳牛需水量少，6 月龄时为 15 L/d/头，18 月龄时约 40 L/d/头，当然需水量会随气候的变化而变化，如夏天饮水量比冬天高。保证饮水的新鲜十分必要，粗饲料采食越多，水消耗量就越大，舍内水池和放牧场水池定期清洗，保证清洁卫生。注意饮水温度，防止妊娠牛冬季饮用冷水而导致流产。

2. 保障饲料效果管理要点

（1）环境要求。后备牛饲养圈舍应保持清洁、干燥，寒冷环境影响小牛发育，舍内温度不要低于 15 °C，也不能高于 35 °C，否则会造成热应激，也会影响小牛采食量，降低生长发育速度。圈舍内湿度不宜过大，尤其是在寒冷的季节，会进一步降低温度。牛舍应用垫草（切碎稻草或锯末粉）吸湿，要经常更换。在冬季防寒的同时更要注意通风换气，经常打扫圈舍，防止牛中毒。设置 15 m^2 的运动场，自由运动，分群散养。运动场内配备饮水器和遮阳棚，预防夏季高温辐射与长时间被雨淋，引起健康问题。

（2）分群饲养。7 ~ 18 月龄的后备牛，应按月龄、体重来进行分群饲养，一般分为 7 ~ 12 月龄群和 13 ~ 18 月龄群，群体大小要参照场地、牛舍而定，最好一个场地放养 20 ~ 30 头。群内体重和月龄相差越小，越有利于分群管理。要随时观察牛群变化情况，根据变化情况，及时调整牛群。前一群中体弱的牛可以向更小年龄群进行调动，以免弱牛因吃不到食而死亡；相反，过强的牛可以向大月龄群转移，平衡群体力量，12 月龄后逐渐稳定下来。分别在 12、15 和 18 月龄称重和测定体尺一次，监控生长速率，及时调整饲喂方法，体况评分保持在 3.25 ~ 3.75，控制并调整好体况。

（3）保证牛群健康。定期给后备牛修蹄和刷拭牛体。牛蹄生长速度较快，磨损面不均衡，所以从 10 月龄开始要修蹄一次，以后每年春、秋两季各一次。每天都要进行牛体刷拭，保持体表卫生。注意消灭蚊蝇，除了向牛体与环境喷洒药物外，每年早春（1 ~ 2 月）消灭虻蛹是很有必要的。刷拭牛体时，要注意水温，尤其是冬季，尽量用温水，严禁用自来水冲洗。

（三）奶牛泌乳期精饲料应用

根据奶牛产仔日龄和产奶量，可将泌乳期分为泌乳前期、中期和后期，相应的饲料也分为三类。要注意更换饲料。

1. 投料与饮水方案

（1）泌乳前期饲喂。这时期又可分为两个阶段，包括新产阶段（产犊当天到产后 2 ~ 3 周）和泌乳早期（产后 15 ~ 100 天）。

新产阶段日粮营养浓度保持在产前日粮和高峰期日粮之间，并保证变化不超过 10%，分娩后 1 ~ 3 d，饲喂精料 4 kg/d，硫酸钠 0 ~ 60 g/d，青贮饲料 10 ~ 15 kg/d，适当控制食盐摄入量，不得用凉水喂牛；分娩后 4 ~ 7 d，精料每日以 0.5 ~ 1 kg 的量增加，根据食欲状况，每日增加 0.5 ~ 1 kg 青贮饲料、干草及多汁饲料，严禁过早催乳。

奶牛泌乳盛期在整个泌乳期最为重要，其产奶量最多，占整个泌乳期奶产量的 50%左右。但是，奶牛的食欲较差，开始的干物质摄入量仅能占体重的 2.4%左右，而机体需要的干物质占体重的 3.54%。因此必须增加日粮中精料的比例到 60%左右，料奶比必须达到 1：2.5 ~ 3.0，这是针对乳脂率为 3.54%的奶牛而言，乳脂率低的料奶比还应大一些。在这个时期由于精料比重大，为了预防酸中毒及前胃疾病的发生，如前胃弛缓、瘤胃鼓气等，应在奶牛日粮中每日、每头牛加入碳酸氢钠 100 ~ 150 g 和氧化镁 50 ~ 60 g，调节瘤胃 pH 值的稳定，有利于促进瘤胃的正常机能。同时奶牛每日、每头钙的供给量应为 175 ~ 205 g，磷为 114 ~ 133 g 以维持机体钙、磷的需要及产奶，保证机体的钙代谢需要。在这个时期青饲玉米、青草及其他多汁料、渣糟类等由于水分大，奶牛采食量低，所以不可大量饲喂，否则会降低泌乳量。

（2）泌乳中期饲喂。奶牛产后 101 ~ 200 d 为泌乳中期，这个时期的饲养标准是延长泌乳高峰期，保证母牛较高的产奶量。产后 140 ~ 150 d 母牛进入泌乳相对稳定期，可维持 50 ~ 60 d，自产后 182 d 泌乳量开始逐渐下降，每月下降奶量约为上月奶量的 46%，高峰以后每日精料喂量就可按牛的体重和产奶量调整。体重消失过多的，可多喂一些精料。精料喂量每隔 10 d 可调整 1 次。泌乳中期是奶牛整个泌乳期食欲最旺盛最能吃的时期，干物质食入量可达体重的 3.5%左右，所以要利用这个时机让牛多吃，同时由于牛吃上饲料，可防止体重继续下降，使体重平稳之后产奶量逐渐上升。泌乳中期较泌乳早期易于饲养，代谢病也相对少了，能量由负平衡开始转向较为正平衡，奶牛胃口大大好转，保证了胎儿的营养需要和产奶量。

（3）泌乳后期饲喂。此期是指分娩后 201 d 至干奶期。在泌乳后期，母牛妊娠也到了后期，胎儿发育很快，母牛要消耗大量营养物质以供应胎儿的生长发育的需要。在这一阶段主要以恢复体况和保证胎儿发育为主，每天应有 0.5 ~ 0.75 kg 的日增重（不包括 1 ~ 2 胎牛），料给量为 6 ~ 7 kg（豆饼 20% ~ 25%，玉米 45% ~ 40%，麸皮 20% ~ 25%，矿物质 3%）。豆渣类，多汁类不超过 20 kg。青贮类不低于 20 kg，干草不低于 4 ~ 5 kg。钙、磷分别不低于 120 g 和 90 g。不得喂冰冻、发霉变质的饲料，以防流产。要注意防止牛体过肥，日增重以 0.5 ~ 0.7 kg 为宜，干奶时体况评分达 3.25 ~ 3.75 为宜。

（4）饮水。奶牛的生长发育，生活及产奶都需要大量的水。根据有关资料报道，日产奶 12 kg 需水约 50 kg；日产奶 40 kg 需水约 110 kg。同时奶牛需水量还受饲料的性质及气候条件等因素的影响。饲料中粗蛋白、矿物质及粗纤维食量高时，则需增加 22% ~ 100%的水。因此饲养奶牛必须饮足清洁的水，否则会影响奶牛的健康和产奶量。奶牛冬季饮水温度应保持在 5 ~ 8 °C 以上，每天饮水 3 ~ 4 次。夏季运动场应设饮水槽让奶牛自由饮足清洁的水。奶牛每日的饮水量高峰期在每日下午的 3 点和晚上的 9 点，占全日用水量的 40%以上，因此要保证奶牛在这两个时间点的饮水，炎热夏天尤其如此。

2. 保障饲料效果管理要点

（1）精细的管理。目前各奶牛场均采取 3 次上槽饲喂，3 次挤奶的方法。高产奶牛挤奶间隔必须保持在 6 ~ 8 h 之内。特别是产后和泌乳高峰期挤奶次数不可减少或延迟，否则会打乱排乳规律，影响产奶量，但到了妊娠后期，干奶之前，产奶量在 15 kg 以下的牛只亦可酌情改变挤奶次数；刷拭牛体是日常管理工作中的重要工作程序。刷拭不仅可清除牛体污垢，而且还可以促进血循环，提高牛的产量，保持皮毛光泽。刷拭牛体以干刷为主，一般都是应用毛刷，若后躯沾有牛粪，同时为了夏季防暑降温，可带水刷拭；每天必须坚持刷拭牛体 2 ~ 3 次，最好在挤奶前进行；运动对于维持牛体健康，增进食欲，促进产奶量和繁殖率的提高都是有益的。尤其是舍饲奶牛，每天要有适当的运动量。必须保证母牛每天有 2 ~ 3 h 的户外驱赶和逍遥运动；牛的饲槽要保持清洁、干燥，每次饲喂后，一定要把饲槽刷洗干净，否则饲槽中水分大，会增加牛舍内的湿度，同时饲料也易在饲槽中腐败分解，尤其天气炎热季节，牛会因此发生胃肠疾病。

（2）防寒防暑。一般来讲，奶牛“怕热不怕冷”，奶牛最适宜的环境温度为 8 ~ 16 °C。奶牛在高温环境下，一是散热困难，热平衡破坏时，脑内压升高，易患热射病；二是采食量减少，使能量和蛋白质等营养成分摄入量不足，同时高温增加散热的能量可消耗和促使蛋白质的分解。夏季应做好防暑降温工作，其主要措施是牛舍和运动场周围要植树遮阴，运动场内设凉棚供牛乘凉，减少日光辐射。改善牛场的小气候；牛舍要通风良好，有条件的可安装电风扇，以利牛体散热；当气温在 30 °C 左右时，每隔 30 ~ 40 min 用自来水给牛体和牛床喷水，进行降温，可提高炎热时的产奶量；天热时，要适当提高能量和蛋白质日粮水平，增加饲料的适口性，可采取凉水调成稀料，多喂青绿、多汁饲料，以减少产奶量下降。

冬天牛舍在保证通风良好的前提下，要防止穿堂风和贼风的侵袭。特别是高产奶牛、围产期母牛、犊牛要更重视防止风寒的侵袭。为了保持牛体的热量和消耗，冬季不要给奶牛饮冰冷的水，坚持饮 8 °C 以上的温水。同时根据牛的休息特点，喜卧下休息反刍的习惯，牛床应铺上干燥、柔软、清洁的垫草供奶牛休息，以防体热的消耗，增强牛体的抗寒能力。

（3）定期严格执行兽医卫生防病制度。一是对牛群定期注射免疫疫苗，同时做好疫苗的补注工作，增加免疫密度，使疫情得到严格的控制。二是定期驱虫，尤其是在秋后放牧转为舍饲时驱虫更为重要，一般每年春秋两季各进行一次驱虫，通常结合转群、转饲或转场实施。

（四）干奶牛精饲料应用

干奶期也可分为两个阶段，分别是干奶前期（干奶至产前 21 d）和干奶后期（产前 21 天到产犊当天）。

1. 投料与饮水方案

干奶期可给奶牛肌肉注射维生素 A 和 D 以防其缺乏症。如果不采取肌肉注射的方式，就要在日粮中添加。如果胎衣不下的比例高于 10%，应考虑注射维生素 E 和硒元素。研究表明，日粮硒采食量较低的情况下，在产犊前 3 周注射 680 IU 的维生素 E 和 50 mg 的硒可减少胎衣不下的发生率。干奶前期乳腺组织逐渐恢复，奶牛自身体重也不断增加。奶牛饲料的干物质摄入量宜占体重的 1.8% ~ 2.5%，精料和粗料比为 30∶70；每头每天饲喂青贮玉米 10 ~ 15 kg，精料 0.9 ~ 3.2 kg，优质干草 3 ~ 5 kg，禁止使用苜蓿、花生藤等阳离子高的豆科粗料，糟渣类、多汁饲料不超过 3 kg。

预产前 21 d 到分娩期的干奶牛应该分开照顾，特殊待遇，最好在奶牛容易看到的地方铺一些干草。这段时间，应使奶牛逐渐适应从干奶期日粮到泌乳期日粮的过渡，因为瘤胃微生物需要一段时间以适应日粮的变化。如果泌乳牛日粮有青贮饲料，应在此阶段添加一些青贮饲料给奶牛。同样，如果泌乳奶牛日粮中包括过瘤胃脂肪，在这个时期也要添加一些过瘤胃脂肪。此时期应逐渐增加精料的饲喂量至每 100 kg 体重 0.5 kg 精料左右。精料可单独补加，也可和其他饲料混合在一起饲喂。此期应限制奶牛食盐的摄入量。限制钠和钾的采食量可有效防止乳房水肿。还应避免摄入过多的钙。维持钙：磷比例在 1.0 ~ 1.5∶1 左右。奶牛过肥会导致酮病的发生，因此，可在产犊前 2 ~ 3 周每头牛每天补加 6 ~ 12 g 烟酸，直至产犊为止。

保证饮水温度和饮水质量，不要给奶牛喝过冷的水，冬季饮水温度不宜低于 12 °C。

2. 保障饲料效果管理要点

（1）环境要求。因为泥土和粪便中含有大量大肠杆菌和其他致乳房炎细菌，所以干奶期为奶牛提供干净的环境对控制和预防乳房炎很重要。牛场要注意排水，不要有泥坑、沼泽等。夏季要为干奶牛提供足够的遮阴场所，避免扎堆。保持牛舍内空气新鲜、安静、清洁干燥，保证牛能自由运动与躺卧，勤换垫草，防止躺卧在污泥和粪尿上。注意清洁奶牛乳房，防止感染疾病。

（2）日常管理。驱虫可提高奶牛的产奶量，但一些驱虫剂在奶牛泌乳期间禁止使用，只能在干奶期使用，所以干奶期是治疗奶牛体内、外寄生虫的最佳时期。干奶期驱虫可避免产奶量的损失。同时干奶期对奶牛进行体外驱虫也很重要，比如虱子、癣菌等。干奶牛应加强运动，增强奶牛体质，同时尽量减少精料喂量。一旦出现乳房严重肿胀、乳房表面发红发亮、奶牛发烧、乳房发热等症状，要暂停干奶，将乳汁挤出。

（3）产房管理。奶牛进入产房前，要进行一次彻底的消毒。最好将火焰消毒和甲醛熏蒸消毒相结合，并且空舍 2 ~ 3 周。环境温度控制在 20 ~ 24 °C，相对湿度要控制在 45% ~ 70%，并且保持圈舍相对的安静。

二、肉牛饲料的应用

随着人们生活水平的提高，牛肉在中国作为高档肉食品，已经呈现供不应求的态势。肉牛养殖规模也在不断提高，养殖场数量也逐年增加。肉牛养殖主要分四个阶段：犊牛、生长牛、肥育牛以及母牛，相应的饲料也主要分为四种。

（一）犊牛饲料应用

犊牛饲料分为开食料和肥育饲料，分别适用于 7 ~ 90 日龄犊牛培育和犊牛肥育期。

1. 投料方案

一般是在母牛分娩后，犊牛直接哺食母乳，同时进行必要的补饲。一般在生后至 3 个月以前，母牛泌乳量可满足犊牛生长发育的营养需要。当犊牛哺乳频繁地顶撞母牛乳房，而吞咽次数不多，说明母牛奶量低，犊牛不够吃，应加大精饲料补饲量。为促进犊牛瘤胃的发育和补充犊牛所需的养分，提早喂给青、精饲料、青绿多汁饲料，如胡萝卜、甜菜等，犊牛 20 日龄时开始补喂，以促进消化器官的发育。每天先喂 20 g，至 2 月龄时可增加到 1.0 ~ 1.5 kg，3 月龄为 2 ~ 3 kg。从 2 周龄开始，在牛栏的草架内添入优质干草，训练犊牛自由采食，以促进瘤网胃发育。青贮料可在 2 月龄开始饲喂，每天 100 ~ 150 g，3 月龄时 1.5 ~ 2.0 kg，4 ~ 6 月龄时 4 ~ 5 kg。

生后 30 天开始训练犊牛采食精料，初喂时可将少许牛奶洒在精料上，或与调味品一起做成粥状，涂擦在犊牛口鼻，诱其舔食。开始日喂干粉料 10 ~ 20 g，到 1 月龄时，每天可采食 150 ~ 300 g；2 月龄时可采食到 500 ~ 700 g；3 月龄时可采食到 750 ~ 1 000 g。一般犊牛哺乳期以 5 ~ 6 月龄为宜。不留作后备牛的牛犊，可实行 4 月龄断奶或早期断奶，但必须加强营养。断奶应采用循序渐进的方法，日采食固体料达 2 kg 左右，且能有效地反刍时，便可断奶。预定断奶前 15 天，要开始逐渐增加犊牛的精、粗饲料喂量，减少牛奶喂量。

犊牛断奶后进行越冬舍饲，到第 2 年春季结合放牧适当补饲精料，这种育肥方式精料用量少，每增重 1 kg 约消耗精料 2 kg。但日增重较低，平均日增重在 1 kg 以内。15 个月龄体重为 300 ~ 350 kg，8 个月龄体重为 400 ~ 450 kg。

2. 保障饲料效果管理要点

肉用犊牛培育管理与奶牛犊基本相同。犊牛的管理应做到饲料净、畜体净和工具净。饲料净是指牛饲料不能有发霉变质和冻结冰块现象，不能含有铁丝、铁钉、牛毛、粪便等杂质。

畜体净就是保证犊牛不被污泥浊水和粪便污染，减少疾病发生。坚持每天 1 ~ 2 次刷拭牛体，促进牛体健康和皮肤发育，减少体内外寄生虫病。工具净是指喂奶和喂料工具要讲究卫生。冬季每月至少进行 1 次消毒，夏季每 10 天一次，用苛性钠、石灰水对地面、墙壁、栏杆、饲槽、草架进行全面彻底消毒。

（二）生长牛精料应用

1. 投料方案

生长牛精料适用于肉牛吊架子阶段。肉牛在强度育肥之前限制精料喂量而多喂粗料，俗称吊架子。其原理是生长发育过程中的某一阶段，因饲料营养不足，摄入的营养首先满足骨骼生长，没有过多的营养去满足肌肉沉积，造成生长发育受阻致使生长缓慢或停滞，之后营养水平适合或满足生长发育条件时，生长速度将在一段时间里得到超常发挥，以弥补之前的损失。一般来讲，此阶段肉牛的饲料营养供给不足，多采用限制饲喂量。但此间要求肉牛的日增重不得低于 400 g，6 月龄后限饲时间不得超过 150 天。为实现 4 月龄体重达 100 kg 以上，吊架子时间不得超过 200 d，日增重不低于 400 g 的生长目标，精料饲喂量可占体重的 0.5% ~ 1%，每日每头饲喂精料 1 ~ 2.5 kg，玉米青贮 10 ~ 15 kg，优质青草 2 ~ 3.5 kg。在吊架子期间一定要满足肉牛的饮水量。

2. 保障饲料效果的管理要点

（1）环境要求。牛的抗寒能力较强，但要消耗自身的热量，在此期间，牛本身能量摄入量就不能满足自身需要，因此要注意牛的防寒保暖，降低舍内湿度，保持牛床干燥、清洁。防止采食冰冻饲料，有条件可以饲喂温水和地下水。夏季注意降温防暑，以免热应激对牛生长产生影响。

（2）防疫保健。根据当地传染流行病流行情况，在进入快速育肥之前，注射炭疽、口蹄疫疫苗；对消瘦、减草慢食的架子牛进行健胃。人工盐口服剂量为 60 ~ 100 g；健胃散每日 1 次，每次 250 g，连服 2 天；酵母片每次 50 ~ 100 片；春秋两季要进行预防性驱虫，易感染的寄生虫主要有各种线虫、肝片形吸虫、绦虫、疥螨、硬蜱、牛皮蝇蛆等。可用伊维菌素或阿维菌素驱除牛体内线虫及体外虱、螨、蜱、蝇蛆等；阿苯达唑驱除牛体内线虫、蠕虫；灭绦灵驱除绦虫；硝氯酚片是驱除肝片形吸虫的特效药；林丹乳油或疥敌用来防治疥螨。

（三）肥育牛精料应用

1. 投料方案

肥育肉牛的饲料，要保证营养水平。肥育肉牛的饲粮必须营养全面、平衡，不仅要满足维持正常生命活动的需要，还要提供较多的营养以满足生长、增重的需要。一头体重 20 kg 的幼肉牛，维持需要 5.56 MJ 消化能，折成配合饲料约需 0.5 kg（含 12.56 MJ/kg），而每增重 1 kg 活重平均约需 1.3 ~ 2 kg 配合料。当肉牛的体重达到 40 ~ 60 kg 时，每增重 1 kg 约需 3.0 kg 配合料，说明肉牛的饲料粮应随体重的不同而变化。肉牛在幼龄时，饲料中的蛋白质水平应比体重大的肉牛高。

日粮中需增加玉米等能量饲料的比例。日粮：饲喂玉米 2.5 kg、棉籽饼 1 kg、酒糟适量，秸秆或饲草 3 ~ 5 kg，食盐 40 g、碳酸氢钠（小苏打）100 g、尿素 75 g、含硒生长素 20 g、多维 35 g。饲喂应定时定量，早 5：00 ~ 7：00、下午 16：00 ~ 18：00 各饲喂 1 次最佳，先喂饲草后喂酒糟，后将玉米粉与各种添加剂拌均匀喂饱为止。尿素及其他添加剂在下午喂给。

2. 保障饲料效果管理要点

（1）日常管理。选择责任心强，有一定饲养经验和文化水平，年富力强，善于学习的人来管理，并保持人员相对稳定，牛只管理要有规律，做到定人员、定槽位、定牛只、定饲料种类、定饲喂和饮水时间、定管理日程。保持环境安静，使牛只休息好，能充分反刍。饲料要清洁、防潮、防污染、不喂发霉变质饲料，要做到饲具洁净，定期消毒，圈舍清洁，地面干燥平坦，牛体干净，空气清新。观看牛只状况，一有异常，及时检查治疗。夏季要保持房内通风良好，空气流畅；冬季要增加保温，并用排气孔调节温度。定期测重，根据增重情况，调整日粮配方和饲喂量。

（2）限制运动。育肥牛体重达到 350 kg 以上要限制运动，目的是加快增重，减少能量消耗。每群 10 ~ 15 头为宜，每头牛占地面积 4 ~ 4.5 m^2。拴系缰绳长 40 ~ 60 cm，尽可能减少牛的活动范围，有利于牛的增重。

（3）防疫保健。驱虫健胃和健康检查，驱除体内外寄生虫，可选敌百虫、伊维菌素、虫克星（阿力佳）等药。敌百虫用量：口服 40 ~ 50 mg/kg 体重。虫克星，1 g/50 kg 体重，空腹投喂。在有肝片吸虫的地方可选用三氯苯咪唑、硝氯酚等药进行驱虫。健胃常用人工盐，用量 100 ~ 200 g/d；对牛只进行健康检查，将检出的病牛单独饲养，治愈后再育肥，并根据免疫程序对牛群及时进行预防免疫接种。

（4）圈舍清洁。入栏一批牛之前，要进行一次彻底清扫消毒工作。器械、用具、食槽等可用 3% ~ 5%的来苏儿消毒；地面墙壁可用 1% ~ 2%烧碱溶液或 10% ~ 20%石灰水消毒一遍；3% ~ 5%溴药水可用于牛舍排泄物消毒；牛场门口应设消毒池，过往车辆人员可用 2% ~ 5%的烧碱溶液进行消毒，每 3 ~ 4 天更换一次；新引进的牛可用 0.3%的过氧乙酸喷体消毒。

（四）母牛精料应用

1. 投料方案

（1）妊娠母牛饲喂。妊娠母牛按月龄和妊娠情况可细分为 18 ~ 20 月龄、21 月龄 ~ 预产前 60 d、预产前 60 d ~ 预产前 21 d 和预产前 21 d ~ 分娩四个阶段。18 月龄 ~ 20 月龄日粮以粗饲料为主，干物质采食量每日 11 ~ 12 kg，精料每日每头 2.5 kg，日粮蛋白水平 12%；21 月龄 ~ 预产前 60 d，精料采食量每日每头 2.5 ~ 3.0 kg，粗蛋白水平 12% ~ 13%；预产前 60 d ~ 预产前 21 d 日粮以中等质量粗饲料为主，干物质采食量 10 ~ 11 kg，精料采食量每日每头 3 kg，粗蛋白水平 14%，预产前 21 d ~ 分娩采用过渡期饲养方式，干物质采食量 10 ~ 11 kg，粗蛋白水平 14.5%。根据母牛健康状况和食欲逐步将每日每头精料采食量增至 6 kg 左右，并采取散放饲养、自由采食。

（2）哺乳母牛饲喂。母牛在哺乳期消耗的营养比妊娠后期多，每产 1 kg 含脂率 4%的奶，约相当于消耗 0.2 ~ 0.4 kg 配给饲料的营养物质。1 头大型肉用母牛在自然哺乳时，平均日产奶量为 6 ~ 7 kg，产后 2 ~ 3 个月达到泌乳高峰；本地黄牛产后平均日产奶 2 ~ 4 kg，泌乳高峰多在产后 1 个月，能量饲料的需要比妊娠干奶期高 50%，蛋白质、钙、磷的需要量加倍。为了保证母牛的产奶量，要特别注意泌乳早期（产后 70 d）的补饲。除补饲作物秸秆、青干草、青贮料和玉米等，每天补喂饼粕类蛋白质饲料 0.5 ~ 1.5 kg，同时加强矿物质及维生素补充，有利于母牛的产后发情与配种。

2. 保障饲料效果管理要点

（1）做好保胎工作。妊娠母牛饲养应与其他牛分开，单独组群饲养，提供足够大的空间，防止母牛之间的挤撞；不要鞭打怀孕母牛，以免母牛滑倒、猛跑、转急转等，造成流产；不让牛采食幼嫩豆科牧草，不能在有露水的草场上放牧，不能采食霉变饲料和饮用脏水。

（2）做好日常保健工作及提供舒适的环境。舍饲母牛温度要得到保障，尤其是冬季，要做好保温工作，夏季要做好降温工作，防止热应激导致滑胎等。同时要注意通风透气，以免母牛吸入过多有害气体，影响胎儿发育。舍饲母牛要加强刷拭和运动，每日活动 2 ~ 4 h，对头胎母牛还要进行乳房按摩。每年修蹄 1 次，保持肢蹄姿势正常。

（3）产期护理。产前一个月和产后 70 d 属于母牛围产期，此时是母牛最关键的时期，要特别注意。临产前 2 周转入产房，派专人护理。纯种肉牛难产率较高，尤其是初产母牛，必须做好助产工作。产前产后注意做好护理消毒工作，并及时对母牛后躯清洗消毒，更换污染的垫草；产后尽快让母牛站立，防止子宫外翻、感染；15 ~ 20 min 后，给母牛饮稀温汤 20 kg；产后 24 h 内给母牛注射破伤风抗毒素。母牛产后恶露没有排净之前，不可喂给过多精料，以免影响生殖器官的复原和产后发情。

三、羊饲料的应用

（一）种公羊精料应用

俗话说：母羊好，好一窝；公羊好，好一坡。种公羊管理的优劣直接影响养羊户（场）的经济效益。因此，应重视种公羊的饲养管理，做到合理饲养，科学管理。

1. 投料方案

（1）配种期饲喂。一是配种预备期（配种前 1 ~ 1.5 个月）：应增加精料量，按配种喂量的 60% ~ 70%给予，逐渐增加到配种期的精料给量。二是配种期：种公羊处于兴奋状态，经常心神不定，不安心采食，这个时期的管理要特别精心，要早起晚睡，少给勤添，多次饲喂。饲料品质要好，必要时可补给一些鱼粉、鸡蛋、羊奶，以补充配种时期大量的营养消耗。配种期每日饲料大致为：混合精料 1.2 ~ 1.4 kg，苜蓿干草或野干草 2 kg，胡萝卜 0.5 ~ 1.5 kg，食盐 15 ~ 20 g，骨粉 5 ~ 10 g，血粉或鱼粉 5 g，要分 2 ~ 3 次给。并且饮水 3 ~ 4 次。每日放牧或运动时间约 6 h。配好的精料要均匀地撒在食槽内，要经常观察种公羊食欲好坏，以便及时调整饲料。

（2）非配种期饲喂。非配种期就要加强饲养，加强运动，有条件时要进行放牧。在非配种期，除放牧外，冬季每日一般补给精料 0.5 kg、干草 3 kg、胡萝卜 0.5 kg、食盐 5 ~ 10 g、骨粉 5 g。夏季以放牧为主，适当补加精料，每日喂 3 ~ 4 次，饮水 1 ~ 2 次。

2. 保障饲料效果管理要点

（1）提供舒适的环境。种公羊圈舍应宽敞坚固，平均每只公羊要有 1.5 ~ 2 m^2 的空间，运动场面积不低于圈舍面积的 2 倍。圈舍通风良好，清洁干燥，定期消毒，定期防疫，定期驱虫，定期修蹄，保证种公羊有一个健康的体魄。

（2）保证种公羊膘情。种公羊应常年保持中等膘情，不能过肥。舍饲的种公羊每天必须进行运动，即采取快步驱赶，要在 40 min 内走完 3 km。这样可使种羊体质健壮，精力充沛，精子活力旺盛。经常适量运动，不但可以促进山羊食欲，还可以增强体质，提高性欲和精子活力。配种期适当减少，非配种期适当增加运动。

（3）日常管理。公羊喜欢顶斗，尤其是配种期间，互相争斗，互相爬跨，这样不仅消耗体力，还易造成创伤。因此，饲养人员应多观察，发现公羊顶架及时予以驱散。种公羊要单独组群饲养，除配种外，尽量远离母羊，不能公母羊混养，以防乱配，过度伤身，导致雄性斗志衰退。

（二）羔羊饲料应用

1. 投料方案

羔羊在出生后前 6 d 以内的主要食物是初乳，初乳含有蛋白质 13% ~ 17%，脂肪 9% ~ 16%，易被羔羊消化吸收；含有大量镁盐，能帮助羔羊将胎粪排出，防止便秘；含有较多的免疫球蛋白及其他抗体和溶菌酶，对抵抗疾病、增强体质具有重要作用。定温指对 1 月龄内的羔羊，奶温固定在 35 ~ 40 °C，随着羔羊月龄的增长，奶温可以降低。定量指限制每次奶的喂量，喂足七成饱即可。喂给粥或汤时，应根据浓度进行定量，最初 2 ~ 3 d 先少喂，待羔羊适应后再加量。定时是指每天固定时间饲喂羔羊，初生羔羊每天喂 6 次，每隔 3-5 h 喂一次，10 d 以后每天喂 4 ~ 5 次，到羔羊吃料时，可减少至 3 ~ 4 次。羔羊 10 日龄时就可开始训练吃草料，在圈舍内安装羔羊补饲栏，让羔羊自由采食。开始少给勤添，待全部羔羊都会吃后，再改为定时定量，每只每天可喂精料 50 ~ 100 g。20 日龄后，可跟母羊一起放牧。1 ~ 2 月龄，每天补精料 100 ~ 150 g；3 ~ 4 月龄，每天补精料 150 ~ 200 g。饲料要多样化。羊舍内设水槽和盐槽，或在精料中拌入 2%的食盐或 2.5% ~ 3.5%的矿物质添加剂。

2. 保障饲料效果管理要点

（1）控制环境条件。搞好圈舍的卫生管理，减少羔羊接触病原菌的机会是降低羔羊发病率的重要措施。采用人工哺乳时，搞好人工哺乳各个环节的卫生消毒，对羔羊的健康和生长发育非常重要。喂养人员在喂奶前要洗净双手，平时不接触病羊。奶瓶等用具应保持清洁卫生，喂完后随即冲洗干净。饲喂病羔的奶瓶在喂完后要用高锰酸钾消毒，再用清水冲洗干净。采用机械哺乳时，喂奶器械必须清洗和严格消毒。羔羊出生后 1 周，产房温度要保持在 15 °C 左右，防止羔羊感冒。

（2）加强运动。羔羊正处在生长发育关键时期，加强运动，多晒太阳，适应其习性，对锻炼体质、促进骨骼发育、增进健康十分有利。出生 1 周的羔羊在晴暖的天气里可放到运动场上自由活动，10 日龄左右可跟随母羊在附近草场上活动，1 月龄后的羔羊可随群放牧运动。

（3）及时去势。公羔去势的目的是减少初情期后性活动带来的不利影响，提高育肥效果，并利于提高羊肉的品质。山羊去势的方法主要有摘除睾丸法和橡皮筋法两种。摘除睾丸法在1月龄左右进行，行外科手术摘除掉睾丸；橡皮筋法可在生后3～7 d内进行，即去势者先将睾丸挤入阴囊里，用强力橡皮筋在阴囊上部即精索部位缠绕扎紧，使其血液循环受阻，一般术后半个月左右阴囊和睾丸萎缩，自然脱落。

（4）免疫接种。根据当地疫情并结合本场疫病流行实际和免疫抗体监测情况，制定科学合理的免疫程序，适时做好母羊口蹄疫、羊痘、传染性胸膜肺炎、羊梭菌性疾病等疫病免疫，以使出生后的羔羊能通过初乳获取母源抗体，增强初生羔羊抗病力。与此同时加强羔羊免疫注射工作，羔羊生后20日龄左右皮下注射“羊梭菌病多联干粉灭活疫苗”1 mL；1月龄左右在尾根腹侧或股内侧皮内注射山羊痘病弱毒苗1头份；2月龄左右肌注山羊传染性胸膜肺炎氢氧化铝菌苗3 mL。免疫接种时要保证疫苗质量和剂量，并严格按照免疫操作规程进行。

（三）羔羊育肥精饲料应用

1. 投料方案

羔羊开始育肥时，应有一个预饲期：3 d 内只喂干草，4～6 d 仍以干草日粮为主，同时添加配合日粮，7～10 d可供给配合日粮，精、粗料比例为36∶64，蛋白质含量为12.9%，消化能为10.47 MJ，钙0.78%，磷0.24%。预饲期间，2次/d，每次投料量以能在45 min内吃完为准。量不够时要及时添加，量过多时注意清扫。虽然所有的谷粒都可以用作饲料，但最好是选用玉米。育肥饲料按配方拌匀后，由羔羊自由采食，颗粒饲料可提高羔羊的饲料转化率，减少胃肠道疾病。羔羊体重达30 kg以前，每天饲喂量0.35～0.55 kg；达30 kg以后，每天饲喂0.6～0.8 kg。每天具体饲喂量，要按每天给料1～2次，每次以羊在40 min内能吃完为准。

2. 保障饲料效果管理要点

（1）环境卫生。羔羊饲槽、水槽要经常清扫，防止羔羊粪便污染饲料，阴雨或天气骤变时，羔羊可能出现腹泻，应特别注意，及时诊治。加强通风，夏季遮雨挡光，冬季避风雪。羊入舍前要先清扫，再用石灰或消毒液喷洒消毒。圈舍运动场和舍内设备、饲养用具，用2%氢氧化钠或0.3%过氧乙酸进行彻底消毒。运动场门口及羊舍入口应设消毒池。

（2）合理组群。一般应按品种、性别、年龄、体重及育肥方法等合理组群，羊群大小应按育肥方法和农户的具体情况而定。羔羊一般以150～250只为一群，每栏以8～10只为宜。

（3）驱虫及免疫。为提高育肥羔羊的增重效果，在进入育肥前应对参加育肥的羔羊进行一次体内外驱虫。用丙硫咪唑，按15～20 mg/kg体重灌服或阿维菌素0.2～0.3 mg/kg体重皮下注射，夏初、秋初各1次；夏季根据体外寄生虫情况，用0.1～0.5%敌百虫水溶液药浴1～2次。凡是3月龄的育肥羔羊都必须肌注三联苗或五联苗。

（四）奶山羊育成期精料应用

1. 投料方案

育成羊培育的目标是骨架大，肌肉薄，腹大而深，采食量大，消化力强，体质健壮。喂给充足的优质青干草，再加上充分的运动，是育成羊饲养的关键。半放牧半舍饲是育成羊最理想的饲养方式。断奶后至 8 月龄，每日在饲喂充足的优质干草基础上，补饲精料 250 ~ 300 g，要求可消化粗蛋白的含量不低于 15%。以后，如青粗饲料质量好，可以少给，甚至不给精料。

2. 保障饲料效果管理要点

育成期奶山羊是为配种作准备，必须保证山羊体况，以保障山羊在妊娠期间有良好的体况。除对高产羊群做好个别照顾外，必须做到大小分群和各种不同情况的分群饲养，以利于定向饲养，促进生长发育。育成羊应按月固定抽测体重，借以检查全群的发育情况，以便适宜调整饲喂方案。

（五）妊娠母羊精料应用

1. 投料方案

妊娠前期是母羊妊娠后的前 3 个月。此期间胎儿发育较慢，饲养的主要任务是维护母羊处于配种时的体况，满足营养需要。怀孕前期母羊对粗饲料消化能力较强，可以用优质秸秆部分代替干草来饲喂，还应考虑补饲优质干草或青贮饲料等。日粮可由 50%青绿草或青干草、40%青贮或微贮、10%精料组成。精料配方：玉米 84%、豆粕 15%、多维添加剂 1%，混合拌匀，每日喂给 1 次，每只 150 g/次。在妊娠后期（2 个月内）胎儿生长快，90%左右的初生重在此期完成，如果此期间母羊营养供应不足，就会带来一系列不良后果。首先要有足够的青干草，必须补给充足的营养添加剂，另外补给适量的食盐和钙、磷等矿物饲料。在妊娠前期的基础上，能量和可消化蛋白质分别提高 20% ~ 30%和 40% ~ 60%。日粮的精料比例提高到 20%，产前 6 周为 25% ~ 30%，而在产前 1 周要适当减少精料用量，以免胎儿体形过大而造成难产。此期的精料配方：玉米 74%、豆粕 25%、多维添加剂 1%，混合拌匀，早晚各 1 次，每只 150 g/次。

2. 保障饲料效果管理要点

妊娠期的管理围绕保胎来考虑，做到细心周到，喂饲料饮水时防止拥挤和滑倒，不打、不惊吓。增加母羊户外活动时间，干草或鲜草用草架投给。产前 1 个月，应把母羊从群中分隔开单放一圈。产前 1 周左右，夜间应将母羊放于待产圈中饲养和护理。每天饲喂 4 次，先喂粗饲料，后喂精饲料；先喂适口性差的饲料，后喂适口性好的饲料。饲槽内吃剩的饲料，下次饲喂前一定要清除干净，避免发酵生菌，引起羊的肠道病而造成流产。严禁喂发霉、腐败、变质的饲料，不饮冰冻水。饮水次数不少于 3 次/日，最好是经常保持槽内有水让其自由饮用。

（六）奶山羊泌乳期精料应用

1. 投料方案

青饲料多汁，营养丰富，并能生津润燥，据试验，每日食青草的羊比饲喂干草的羊可多产奶 0.5 kg。泌乳母羊一般采用舍饲圈养，其饲料要求是：日产 1 kg 奶的羊，夏秋每天喂 5 kg 鲜嫩的青草或红薯藤，另外加 0.25 kg 玉米粉、5 g 骨粉、10 g 盐，并给予羊充足饮水；冬春喂 2 kg 优质干草或干红薯藤、花生藤或黄豆荚壳，另外再加 300 g 玉米粉、5 g 骨粉、10 g

盐，给温水供羊饮用。随着产奶量提高，精料相应增加，日产 1.5 ~ 2.5 kg 奶的羊，玉米粉应加到 0.5 ~ 0.7 kg，日产 3 ~ 3.5 kg 奶的羊，玉米粉应加到 0.8 ~ 1 kg。黄豆营养丰富，每日给奶山羊饲喂 100 g 泡过的黄豆，可提高产奶量 0.5 kg 以上，乳脂率也高于一般乳品.

2. 保障饲料效果管理要点

（1）饮足温水。每日至少饮水 6 次，每次都要饮温水，并加入适量食盐，羊喝足了水，乳腺泌乳功能旺盛，会增加产奶量。

（2）坚持放牧。奶山羊每日放牧 5 ~ 6 h 能促进羊体的血液循环和新陈代谢，增进采食及饮水量。据试验，每日放牧的羊比不放牧的可多产奶 300 g 以上。

（3）增加挤奶次数。据试验，每日挤奶 2 次，产奶量可提高 20% ~ 30%，若 2 次改为 3 次，又可提高产奶量 10%。因为乳腺分泌与乳房内压呈反相关，也就是乳房越空，泌乳越快。此外，增加挤奶次数，减轻了乳房的内压及负荷量，可防止因乳汁瘀结而引发乳房炎。

（4）按摩乳房。促进乳腺发育及泌乳。每日给奶山羊按摩乳房 2 ~ 3 次，每次 5 ~ 10 min，既可帮助乳腺发育，提高产奶量，又能活血化瘀，预防乳房炎的发生。

（5）增加自然光照。适宜的温度和光照对保持和提高奶山羊产奶量至关重要。立秋过后，每到中午让羊多到户外背风向阳的地方活动，晒太阳。增加自然光照，是提高产奶量既经济又有效的方法。

（6）精心管护。每年 5 ~ 7 月是羊产奶高峰期。天气炎热，蚊蝇孳生，羊常因喂养不当或吃了被细菌污染的饲料而患胃肠炎等疾病，引起产奶量下降。因此，对羊舍要定期消毒和清除粪便，搞好日常的环境卫生，精心饲喂，严把病从口入这一关，及时修建宽敞、隔热、通风的凉棚，以防暑降温。每 5 ~ 7 天用石灰水或来苏儿溶液对圈舍内外及饮具饲槽消毒 1 次。3 ~ 5 天清除 1 次粪便，保持圈舍地面清洁、通风凉爽，饲喂的饲料必须新鲜，放置待喂的饲料要保管好，避免污染。饮具要每日清洗，忌喂变质的饲料。

（7）防治乳房疾病。时常检查乳房的健康状况，若乳汁色变，乳房有结块，应局部热敷，活血化瘀，并让羊多饮水，降低乳汁的黏稠度，使乳汁变稀，以便易于挤出。同时，用手不停地轻揉按摩乳房，边揉边挤出淤滞的乳汁，直至挤净乳汁，肿块消失。此外，经常给羊喂蒲公英、紫花地丁、薄荷等清凉草药，可清热泻火、凉血解毒，防治乳房炎。

（七）奶山羊干奶期精饲料应用

1. 投料方案

干奶期一般为 50 ~ 70 d 左右。干奶方法：在预定干奶前的 6 ~ 10 d，开始减少精料，停喂青草、多汁饲草，限制饮水，加强运动，停止按摩乳房，改变挤奶次数和时间，实行隔 1 ~ 3 日挤奶一次，当产奶下降到半斤以下时，停止挤奶，使其进入干乳期，干乳期的饲养管理可分为两个时期：干奶前期（从开始干奶到产前 15 ~ 20 d），每日可饲喂 1 kg 左右优质干草或氨化麦草，2 kg 青饲草和 0.5 kg 的混合饲料，补加食盐和骨粉，使母羊在产前具有中上等体况，体重比产奶高峰期提高 10% ~ 15%，这样才能保证正常分娩和产奶性能的更好发挥。干奶后期（产前 15 ~ 20 d 到分娩），为满足胎儿迅速生长发育和产奶的需要，在产羔前两周左右逐渐增加混合精料的喂量，达到日喂 0.8 kg 以上，直到羊产羔后体况不宜用料再停止，确保母羊有一个良好体况，给分娩后泌乳打下基础（也称引导饲喂法），同时喂给优质干草，青绿饲料，避免母羊消化不良。产前 4 ~ 7 d，混合精料中多加些麸皮、食盐，防止便秘。

2. 保障饲料效果管理要点

干奶初期要注意圈舍、垫草和环境卫生，以减少乳房的感染。要注意环境温度控制，梳刷羊体，因为此时最容易感染虱病和皮肤病。怀孕后期要注意保胎，严禁拳打脚踢和惊吓羊只，出入圈舍谨防拥挤，严防滑倒和角斗。要坚持运动，但不能剧烈。对腹部过大或乳房过大而行走困难的羊，可暂时停止驱赶，任其自由运动。严禁饮水冰冻的水和大量饮水，更不能空腹饮水，冬季饮水的温度不低于 8 ~ 10 °C。

任务四　水生动物配合饲料的应用

一、投饲方案设计

水生动物养殖，要想获取最佳效益必须要有良好的配合饲料质量，投喂方案在很大程度上影响着饲料的实际养殖效果。投饲方案设计主要包括投饲数量、投饲次数、投饲时间等参数确定，以及具体的操作方法等。

（一）投饲量与方法

由于各地的自然情况及各个种类的具体情况不尽相同，所以在投饲这个环节上，也不是一成不变的，要视具体情况分别对待。投饲量要根据全池的数据指标有计划地实施，科学投喂，切不要盲投瞎喂，这样不仅浪费，而且效果不佳。投饲的关键是坚持“四定”投饲，即定质、定量、定时、定位。但“四定”也不是铁定的规则，也要根据季节、温度、生长情况及水质变化来定。总之要保证鱼的正常生长，以吃饱、吃好，又不浪费为原则，既要保持营养全面均衡，又要保证新鲜、不变质、不含有毒成分，保证良好的适口性。鱼饵以青料为主，精料为辅，每天投喂量，精料每 100 kg 吃食鱼投喂 4 ~ 5 kg；青料每 100 kg 草食性鱼投喂 40 ~ 50 kg；8 月可增加到 65 ~ 80 kg。年投饲量的确定可为生产计划制订、资金筹备以及整体上把握饲总量提供依据。年投饲量一般根据投放鱼种量、预计鱼产量和预计的饲料系数确定。

$$年投饲量 = （年产出量 - 投放量）\times 饲料系数$$

8 月下旬至 9 月上旬，天气变化极大，易发生泛地，应控制投喂量，不给鱼吃夜食。浮性饲料可投在浮筐内，日投喂不少于 4 次。人畜粪便等有机肥，每亩次用 100 ~ 150 kg，隔 7 ~ 10 天施一次；绿肥先晒至半干，再掺和适量粪肥，每隔 3 ~ 5 天翻动一次，使其腐败分解，每亩每次施 100 kg 左右；化肥亩次用尿素 1 kg 加过磷酸钙 1 ~ 1.5 kg，经溶化，均匀泼洒，每隔 5 ~ 7 天施一次。

（二）投饲时间

鱼有规律地摄食，一般在黄昏和清晨时摄食活动较强，在完全黑暗、低温或应激条件下摄食减弱。在集约化健康养殖条件下，确定投饲时间既要考虑鱼类原有的摄食节律，也可以通过一定时间和手段的驯化使鱼类的摄食更为合理、有效（利用鱼类的摄食是一种反射，通过训练也可建立）。投饲时间一旦选定，不宜轻易变动。草鱼一般在上午 9：00 左右投喂，保证池水溶氧高，可提高饵料利用率。另一个摄食高峰出现在晚上，适合于青饲料的投放，精料或配合饲料应根据水温和季节适当增加投饵次数，以提高饲料的消化率。

当水温低于 15 °C 时，一天只投喂一次或不投喂，若要投喂，可选择在中午进行；随着水温的增加，日投饲次数也可逐步增多，投放时间可安排在 9：00、13：00 ~ 14：00、16：00 ~ 17：00，草鱼可在 19：00 ~ 20：00 额外投放青饲料。投饲时间总的安排原则是各次间隔较均匀，相隔时间差异不能太大。

二、常见养殖鱼类投饲特点

要根据鱼类种类和栖息水层的不同以及摄食习性的差异，采用不同的投喂方式。根据采食行为将鱼类主要分为三类，分别是草食性鱼类、杂食性鱼类和肉食性鱼类。

（一）草食性鱼类投饲特点

草鱼是草食性鱼类的代表鱼种，饲料多以植物性颗粒配合饲料为主，可搭配少量青饲料。青饲料主要指种植的黑麦草、苏丹草或苜蓿草等，也可是杂草和菜叶。草鱼一般比较贪食，容易患肠炎病、烂鳃病和赤皮病，俗称草鱼三病。因此，颗粒配合饲料投饲量宜控制在八成饱以下，最好在六七成。结合白天或晚上投喂青饲料，草鱼生长良好。投料时一定要坚持“四定投饵”——定时、定质、定位、定量原则。

颗粒配合饲料多采用投饵机投喂，青饲料需要用竹竿或木头搭置方形投饵框，青饲料投在框内供草食性鱼类自由摄食，固定投喂青饲料，便于观察鱼类的摄食情况，也可以把剩下的残留青饲料及时打捞上来，以免污染水质。每隔 15 天要拌喂防治“三病”的药饵，每隔 10 天泼洒消毒药。颗粒饲料投放时间一天 3 次，青饲料可投放 1 ~ 2 次，其中一次在晚上。鱼种体重的选择和投放方式要根据不同地域的消费和养殖习惯而具体制定。

（二）杂食性鱼类投喂特点

鲤鱼和鲫鱼是典型的杂食性鱼，且鲤鱼多养殖在北方地区，占养殖量的 60%，主要饲喂颗粒配合饲料，依据对应的养殖阶段可分三期或两期。两期饲料常见，一般来讲，保留开口料和鱼种料，提高整个养殖周期的营养水平。

鲤鱼饲喂时也要注意控制投喂量，由于鲤鱼抢食能力强，每次投喂要求八分饱。投喂次数一般 3 ~ 4 次。一般在离岸 3 ~ 4 m 搭置投料台，采用投料机喂料。投喂时用固定频率的敲击驯化鱼类摄食，建立定时定点的条件反射，根据鱼类摄食情况和行为，随时调整投喂量，减少浪费，也能防止鱼病发生。

在做好拌药防病的基础上，也要做好日常管理工作：

（1）适时注水。鱼苗放养在注水这个环节上一定要控制好，在下塘前 3 ~ 5 天时注水深度为半米，鱼苗下塘后一周内，再注水 15 ~ 20 cm，以后每隔 4 ~ 5 天加水 1 次，最后经过几次加水，慢慢地使池水水深达到 1 m 以上，就可以停止加水了，加水时要保证水的过滤要好，杜绝一些杂鱼、野鱼及敌害生物以及一些昆虫等进入池中，影响鱼苗的生长。

（2）做好巡塘。要做好巡塘工作，密切关注鱼苗的生长情况，做到早、中、晚的“三查三勤”工作，即早上巡塘查鱼苗是否浮头，勤捞蛙卵；午后巡塘查鱼苗活动情况，勤除池埂杂草；傍晚巡塘查鱼苗池水质，勤作记录。根据巡查结果安排投喂、施肥、加水等工作，查看有无鱼病发生，以利防治。

（3）保持池塘卫生，保持水体溶氧充足，及时除去水中污物、食物残渣，割去池边芦苇、杂草。

（4）搅动池水。鱼苗放入池中后，由于鱼小，游动时水波不大，沉静一段时间后，水中的饵料和肥料会沉入水底，所以要每天搅池一次，下池中走动一圈，把这些沉底的饵料和肥料趟浮起来，便于鱼苗进食，同时也能促进鱼苗游动，锻炼鱼苗。

（5）均匀投喂优质饵料。均匀、中量投饵益于非滤食性鱼类的生长及水质稳定。全年饵料数量以及每日投喂量需要看水温、水色、天气和鱼类吃食情况确定。

（三）肉食性鱼类投喂特点

肉食性鱼类包括两类，一类属温和型，典型代表是青鱼；另一类属于凶猛型，典型代表有鳜鱼和乌鳢。青鱼的饲料可选用全价硬颗粒饲料，青鱼的营养要求高于草鱼，低于鲤鱼，可参照鲤鱼的配料进行选择，提高动物性原料的比例。乌鳢多选用全价膨化饲料，鳜鱼从鱼种到成鱼，全程选用活鱼饵料。根据市场行情，可将青鱼与鳜鱼或乌鳢套养。鱼池鳜鱼适宜用小池塘养殖，鱼池面积一般为 1 ~ 3 亩，池水深 1.5 m 左右。鳜鱼苗种入池前，要彻底清塘，常用药物为生石灰，每亩施 150 kg；漂白粉用量为池水呈 20 g/L 的浓度即可。一般在清塘 10 天后药性消失。在桶中盛池水后放进几尾鱼，如 24 h 无异常，则可进行放养。

三、饲料投诉问题与处理

所谓客户投诉，就是客户对饲料企业的产品或服务不满意而提出的书面或口头上的异议、抗议、索赔和要求帮助解决生产中的问题等行为。虽然多数饲料企业的产品已达到目前的先进水平，但由于种种原因，仍会接到客户的投诉，若处理不好，会影响客户与企业的关系。水生动物颗粒饲料在使用过程中，投诉主要集中在饲料外观、饲料内在质量指标、包装和饲喂效果表现等方面。

（一）饲料外观异常

若饲料颜色不是常规认为的黄色或淡黄色（如饲料色泽黑暗，呈棕红或其他色泽），或饲料批次间颜色有少量的差异，用户就会开始质疑，担心饵料系数会提高，或者饲料不安全。

饲料外观多与饲料原料选择有关，但与其营养价值没有必然的联系。饲料外观颜色与大宗原料的颜色直接相关，如菜籽粕、棉籽粕、血粉、蚕蛹、玉米 DDGS 等都是颜色灰暗的原料，在饲料中的添加比例相对较大。若要解决色泽问题，一般来说，多使用豆粕、玉米、玉米蛋白粉等叶黄素含量较高的原料，少添加颜色灰暗的原料。但若常规原料价格居高不下，适当使用菜籽粕、血粉等非常规原料，虽然对饲料色泽有所影响，但可以降低饲料成本，降低饵料系数。

（二）饲料营养含量不达标

由于某些不法厂家，为了显示自身产品质量优质，但又不想增加饲料成本，故意将产品营养含量标示为最高值。按照饲料标示原则，应该标示分析保证值的最低限，确保检验指标不低于产品标示值。如果经检验饲料营养指标不能达到产品标示的数值，这类问题就应归于饲料生产厂家。一般处理方式是重新在用户处抽检饲料，如果仍然不达标，就要给养殖户换新料或作适当的赔偿。其原因是原料的营养指标没达到设定的标准。并承诺加强内部原料的管理，杜绝以后此类事情再发生。

（三）加工工艺和包装不合格

鱼用颗粒料用户可能会投诉原料粉碎太粗和粉料比例太大。由于鱼类的肠道系统与高等恒温动物之间有较大的差异，肠道相对长度也较小，消化酶活性也较低，消化能力较低，因此，一般要求原料的粉不能太多，粒度不能低于 60 目，以增加原料的比表面积，进而加大与肠道的接触，提高饲料的营养成分吸收。原料细粉也有利于制粒，可以使颗粒外观光滑整齐。一般鱼用颗粒饲料的粉料要求不能超过 3%。若超过个比例，那么可能的原因主要与调质器蒸汽质量和数量、环模压缩比、原料粉碎粒度等方面有关。

包装不合格，多表现在包装封口不牢，容易开线的主要原因是封包线选择太细、容易断线、缝包机走线不顺、发生跳线等。要解决这些问题，要在打包时多留意，更换封包线，调整缝包机。

（四）饲喂效果不理想

饲料饲喂效果不理想是用户投诉最多的问题，对鱼料而言，多表现在综合饵料系数高低。结合饲料价格，可通过增长单位体重的饲料成本来体现鱼料的价值。

单位体重的成本＝[总投重量料/（总出重量－总投放鱼种重）]×鱼单价

影响饲料转化率的因素主要有以下几方面：

1. 动物的原因

（1）品种差异。不同的品种，饲喂同一饲粮，其饲养效果也会截然不同。饲养户的品种差异很大，对营养需要的要求、原材料中营养物质利用能力等存在着很大的差异，对同一种饲料的反映也不同，一些效果较好，一些效果较差。

（2）饲养动物前期发育状况。根据动物生长发育规律，前期因条件、饲粮等因素使其生长受阻。同时也不同程度地影响后期的生长或生产，比如生长速度较慢、产蛋率不高等，致使饲料的正常效果无法反映出来，客户不理解反而投诉饲料质量有问题。

（3）动物的健康状况。感染疾病的动物对饲料的好坏无法正确表现。同时，开始投喂饲料时动物的体况也存在着很大的差异，有些动物体质健壮，有些动物体质瘦弱，体质健壮者可以较好地反映饲料的效果，而体质较差者则反映较差。

2. 饲养管理技术问题

（1）投喂量不够或过食。部分个体户把全价饲料当成料精或添加剂预混料，投喂量特别少，动物无法将饲料的正常效果反映出来，却反过来投诉饲料质量不行，这是饲料投诉最多的情况。另外一种情况则截然相反，认为投饲越多、动物生长越快或生产产量越高，其结果适得其反。尤其是要注意控制饲喂量。

（2）用料不正确。某些用户用料不当，用鸡、猪料喂鱼，用大鱼料喂小鱼，这样会影响生产性能，根本就不能满足营养需要，有些还会引起一些意外情况的发生，如重金属中毒等。

（3）水质不好。供水量不足或所供水不符合卫生标准都会导致动物采食量大幅度下降，对生产性能的正常发挥带来限制；另一方面，水供应不足还会严重干扰营养物质的消化吸收以及新陈代谢，对生产性能有严重影响。

（4）动物饲养密度过大。饲养密度过大会对动物造成不良影响：一是采食不均匀，动物生长速度不一致，均匀度差，整体生产性能下降；二是破坏了生长环境，导致生长受阻，抗病力下降。

（五）发霉、结块和有异味

关于发霉、结块和有异味问题，一是客户购回后使用即发现，二是客户贮存一段时间后使用时发现。企业接到这种投诉后，应首先问清变质程度及所占比例，查清饲料生产日期和客户购回后贮存的天数，以及运输途中是否淋湿等，以初步确定变质原因。企业应迅速派专人到现场了解清楚，以便做出处理对策。

（1）属企业原料问题或加工不当造成的，或是企业将快到保质期的产品售给了客户造成的，都应该作更换饲料和通过协商承担部分经济损失的责任。

（2）属客户购回产品后贮存不当，或存时间过长，应以事实为依据耐心说服客户，并指导客户妥善保存。

（3）属于运输途中遭雨淋造成的发霉或变质现象，则应弄清责任。送货上门的应由企业承担责任，并协商处理被淋而尚未霉变的饲料。如果是客户自己造成的，则由客户自负责任，但企业有为客户尽量减少损失的义务。

复习思考题

1. 简述仔猪教槽料的投料特点。
2. 简述保障仔猪教槽料效果的管理要点。

3. 分析仔猪教槽料投料方案与保育料的差异。
4. 简述种猪饲料的投料方案和饲养管理要点。
5. 分析蛋鸡饲料各阶段投料方案的差异性。
6. 简述保障肉鸡饲料饲用效果的配套措施。
7. 举例说明奶牛和肉牛饲料各阶段精料与粗料的饲喂比例，且说明原因。
8. 简述奶山羊泌乳期投料方案和管理要点。
9. 简述不同种类鱼的投料特点。
10. 阐述颗粒饲料投诉问题以及相应的处理方式。

参考文献

[1] 李德发. 中国饲料大全[M]. 北京：中国农业出版社，2003.

[2] 农业部畜牧兽医局. 饲料工业标准汇编 2002. 北京：中国标准出版社，2002.

[3] 邢伟. 饲料工业实施 2000 版 ISO9001 标准指南. 北京：中国农业出版社，2004.

[4] 冯定远. 配合饲料学[M]. 北京：中国农业出版社，2003.

[5] 中华人民共和国国家标准（GB/T 5915—2008）仔猪、生长育肥猪配合饲料. 国家质量监督检验检疫总局发布，2008:11.

[6] 中华人民共和国国家标准（GB/T 5916—2008）产蛋后备鸡、产蛋鸡、肉用仔鸡配合饲料. 国家质量监督检验检疫总局发布，2008:11.

[7] 中华人民共和国农业行业标准（NY/T 33—2004）鸡饲养标准. 农业部发布，2004:8.

[8] 中华人民共和国农业行业标准（NY/T 34—2004）奶牛饲养标准. 农业部发布，2004:8.

[9] 中华人民共和国农业行业标准（NY/T 65—2004）猪饲养标准. 农业部发布，2004:8.

[10] 中华人民共和国农业行业标准（NY/T 815—2004）肉牛饲养标准. 农业部发布，2004:8.

[11] 中华人民共和国农业行业标准（NY/T 38—2004）肉羊饲养标准. 农业部发布，2004:8.

[12] 中华人民共和国水产行业标准（SC/T 1024—2002）草鱼配合饲料. 农业部发布，2002:11.

[13] 中华人民共和国水产行业标准（SC/T 1026—2002）鲤鱼配合饲料. 农业部发布，2002:11.

[14] 陈桂银. 饲料分析与检测[M]. 北京：中国农业出版社，2008.

[15] 杨凤. 动物营养学[M]. 2 版. 北京：中国农业出版社，2005.

[16] 孟庆祥. 奶牛营养需要[M]. 北京：中国农业大学出版社，2002.

[17] 张乃锋. 新编羊饲料配方 600 例[M]. 北京：化学工业出版社，2009.

[18] 中国标准出版社第一编辑室. 饲料工业标准汇编（上、下册）. 北京：中国标准出版社，2009.

[19] 姜懋武. 饲料原料简易检测与掺假识别[M]. 沈阳：辽宁科学技术出版社，1998.

[20] 李克广，王利琴. 动物营养与饲料加工[M]. 武汉：华中科技大学出版社，2012.

[21] 刘庆华，李琰. 饲料生产与应用技术[M]. 北京：化学工业出版社，2011.

[22] 饶应昌. 饲料加工工艺设备[M]. 北京：中国农业出版社，2003.

[23] 张宏福，张子仪. 动物营养参数与饲养标准[M]. 北京：中国农业出版社，1998.